中國古都

U0195739

谨以此书献给一座城

城　隍

chéng huáng

ㄔㄥˊ　ㄏㄨㄤˊ

守护城池之神

五月十一日

城隍

大同市软科学研究项目“大同城市建设模式构建的研究”项目编号：2014112-3
山西大同大学科研项目“大同城市建设模式的构建”项目编号：2013K11
山西大同大学基金资助

大同之城

——城市建设“大同模式”的构建

王建斌 著

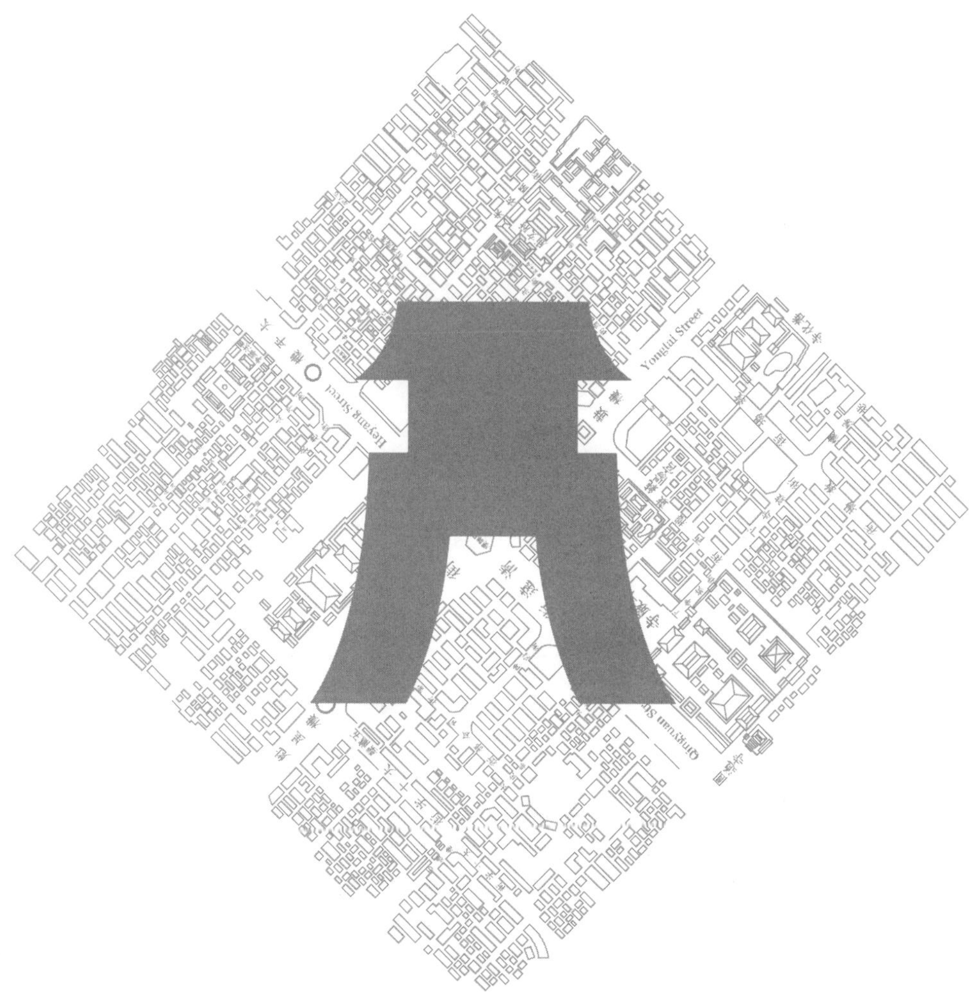

中国建筑工业出版社

图书在版编目（CIP）数据

大同之城——城市建设“大同模式”的构建／王建斌著．—北京：中国建筑工业出版社，2018.5（2023.9 重印）

ISBN 978-7-112-21869-1

Ⅰ.①大… Ⅱ.①王… Ⅲ.①城市建设－城市史－研究－大同 Ⅳ.①TU984.225.3

中国版本图书馆CIP数据核字（2018）第035490号

责任编辑：杜　洁　李玲洁
版式设计：锋尚设计
责任校对：张　颖

大同之城——城市建设“大同模式”的构建
王建斌　著
*
中国建筑工业出版社出版、发行（北京海淀三里河路9号）
各地新华书店、建筑书店经销
北京锋尚制版有限公司制版
北京中科印刷有限公司印刷
*
开本：787×1092毫米　1/16　印张：14¾　字数：237千字
2019年4月第一版　2023年9月第二次印刷
定价：55.00元
ISBN 978－7－112－21869－1
（31673）

序　一

王建斌把他的大作《大同之城》送到我案头，希望我能为这本书作序。捧读几遍，感慨万端，有几句话想说。

1982年国务院公布了24座历史文化名城。“大同”二字赫然位列其中，这很让大同人自豪、骄傲，甚至兴奋了一阵子。可是随着时间的推移，大同人发现其他历史文化名城都在利用这块金字招牌大做文章——开封凭借“清明上河图”再现汴梁风采，杭州则直接打造一个“宋城”，钱塘风扯大宋旗，干得有声有色，挣得盆满钵满。

当其他历史文化名城干得风生水起名声日盛的时候，大同的云冈石佛却被穿梭不止的煤车弄得满面尘灰，机关、学校、民居将伟岸的大佛挤到几个洞窟里望洋兴叹。华严寺、九龙壁等国家重点文物保护单位也成了现代城市建筑海洋中的孤舟，随时都有倾覆的危险，连当年评选历史文化名城的专家们都看不下去了，声称要给大同出示“黄牌警告”。

当杭州宋城的文化旅游收入达到50亿元的时候，大同的云冈石窟仅仅44万元。一个是人造的景点，一个是堂堂正正地被列入世界文化遗产的皇家工程，差距何以会天壤之别呢？大同怎么了？大同人心里充满了疑问。

2008年耿彦波出任大同市市长。上任伊始即盘点文化名城的历史遗存，感古城之颓废，叹文脉之不振。他认识到大同的历史文化遗产是一种极其宝贵、极其稀缺的，不可再生的资源。于是提出了“一轴双城，分开发展”的城市发展战略，大气魄、大手笔地恢复明代古城，修复北魏平城时代云冈石窟的山堂水殿，复原华严寺、文庙、关帝庙、法华寺等古迹。

短短五年间，大同的变化天翻地覆。一座六百年前的古城奇迹般地复活了。但见一城雄起，楼牒相望、城楼雄壮、望楼典雅、环城绿地、满目苍翠、护城河逶迤其中，其美不可胜收。城内四楼矗立、牌楼环列，华严寺旧貌新装，代王府富丽堂皇，古楼东西街恢复了旧时容颜，文庙武庙、法华清真诸寺都如枯木逢春，座座楚楚动人。

古城已然复活，新城更是朝气蓬勃。文瀛湖碧波重荡，五大场馆，各美其美，方特、万达知名大佬纷沓入驻，大同如今大不同。

大同五年来华丽转身的蝶变，必将载入大同史册。因此，记录这一蝶变过程，探讨研究大同城市建设模式构建，就成为十分必要、十分重要、有历史意义和现实意义的一件大事。

王建斌的《大同之城》恰在这个时候应运而生。作者捕捉到大同五年巨变这一契机，并以城市建设的“大同模式”为研究方向。资料查找之详，遗存测绘之精，是我翻析这部书的第一印象。作者倾注的心血是局外人很难体味到的。案牍之劳、考察之苦，谁解其中味。

方向确定后,研究方法至关重要。王建斌在论证北魏平城、辽金明清大同时，方法是非常得当的。即以魏都平城的考证而论，他从李冲和蒋少游这两个当年规划平城的人入手，详尽地查阅了他们二人的有关资料。走近此二人，就走进了当年的平城，再结合明堂的考古发现，这就使他对北魏平城的探究建立在科学的基础之上。

早在20世纪30年代，日本学者水野清一和长广敏雄就对北魏平城进行过实地考察，并确定了其大致方位。之后国内外及大同本土学者纷纷进入这一领域孜孜以求，力图弄清平城遗址。王建斌先生是这支队伍中的后起之秀，这部《大同之城》中所涉猎的北魏平城无疑是一种极为有益的尝试。

王建斌引用《礼记正义卷三十一明堂位第十四》引淳于登曰：“明堂在国（指国都）之阳（城之南为阳）三里之外，七里之内，丙巳之地就阳位，上圆下方，八窗四闼，布政之宫，故称明堂。”又引用郦道元《水经注》描述明堂的大量文字。其中“事准古制”四个字尤其有说服力。北魏平城明堂是依照“古制”而建的，据此得出平城明堂是“建于国都之南的城市中轴延长线上”的结论。这个结论有理有据，是解开平城之谜的最有说服力的论断。

尤为难能可贵的是王建斌先生的这部《大同之城》充满了春秋笔法。

作者在“专题十”和“专题十一”中选用了两组材料，一是“梁陈方案”，二是“鼓楼功臣——王民选”。对于梁思成和陈占祥当年为了保护北京古城上书中央据理力陈之事件，众所周知历史已经证明。梁思成当年撂下的一句掷地有声的话——“五十年后历史将会证明我是正确的。”而对王民选其人就知之者甚少了。1974年和1979年大同市政府曾先后两次以影响城市交通为由，要拆毁建于明代的鼓楼。时任文化局副局长的王民选说，“你们要拆鼓楼就先把我这个副局长免了。我当一天文化局长鼓楼就不能拆。”王民选的仗义执言保住了鼓楼，此事在大同坊间传为佳话。作者在本书中选录了这两个专题，这是对春秋笔法最巧妙的运用，用心之良苦不言自明。

作者在第3章“大同历史建筑保护模式”中又写进了这次古城修复的“四原保存”原则，即保存原建筑型制；保存原建筑结构；保存原建筑材料；保存原建筑工艺技术。这“四原保存”原则是和世界教科文组织提出的修复古建要保存“原真性”是一致的，即是说：我们要遵照世界教科文组织规定的原则，去修复大同古城的。大同所有的古建都是在这一原则指导下进行的。正因为如此，大同古城的修复被前国家文物局肯定，是古建修复保护和利用的先进典型。那些认为大同古城的修复是拆真建假的言论是站不住脚的。

春秋笔法最精彩的一段是作者对古城修复工程的白描式叙述。且看：“2009年5月，大同府城东城墙正式动工，10月基本完工，历时6个月；2010年5月南城墙动工，2011年9月竣工，历年一年零5个月；2011年5月北城墙正式开工修复，2012年9月底竣工，历时一年零5个月；2012年7月西城墙启动修复，2016年11月18日竣工，历时4年零5个月。”

聪明的读者，您是否能从四面城墙的修建悟到些什么？为什么东南北城墙用时如此之短，而西城墙历时那么长呢？因为耿彦波2014年调离了大同，作者在行文中没做任何点评，白描手法，直书其事。这中间的“微言大义”却已表达得淋漓尽致。我认为这段平铺直叙的白描是该书中最值得体味和称道的点睛之笔。

当年徐达主持修筑大同府城前后用了37年，我们这次修复古城前后用了5年。倘若耿彦波在任，3年足矣。

事实明明白白地摆在那里，读者诸君，您自己去体味罢。

此外，书中不少插图也恰到好处，而这中间花费的心血，付出的劳动要比文字更甚。作为也写过几本书的我，这一点体会尤为深刻。

《大同之城》的面世是古城的一件大事，随着时间的推移会愈显示其价值的。

我为《大同之城》的出版喝彩。

要子瑾

2019年4月5日

序　二

认识王建斌，缘起云冈院史馆展陈设计。当时展示设计方案几经易稿，终不满意，找不到感觉。后经人引荐认识建斌，并委托其重新设计。为了把云冈百年巨变的真实记录呈现给观众，建斌十数次跑来云冈向包括我在内的几位老师诚恳请教，认真聆听意见，虚心学习。这份为传扬云冈文化而默默奉献的感情，以及敬业精神，令我感动。在一次设计汇报结束后，建斌拿出《大同之城》样书，让我指正，提出让我给写个序。我粗略翻阅一遍后，犹豫片刻才答应。为什么犹豫呢？一是我对城市规划与建设了解不多，怕误导读者；二是因为工作繁忙，没有闲暇来通篇阅读书稿，在没有认真阅读原稿的前提下作序，有失偏颇。但为什么又答应了，主要是该书有一章内容是写北魏平城的城市建设，我觉得我对北魏的历史还是有一定的研究，也许能从历史的角度给读者一些启迪与引导。

北魏王朝留给后人的主要有两座丰碑：一是云冈石窟，二是平城遗址。云冈石窟在历史的长河中因为香火不断，历代都曾进行修缮等原因，基本保留了下来；而平城遗址就不那么幸运了。孝文帝南迁洛阳后，平城的城市建设基本就停止了，随后饱受战争破坏，尤其在"六镇之乱"中，主要建筑基本上消失，成为一座废都。以致东魏、北齐时期，地方官署、百姓移居城东之恒安镇。我曾据史载，推论唐大同城系天宝元年（742年）王忠嗣将军在北魏平城废墟上重建。后在辽金进一步重构城北宫殿。明洪武五年（1372年），压缩为今天所见范围。本书从城市建设与规划角度来记录大同城的形成与变迁，是我见过第一本记录大同城市建设的书。而且选题也很新颖，章节划分很明晰，图片影像资料很珍贵，尤其是经过查阅历史文献后绘制的北魏平城城址轮廓复原示意图有一定的学术价值。书中还纠正了若干处大同史志中存在的历史谬误，在此我就不一一列举。从中足以见证建斌的治学态度与学术品质，相信此书的出版会为大同的历史与城市建设增光添彩。

斯为序。

云冈石窟研究院院长

戊戌年秋月

前　言

“大同世界”是孔子描绘的理想王国。大同——这座城市的命名因为它的民族至上理想的存在而显得悠远、厚重。作为生活在这座城市中的一位研究工作者，我真切地感觉到了她的存在、前行、变迁。而作为这一历史时刻的见证者，有责任让更多的人感受到她的变化，也有责任为一些只能通过媒体了解、关注这座城市的人展示一个真实的大同。

2008年伊始，大同城开始了长达五年的大规模城市建设。前任市长耿彦波大刀阔斧、高屋建瓴地奠定了大同城未来百年发展之格局。同时大同城的建设与修复牵动着每位市民的心，也一度成为国内主流媒体关注的焦点，论坛、贴吧讨论的话题。而与这座城的命运息息相关的人物则是她的主政者——耿彦波。他用大手笔的“拆”和“建”塑造着这座城市鲜明的个性。在大同古城的拆迁与修复建设期间也曾因其短期内密集地大拆大建而备受瞩目、却也充满争议。对他的评论褒贬不一、众说纷纭，“挺耿者”与“贬耿者”一度爱憎分明，水火不容。白居易有诗云：“试玉要烧三日满，辨材须待七年期”。毋庸置疑，一些功过是非往往在当下是不能简单地冠以对与错，需要更长的时间来理性的反观。而这个试玉之期可能是十年、二十年、三十年，不一而定。但有一点可以肯定，耿彦波给了这座城市一份重塑文化的自信、一股雄睨北方的霸气、一段重振乾坤的豪情。

希望本书能够给大同未来的城市建设与规划带来些许帮助，给大同城市建设的研究开启一个全新的里程，给正在进行大规模城市建设的历史文化名城提供一些有价值的借鉴，同时给关注大同城市建设的广大民众呈现一座真实的大同。

大同正在继续坚定地推进古城保护与修复。生活在这座日新月异的城市，我常常用专业的眼光来审视这座每天都在发生变化的城市。关注得多了，就会有自己的想法，就想把它总结出来，使之清晰化、专业化、系统化。于是此书乃成。

著者

2017年12月于白登山下大同大学

大同古城保护与修复研究会会长、大同市人大理论研究会会长、中国古都学会副会长安大钧先生（左）对本科研项目进行指导

目 录

大同赋

第1章 历史上大同的城市建设 …… 001

1.1 大同概况 …… 002
1.2 北魏京都平城城市建设 …… 004
1.3 辽金陪都西京城市建设 …… 041
1.4 明清重镇大同城市建设 …… 053
附录1.1 一处被人忘却的遗址 …… 068
附录1.2 平城诗选 …… 071
附录1.3 明清大同诗选 …… 075
附录1.4 现代诗选 …… 078

第2章 大同城市建设模式 …… 079

2.1 城市规划 历史回顾 …… 082
2.2 一轴双城 新旧两利 …… 099
2.3 传承文脉 创造特色 …… 103
2.4 整体保护 重点修复 …… 108

第3章 大同历史建筑保护模式 …… 123

3.1 考证充分 …… 127
3.2 遗产本位 …… 127
3.3 四原保存 …… 131
3.4 浑然一体 …… 132

第4章　未来大同 …… 135

4.1　古城怀旧 …… 136

4.2　御东展望 …… 153

结束语　从云冈石窟到雕塑之都 …… 159

附录5.1　从吴良镛“菊儿胡同”看中国旧城改造 …… 161

附录5.2　城市如人——关于中国城市化的思考 …… 166

附录1　大同城市建设大事记 …… 175

附录2　大同历史建置城址沿革及重要历史事件时间轴 …… 196

附录3　国家历史文化名城 …… 198

附录4　中国历史文化名街 …… 201

附录5　图表索引 …… 204

附录6　专题索引 …… 210

参考文献 …… 211

后　记 …… 213

大同赋

耿彦波

大同者，尧舜之治政，天地之化育，人世之理想，大道之直行也。混沌初开，刀耕火种，人类远宗先祖，许家窑遗址为证；战国中叶，胡服骑射，华夏开疆拓土，武灵王功业可寻。两汉要塞，白登风云，高祖无奈留遗恨；兵略重地，烽火连天，青山有幸寄忠魂。嘎仙洞呼啸而来，席卷天下；拓跋氏异军突起，问鼎中原。皇天后土，山川形胜，巍巍哉帝王霸气，煌煌魏都平城；北魏基业，太和汉化，郁郁乎儒道斯文，赫赫文治武功。武州山开窟造佛，旷世稀声，创天地之大美，前无古人；云冈峪石破天惊，空谷足音，登文化之顶峰，后无来者。吞吐万汇，礼兴乐盛，开启盛唐宏大和声；融铸华夷，师古出新，典章帝都格局精神。辽金陪都，皇家王气传承，三百年辉武修文；华严巨刹，京华佛国胜景，万千僧弘道修行。明清重镇，治乱必据。代王建藩，徐达筑城。扼门户之要冲，神京屏障；启边关之贸易，盛世气象。大帝国落日余晖，国祚式微；多尔衮戊子屠城，时运可危。己丑建国，历史翻新。中华煤都，再现辉煌。文化名城，古韵新章。一轴双城，无限风光。传统与现代齐飞，人文共生态一体。奋皇城古都之余烈，振大同崛起之长策。政通人和，百业俱兴。创优发展环境，集聚天下英才，建非常之功；打造产业园区，吸纳八方投资，立不朽之业。改革旧制，与时偕行；开放图强，再造乾坤。呜呼！大同之道也，天下为公。选贤与能，讲信修睦。乐业安居，和谐包容。各美其美，美人之美，美美与共，天下大同。

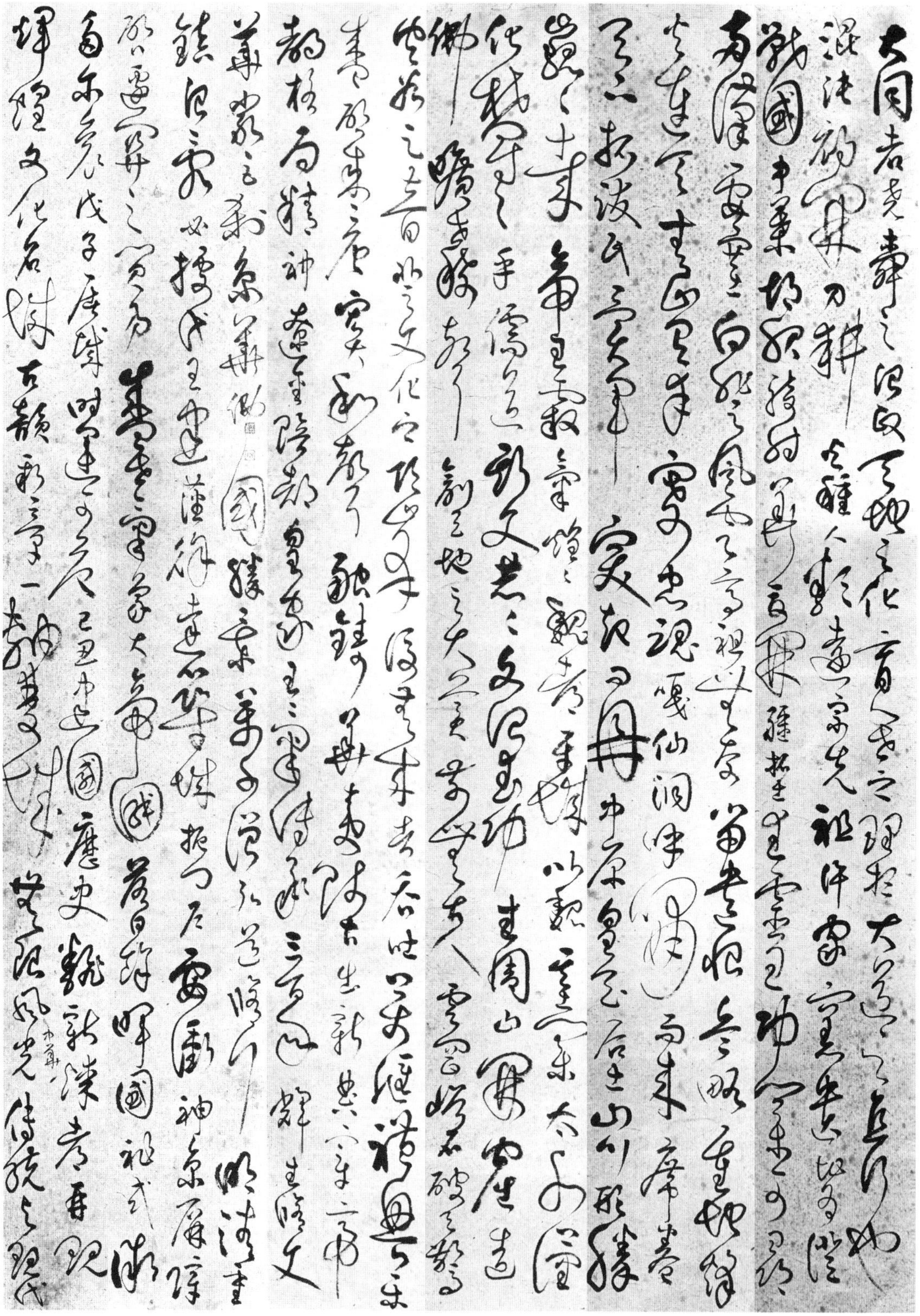

图0–1《大同赋》草书条幅

山西大同大学 李忠魁 书

第1章 历史上大同的城市建设

1.1 大同概况

1.2 北魏京都平城城市建设

1.3 辽金陪都西京城市建设

1.4 明清重镇大同城市建设

1.1 大同概况

大同市位于山西省最北端，居晋、冀、蒙之枢纽，处内外长城之间的盆地内。它是1982年国务院首批公布的24座历史文化名城之一，有着2300余年的建置史、1600多年的城市发展史、427[①]年的都城史。大同是中原农耕文明与塞北游牧文化的分界线，也是中原农耕民族与北方游牧民族长期争夺拉锯的重要边塞军事重镇。大同自昔戎马战争，殆无虚日，归属频变，屡易其名，战国始置县，属赵，称平城[②]；北周始置云中；唐后期驻大同军防御使，后升大同军节度使，“大同”一词，也由此而来。辽金置西京大同府。元为大同路，明清复称大同府。大同一词使用千年，直至今日（图1-1）。

大同是一座历史悠久的古城，三面临边，最号要害，东连上谷，南达并恒，西界黄河，北控沙漠。被誉为“京师之藩屏，中原之保障”。风俗质直朴野、俗尚武艺。大同自古乃中国北方军事重镇与战略要地，是中国北方的重要城市，也是驰名中外的“煤炭之都”，素有“三代京华、两朝重镇”[③]之美称。而“三代京华”时期是大同在中国历史上最

图1-1 汉代“平城”文字云纹瓦当

大同西汉时置平城县，县城旧址在操场城，东西长近1000m，南北宽约960m（即操场城外加操场城南侧与府城之间150m的范围）的矩形区域内。北魏宫城就是在汉平城县故城的基础之上扩建的。2007年在大同操场城内东北部翰林别院的北魏二号太仓及宫殿建筑遗址中出土的29枚中有阳文“平城”、周饰云纹的汉代文字云纹瓦当。本卷云纹为秦汉最流行的装饰纹样，其对称而有规则、简单而有特色。

图片来源：大同西京文化博物馆。

---

① 西晋建兴元年（313年），代王拓跋猗卢定盛乐为北都，修故平城以为南都，称南都历时85年之久。北魏自天兴元年（398年）从盛乐（现内蒙古自治区和林格尔县土城子）迁都平城至太和十八年（494年）再次迁都洛阳，在平城正式建都97年；辽自重熙十三年（1044年）设陪都西京大同府，至保大二年（1122年）金克西京止，称西京79年；金自天辅六年（1122年）设陪都西京，至贞祐三年（1215元）元克西京止，称西京93年；元自太祖十年（1215年）克西京大同府，至至元二十五年（1288元）改西京道大同府为大同路止，称西京73年；合计427年。

② 此地自古乃兵家必争之地、历史上发生过大小战事上千次，故取平城有祈求平安、渴望和平之美好愿望。

③“三代京华”指北魏都城平城、辽陪都西京大同府、金陪都西京大同府；“两朝重镇”指明、清大同府。

辉煌、灿烂的时期。在民族交融与军事对峙、宗教盛行与大兴寺庙的南北朝时期，大同创造了许多人类文明的奇迹，同时也建造了诸多人类建筑的奇迹。

近现代大同因煤而闻名全国，也因此被人们誉为“煤都”。因为煤，大同曾经迎来飞速的发展；也因为煤，大同一度成为污染较重、产业单一的城市。其实，除了自然资源，大同还有许多闻名遐迩的历史文化资源，如北魏开凿建设举世瞩目的云冈石窟；坐落于大同市浑源县悬空而筑的建筑奇观——悬空寺；府城内的华严寺、善化寺、府文庙、关帝庙、九龙壁等人文景观。

20世纪80年代之前，大同市工业基础扎实，产业多样。化工、纺织、医药、建材、水泥、机械加工等生产制造水平都比较高。后来，煤炭业迅速崛起，各行各业的资金都被煤炭业巨大的利润吸走，从而导致其他产业迅速萎缩。最终产业的单一化导致发展模式的单一化。再后来，煤炭资源现枯竭势头，“一煤独大”的局面渐渐难以为继[①]。从20世纪90年代初开始，随着市场经济的迅速深化，为华北乃至全国提供重要能源支撑的煤都大同几经突围，却始终未能摆脱对煤炭产业的依赖，发展的脚步几近蹒跚。在山西11个地市的经济排名中，大同一直处于中下游水平，昔日的辉煌已不在[②]。而煤炭业带给整座城市的污染却与日俱增，2001年大同市空气质量二级以上优良天数仅为49天；2003年，大同名列全国十大污染严重城市。所以，21世纪初，大同人都处于疲软、无力、麻木的状态之中，只能无奈地面对转型所带来的阵痛。

近现代的大同一直是在一对矛盾体中纠结地发展着。煤炭资源给大同带来的是相关产业链的成熟与发展，但无形中也给环境带来了不容忽视的污染。而大同的旅游业则需要一个相对洁净的城市形象。对这对矛盾产业的取舍与侧重一直成为左右大同城市发展的核心问题。2008年，大同开始了大规模的现代化城市建设，重新规划了未来城市的发展方向与格局。而今，转型发展、绿色崛起、发展文化创意产业又将大同推到一个新的发展转折点。其中很重要的一项就是重新修复与保护已经千疮百孔的古城。在一次打车时与司机聊到这个话题，我还清楚地记得他说

① 李少威.“拆迁市长”离开后的大同[J]. 南风窗，2014.11。
② 郭兆平，孟庆伟，杨晓明. 古都大同的复兴之旅[N]. 山西经济日报，2011-8-1。

了一句很具代表性的话：“大同的未来就在这里。”他一边说一边用手指着正在修复的古城墙。

1.2 北魏京都平城城市建设

我国古代北方是个非常复杂的多民族社会，各民族交替称霸草原。北魏就是南北朝时期由拓跋鲜卑[①]在北方建立的第一个王朝，和其后的东魏、西魏、北齐、北周统称北朝，与南朝宋[②]、齐、梁、陈成对峙之势，史称南北朝。平城是南北朝最繁华的城市之一，也是北魏“丝绸之路”的东方起点，见证了整个北魏王朝从兴起到衰落的过程。北魏平城是大同在中国历史上最灿烂辉煌的时期，同时大同也迎来历史上的第一个高峰（图1-2）。

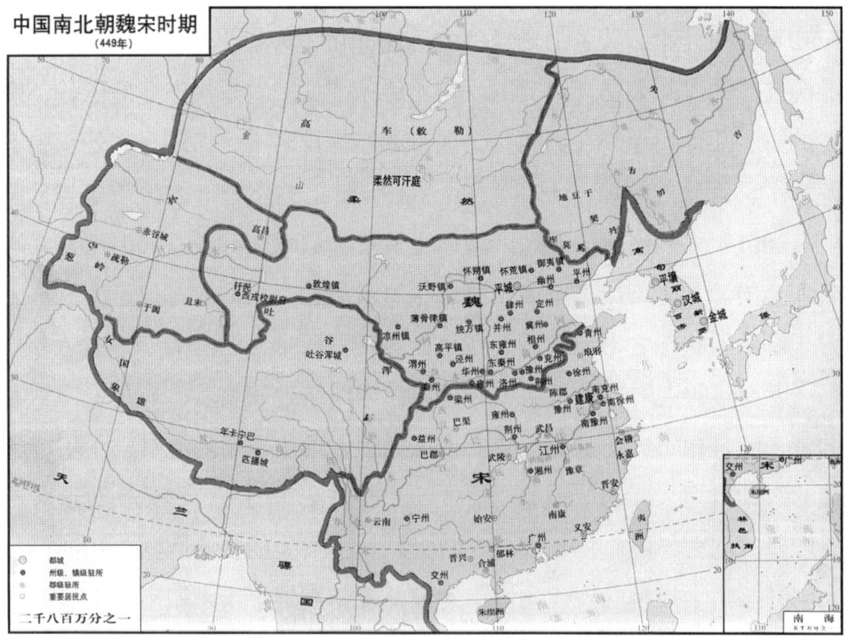

图1-2 南北朝魏宋时期形势图（449年）

图片来源：张芝联，刘学荣. 世界历史地图集. 北京：中国地图出版社，2002，审图号GS（2002）088号。

南北朝在中国历史上是一段分裂时期。南北两朝虽各有朝代更迭，但长期维持对峙形势，故称南北朝。北魏位于中国北方，渐次统一了汉文明的发源地——黄河流域。北朝在经济、武备、军事上远胜于南朝，遂形成北强南弱之形势。但北朝之所以没能统一南北，主要原因在于还未能有效解决民族冲突与文化冲突这两大核心问题。且北朝最终在胡化势力反扑之下国家分裂成东西魏。

---

① 鲜卑族是在东汉末、魏晋、南北朝时期占据蒙古草原的游牧民族，因居住在大鲜卑山，故以山为族名，与此地区内的其他种族通称为鲜卑族，所以鲜卑种族很复杂。据史籍记载鲜卑人具有须黄、肤白的特征。

② 南朝宋都城为建康，即现南京。为了区别于其后的赵宋，因皇族姓刘，所以后人也称其为刘宋。

平城为大同的古称。秦始皇帝二十六年（公元前221年）设平城县，此名称一直延续至东魏。北魏平城是在秦汉平城县故城基础之上扩建而成。西晋建兴元年（313年），代王拓跋猗卢定盛乐为北都，修故平城以为南都。为了南控中原发展农业，北魏天兴元年（398年），道武帝拓跋珪迁都平城。随着魏军事实力的强盛和多次对外大规模征讨的胜利，所灭之国的财富和人口被悉数掠夺和迁徙至平城，导致都城人口猛增。据史载，先后约有几十万名来自山东、凉州、长安城的手工艺人和能工巧匠被强行迁徙、定居于平城及其近畿。至此，在平城及京畿地区混居着多达十几个民族近150万的人口（图1-3～图1-5）。

大量的移民不仅荟萃了各种各样的人才，而且也促进了京城各行各业的发展和北方各民族的大融合，并为建设宏伟壮观的京城提供了人力、智力和技术保障①。拓跋珪迁都平城后即开始了规模宏大的京城建

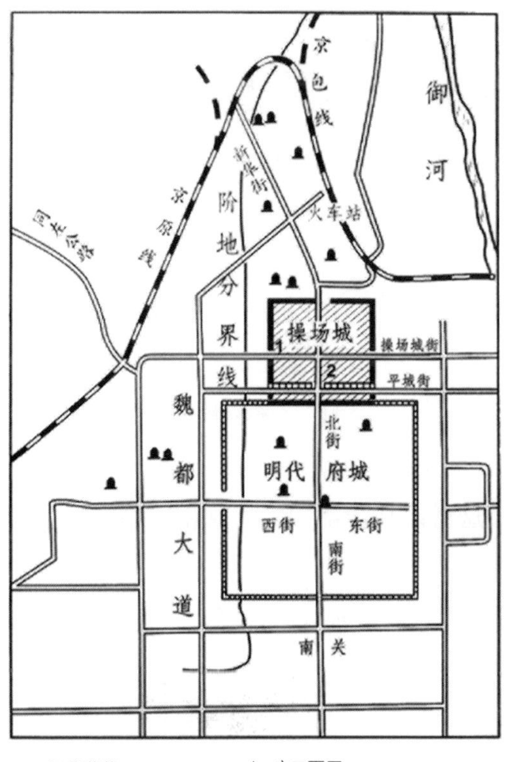

图1-3 汉平城县城址推测平面图

通过考古勘探发现操场城东、北、西三面墙体及府城北垣中段的夯土墙体中存在着早、中、晚三个不同时期的夯土层相互叠压的现象，由此结合汉代墓葬的分布可以推断出汉平城大致就在图中黑色边框所围成的方形斜线区域内，其东西长1000m，南北宽960m。即操场城外加操场城南墙与明代府城北墙之间约150m的范围。在修复府城北城墙中考古人员发现北城墙实际上可分成东、中、西三段。中段与操场城南城墙长度一致且对应。中段墙体中有多层夯土叠压，从外向内依次有明代、北魏以及北魏之前的三层夹墙，其中最内侧发现有汉代与战国时期的墙体，但未发现唐辽时期的夯土墙体。东、西段墙体从外向内也依次倾斜叠压着三个不同历史时期的夹墙。最外侧夹墙含辽金遗物，应为明代所筑墙体；最内侧夹层可能晚于汉代、但不晚于北魏平城早期；中间的夹墙约在唐辽时期。府城其他三面墙体亦然，府城四面墙体的内侧夯筑薄厚不等的墙体残存能够形成较为完整的早期城圈。为了便于考古研究、让游客更好地了解大同古城墙，修复北城墙时选取了两处清晰的剖面遗迹加以展示。

图片来源：大同市博物馆。

① 力高才，高平．大同春秋[M]．太原：山西人民出版社，1989.11：31。

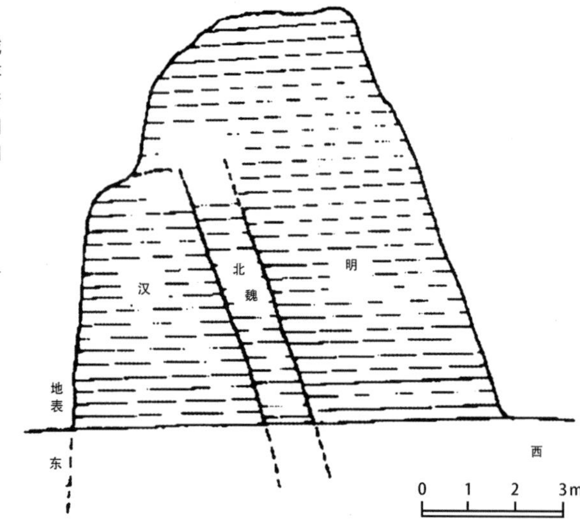

图1-4 操场城西墙体剖面图

经历年考古勘测发现在操场城东、北、西三面夯土墙体中均存在着汉、北魏、明三个时期的夯土层由内侧向外侧叠压，较晚期的夯土墙体依次倾斜依附在前期的墙体之上。

图片来源：曹臣明，韩生存．汉代平城县遗址初步调查[A]．山西省考古学会论文集[C]．太原：山西古籍出版社，2000。

图1-5 汉平城地层剖面示意图

图片来源：作者绘制。

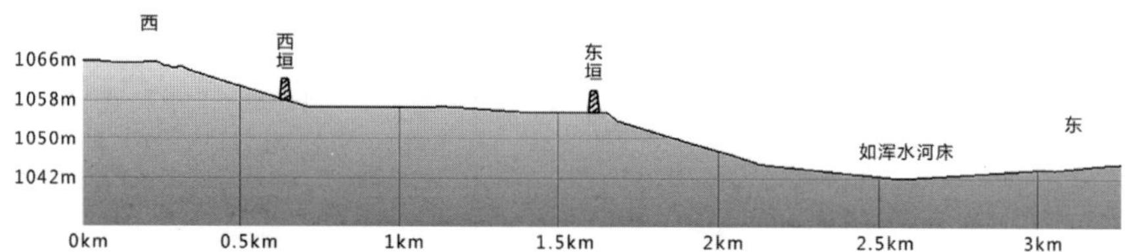

剖切面位于操场城东西街，地形呈西高东低之势，汉平城县城位于相对平缓的平地内，图中西垣指操场城西墙，东垣为东墙，又东为如浑水河床。

设，起宫殿、筑城郭、营宫室、建宗庙，立社稷[①]。北魏平城逐渐成为一座人口上百万[②]、商贾云集、使者络绎的国际大都市，在中国古代的城市建设史上留下了浓墨重彩的一笔。北魏是北方游牧民族拓跋鲜卑在汉地建立的政权，为了显示自己的正统地位，在都城、宫殿建设上竭力比附魏晋时期的洛阳、邺城。这可以从与洛阳、邺城相同的宫殿名、城门名、街道名上看出来。在这样的政治、经济、文化形势下，南北双方的都城规划、宫室形制等方面难以摆脱魏晋传统，鲜有创新[③]（表1-1～表1-4、图1-6）。

在平城建设的初期，鲜卑族还处在由游牧向半游牧、半农耕的过渡

① 《魏书·太祖纪》：天兴元年秋七月，迁都平城，始营宫室，建宗庙，立社稷。

② 据史料记载此时平城与京畿人口相加约一百五十多万。

③ 傅熹年．中国古代建筑史（第2卷）：三国、两晋、南北朝、隋唐、五代建筑[M]．北京：中国建筑工业出版社，2009.10。

北魏平城都城城门命名推测表　　表1-1

都城城门命名	南门	东门	北门	西门	合计
曹魏邺城（204～220年）	章门 永阳门 广阳门	建春门	广德门 厩门	金明门	7
后赵石虎邺城（约334～349年）	凤阳门 中阳门 广阳门	建春门	广德门 厩门	金明门	7
东晋建康（317～420年）	陵阳门 宣阳门 开阳门	清明门 建春门（建阳门）	广莫门（晋初名平昌门） 玄武门 大夏门	西明门	9
刘宋建康（420～479年）	陵阳门（后改广阳门） 宣阳门 津阳门（开阳门） （新）开阳门	清明门（东阳门） 建春门（建阳门）	延熹门（新广莫门） 承明门（广莫门） 玄武门 大夏门	西明门 阊阖门	12
北魏平城（398～494年）	宣阳门 开阳门 * *	建春门 * *	广莫门 大夏门	阊阖门 西明门 *	12
魏晋洛阳（220～311年）	津阳门 宣阳门 平昌门 开阳门	青阳门 东阳门 建春门	广莫门 大夏门	阊阖门 西明门 广阳门	12
北魏洛阳（494～534年）	津阳门 宣阳门 平昌门 开阳门	青阳门 东阳门 建春门	广莫门 大夏门	承明门（亦称新门） 阊阖门 西阳门 西明门	13

注：从魏晋南北朝时期的邺城、建康、平城、洛阳宫殿名称可以看出，南北朝时期各朝为了争正统，在都城的建设上，诸如都城城门命名、宫城城门的命名及宫殿的设置与命名上，极力比附魏晋洛阳、邺城的风气，在不同程度上形成了都城建设的“洛阳模式”。其中灰色名称为推测命名，未经考证，仅供参考。*代表名称未知的城门。

表格来源：作者绘制。

邺城、建康、平城、洛阳主要宫殿命名对照表　　表1-2

宫殿命名	1	2	3	4	5
曹魏邺城宫殿（204～220年）	文昌殿	听政殿	鸣鹤堂		
后赵石虎邺城宫殿（约334～349年）（图1-9）	太武前殿 太武殿 太武殿东堂 太武殿西堂 金华殿	琨华殿 晖华殿	显阳殿	九华宫	宣武观
东魏、北齐邺城南城宫殿（534～577年）	太极殿 太极殿东堂 太极殿西堂	昭阳殿 含光殿 凉风殿	显阳殿 瑶华殿 宣光殿 嘉福殿 仁寿殿	玳瑁殿 镜殿 宝殿	偃武殿 修文殿
东晋、刘宋建康宫殿（317～479年）	太极殿 太极殿东堂 太极殿西堂	式乾殿① 西斋 东斋	显阳殿 徽音殿 含章殿		

续表

宫殿命名	1	2	3	4	5
北魏平城宫殿（398～494年）	天文殿 天华殿 天安殿 中天殿 云母堂 金华堂 紫极殿 昭阳殿	永安殿 安乐殿	太华殿 太和殿 安昌殿 皇信堂 宣文堂 经武殿	太极殿② 太极殿东堂③ 太极殿西堂④ 九华堂	临望观 凉风观 玄武楼
曹魏洛阳宫殿（220～311年）	太极前殿 太极殿 太极殿东堂 太极殿西堂	式乾殿 昭阳殿 总章观	建始殿	嘉福殿 崇华殿 （后改名九龙殿）	玄武馆
北魏洛阳宫殿（494～534年）	太极殿⑤ 太极殿东堂 太极殿西堂	式乾殿 显阳殿 徽音殿 含章殿	宣光殿 明光殿 晖章殿	嘉福殿 九龙殿	金銮殿

注：比较魏晋南北朝时期邺城、建康、平城、洛阳宫殿的命名可以看出魏晋"洛阳模式"对南北朝时期都城建设的影响。
①系内朝所在。
②系内朝所在。
③系内朝所在。
④系内朝所在。
⑤约建于北魏太和二十年（496年）至景明二年（501年）。
表格来源：作者绘制。

北魏平城宫城城门命名推测表　　表1-3

宫城城门命名	南门	东门	北门	西门	合计
东晋建康宫城（330～420年）	大司马门 南掖门	东掖门	平昌门	西掖门	5
刘宋建康宫城（420～479年）	西掖门 大司马门 阊阖门 东掖门	万春门	广莫门 （承明门）	千秋门	7
北魏平城宫城（423～494年）	中华门 南掖门 阊阖门 大司马门	云龙门 东掖门	*	西掖门 神虎门	6
曹魏洛阳宫城（220～265年）	掖门 阊阖门 掖门 大司马门	东掖门 * 云龙门	*	神虎门 * 西掖门	9 （不计两小掖门）
北魏洛阳宫城（494～534年）	掖门 阊阖门 掖门 大司马门	东掖门 云龙门 万岁门	* *	千秋门 神虎门 西掖门	10 （不计两小掖门）

注：从魏晋南北朝时期的建康、洛阳宫城城门命名来推测北魏平城宫城城门命名，其中黑色名称是经考证的，灰色名称为推测命名，未经考证，仅供参考。*代表名称未知的城门。
表格来源：作者绘制。

平城、建康、洛阳主要皇家苑囿命名对照表　　表1-4

皇家苑囿命名	1	2	3	4
北魏平城 （398~494年）	华林园 永兴园①	鹿苑、北苑、 东苑、西苑、	鸿雁池、天渊池、 神渊池、灵泉池、 东西鱼池、石池、方泽	药圃 虎圈
南朝建康 （420~589年）	华林园 元圃园	乐游苑、 芳乐苑、 上林苑	玄武湖 九曲池	玄圃
曹魏洛阳 （220~311年）	西游园、芳林园② 豫后园、北园、西园		天渊池、濛汜池 琼花池	
北魏洛阳 （494~534年）	西游园、华林园③ 百果园、风光园		天渊池、苍龙海 玄武池、扶桑海 流化池、洗烦池	疏圃

注：北魏园林处在中国园林从秦汉风格向唐宋风格的转折期、过渡期和快速发展期。北魏园林主要集中分布于平城与洛阳。其注重实用性，开始与寝宫相结合，奠定了后世皇家园林的寝宫布局。在园林营造理念上已开始探索自然与人文的结合。

①为宫北园林。

②本东汉芳林园，三国魏正始初年（240年）因避齐王曹芳讳改称华林园。

③为宫北园林。

表格来源：作者绘制。

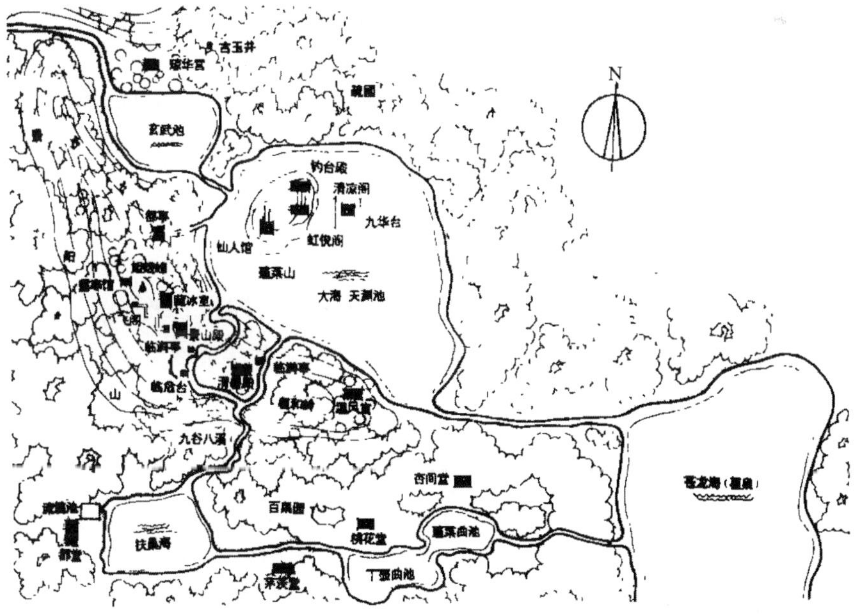

图1-6 北魏著名皇家园林——洛阳华林园推测复原平面图

图片来源：王翠云、李铁绘制。

北魏洛阳华林园是在魏晋华林园的基础之上重建的。并迁平城铜龙置于天渊池畔。园内建筑丰富，山水丰饶。世宗时茹皓负责华林园营造工程，"皓性微工巧，多所兴立。为山于天渊池西，采掘北邙及南山佳石。徙竹汝颍，罗莳其间；经构楼观，列于上下。树草栽木，颇有野致"（《魏书恩幸·茹皓传》）。本图据《洛阳伽蓝记》、《水经注》记载绘制。

期[①]，且游牧民族从未有过入主中原的先例，所以京都平城的营造，既圆了拓跋鲜卑多年来追求的梦想，又折射出拓跋鲜卑欲逐鹿中原的帝王梦。平城作为一个多民族、多文化荟萃的大舞台而粉墨登场了。

北魏平城的建设可以分三个阶段：

（1）第一阶段：从道武帝天兴元年（398年）至明元帝泰常八年（423年），共26年，是平城建设的形成期。这一时期扩建了汉代城池，“太祖欲广宫室，规度平城四方数十里，将模邺、洛、长安之制，运材木数百万根。”[②]主要营造了宫室、宗庙、社稷及中央衙署。并对平城城郭进行了规划与建造，确立了京城的基本轮廓，在都城规划上已初具规范，然“京城之内，居舍尚希。”[③]早期的宫城内宫殿、武库、仓库、作坊混杂在一起，宫室也多为土筑瓦屋，建筑粗犷质朴、简陋朴素，很少有奢华的装饰，“宫门稍覆以屋，犹不知为重楼”[④]，且具有明显的少数民族风俗和特征，与魏晋宫室、都城体制相差甚远。本阶段主要的城市建设成就包括：筑东宫、起鹿苑、筑西宫、筑平城外郭[⑤]、扩建西宫，起宫城外垣墙等。

（2）第二阶段：从太武帝始光元年（424年）至献文帝皇兴五年（471年），共计48年，是平城建设的发展完善期。从太武帝始北魏进入国力最强盛时期，太武帝消灭北方十六国，并统一了中国北方，正式形成南北对峙局面。在战争中太武帝掠夺了大量财富，强行迁徙了几十万的外来人口至平城及其近畿。随着京城人口的增加城市也在不断地扩张，此时的平城已建成一座规划合理、建筑繁多、功能齐全的大都城。本阶段殿堂渐趋华丽，“自佛狸[⑥]至万民[⑦]献文，世增雕饰。”“琉璃为瓦。”[⑧]建造了新东宫，同时兴建了大量宗教建筑，如武州[⑨]塞石窟寺、鹿野苑石窟、永宁寺、七级浮图、三级石浮图[⑩]等。本时期内七级浮图、大道坛、静轮宫等超高寺塔、道坛的营造无疑又对建筑技术与艺术的发展起

---

①《南齐书·魏虏传》载：“什翼珪始都平城，犹逐水草，无城郭。”

②《魏书·莫合传附莫题传》。

③《魏书·释老志》。

④《南齐书·魏虏传》。

⑤ 外郭也称外城、郭城、国城、罗城、罗郭、廓城等。

⑥ 佛狸（音bì lí）指世祖太武帝拓跋焘。

⑦ 指显祖献文帝拓跋弘。

⑧《南齐书·魏虏传》。

⑨《史记·韩长孺传》、《汉志》、《续汉志》皆作武州；《魏纪》、《魏书》、《魏书·释老志》皆作武州；《魏书·地形志》作武周；《水经注》作武周；《金史》、《隋书》、《隋志》皆作武周山；今作武周山。

⑩ 亦云“佛图”、“灵图”，即佛塔。从一级至三、五、七、九级不等。

到积极的推动作用。从云冈石窟诸窟的中心塔柱可以看出本阶段亦是对从西域传入的佛塔改造成中国楼阁式塔的过程。

（3）第三阶段：从孝文帝延兴元年（471年）至孝文帝太和十八年（494年），共23年，是平城依汉制增建、扩建、改造阶段，也是平城建设的后期，即鼎盛期。随着孝文帝汉化政策的厉行，北魏王朝进入兴盛期。平城此时已发展成为一座人口密集的消费型城市。京城之内“里宅栉比”[①]。“北都[②]富室，竞以第宅相尚。”[③]本阶段代表了平城时期的最高建筑艺术水平，建筑技术与艺术已趋成熟，建筑形制进一步规范，装饰华美，质量颇高，平城的面貌也为之一新。但为了与南朝争文化正统，平城在宫室形制上极力模仿魏晋与南朝（图1-7）。

图1-7 北魏石刻中的宅邸

本节中涉及的几乎全是皇宫、佛寺、道观，没有介绍过普通民众的私人住宅。未免有点偏颇与遗憾，后终于在北魏石刻中找到以上三幅反映当时世族、庶族生活场景的石刻。从这些生活场景中可以感受到当时的建筑形式与生活方式。下边这幅石刻中有茂密的树木，从中可以看出应该是都洛时期创作的。南北朝时宅邸一般分为前后两区，前区称厅事，是开放式的，乃待客与起居之处；后区称后堂，是私人空间，供主人居住。并分别以厅事与后堂相成主庭院。门窗是板门、直棂窗。一般民众和普通小吏的住宅还很简陋。

①《魏书·释老志》。

② 指都洛后之平城，亦称北京、代都、代京、旧京，而非定于穆帝六年（313年）之北都盛乐也。

③《北史·韩显宗传》。

“缮修都城，魏于是始邑居之制度”[①]。从天兴元年至太和十八年（494年）南迁洛阳[②]，北魏在平城建都97年，前后经历了六帝七世的开拓与经营，一座宏大的国际化大都市已然形成。新都城内宫殿、楼堂、园苑、庙台一应俱全。百坊齐矗，九衢相望；歌台舞榭，月殿云堂[③]。一座座富丽堂皇、金碧辉煌的宫殿把京城烘托得格外壮观。平城的建筑规模之巨、数量之多、门类之全在宋朝之前的北方前所未有（图1-8）。

据史料记载，北魏是参照曹魏邺城、魏晋洛阳来改造都城平城的。孝文帝在改建太庙、太极殿之初曾派遣建筑大师蒋少游到洛阳考察魏晋宫室的基趾与形制。北魏平城与魏晋洛阳城、曹魏邺城在形制上的渊源关系，似乎可从它们诸多相似的规划与布局中略微感知一二。如魏晋洛阳城形成宫室、苑囿、太仓、武库在北，官署、里坊[④]在南的布局。曹魏邺城[⑤]东西干道连通东、西两城门，亦将全城分为南北两部分。北半部是宫殿、官署、皇族与贵族居住区，南半部划分为若干里坊，为一般居住区和商业区（图1-9～图1-11）。

按中国古代的城郭制度京城一般有三道城墙：宫城（大内）、皇城（内城[⑥]）、郭城（外城）。“内为之城，城外为之郭。”[⑦]“鲧[⑧]筑城以卫君，造郭以守民，此城郭之始也。”[⑨]构成中国古代的“城郭之制”，也是中国古代的城市规划与建设制度。此制度自春秋始至清末2600多年基本保持不变。中国历史上最早使用皇城一词是隋朝修筑的大兴城（始建于隋开皇二年即582年，唐朝改为长安城）。城市由郭城、宫城和皇城

① 《魏书·天象志》。

② 孝文帝都洛有政治上跟经济上双重目的，在政治上厉行汉化、统一胡汉、确保鲜卑统治，定鼎中原、文化正统、伺机并吞南朝；在经济上，洛阳可通运四方、可促进工商业的发展。他的原话为：“国家兴自北土，徙居平城，虽富有四海，文轨未一。此间用武之地，非可文治，移风易俗，信为甚难。崤函帝宅，河洛王里，因兹大举，光宅中原”（《魏书·任城王云传》），“恒代无运漕之路，故京邑民贫。今移都伊洛，欲通运四方”（《魏书·成淹传》）。

③ 唐代吕令问《云中古城赋》。

④ 里坊是古代城市构成的基本单位，城市规模依坊数而论，如唐长安城最多时有里坊110座，北魏洛阳城有里坊220座之巨。在社会经济发展的冲击下，封闭的里坊制开始瓦解，北宋是封闭的里坊期向开放式街市期转化的转折点。即北宋之前的坊是封闭的居住区，坊四周均建有夯土筑的坊墙。从北宋始坊墙开始消失，城市发展进入街市期，城市的面貌、格局和职能发生了质的变化，繁华的商业街巷和闹市大量的涌现。城市经济得到空前的发展，城市形态也开始摆脱城墙的约束向不规则的形态演化。

⑤ 今河北省临漳县境内邺北城。

⑥ 内城也称中城、小城、子城、牙城、阙城、金城。

⑦ 《管子·度地》。

⑧ 中国上古传说人物，大禹之父。

⑨ 《初学记·卷二十四》引《吴越春秋》，但不见于今存本《吴越春秋》。

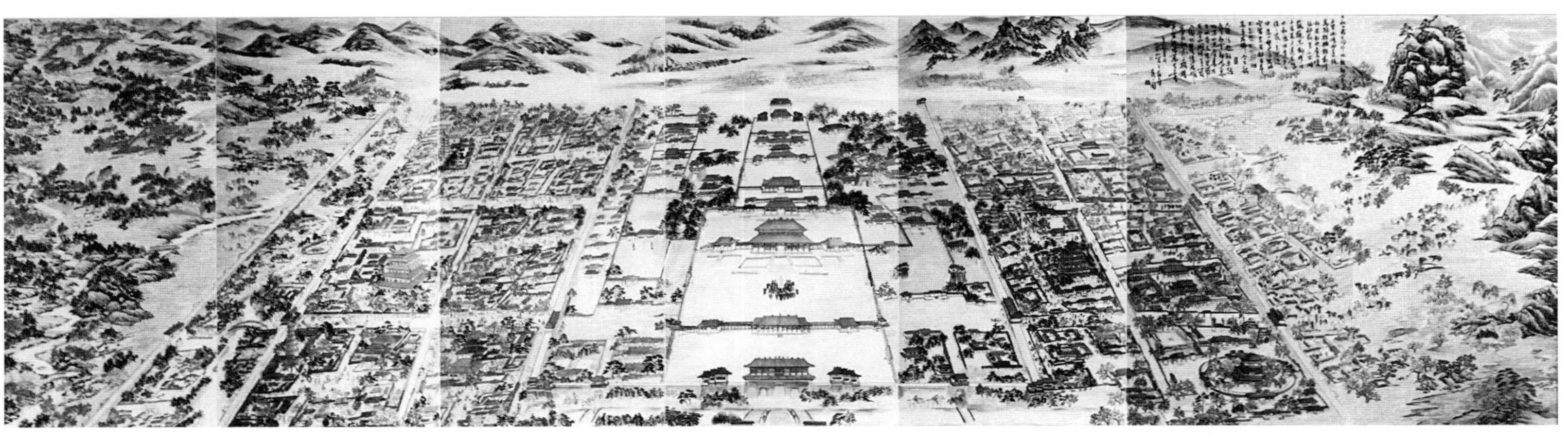

图1–8 国画长卷《魏都》

本作品以国画的形式再现了北魏京都平城鼎盛时期的城市风貌。作品长6.7m，高1.8m，全画按篇幅依次为白登冬雪、鲜卑南迁、御河春色、六街九衢、巍巍帝都、西宫禅音、鹿苑秋色、云冈绝唱，将拓跋鲜卑从遥远的大兴安岭南迁、定都平城、问鼎中原的历史真实的再现了出来。由于画幅的限制，画中部分建筑因为构图的需要做了位置上的调整　但我们仍然能从中领略出魏都平城的皇家气概。

图片来源：山西大同大学美术学院杨俊芳创作。

图1-9 十六国后赵时期邺城平面复原示意图（约334～349年）

图片来源：傅熹年. 中国古代建筑史（第2卷）：三国、两晋、南北朝、隋唐、五代建筑. 北京：中国建筑工业出版社，2009。

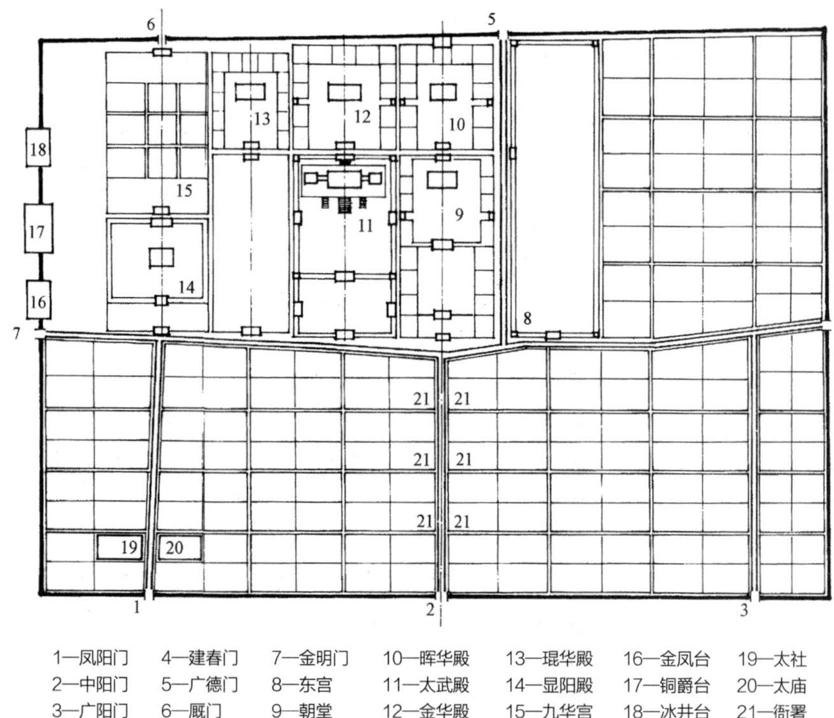

该时期邺城基本延续曹魏时的布局。城呈长方形，东西长7里，南北宽5里，百步一楼，表饰以砖。有两重城垣：宫城和郭城。宫城位于郭城内西北，宫室形制由石勒规划。336年石虎又在铜爵园内建新宫——九华宫。魏晋以前大城（郭城）兼为土筑，后赵邺城首创大城全部用砖包砌。郭城中连通金明门、建春门东西向干道将全城分成南北两部分，北为王公贵族居住区，南为里坊。宽17m的中阳门内大道为曹魏邺城的中轴线，两侧分布着中央衙署。主门凤阳门门楼高达五、六层，超过中阳门、广阳门。凤阳门内大道北直九华宫，左祖右社。后赵邺城的一个主要变化是城市主轴线西移，九华宫与凤阳门内大道成为新的主轴线。邺城是一座功能分区明确、规划严谨的城市。它改变了汉长安宫城与闾里相参、布局混乱的城市格局。这种布局规制对其后的都城规划（如北魏平城、隋唐长安城）均有一定的影响。据《史记》载，平城建都前期曾模仿邺城之制，并运其材木数百万根至平城。而东魏天平二年（535年）又折北魏都城洛阳宫殿，并运其材至邺建南城，历史总是在捉弄人，上演着一幕一幕似曾相识的剧目，其实只因一个原因，历史发展是当时代所有人意志的合力使然。东魏兴和二年（540年）邺“南城”建成，称曹魏、石赵邺城为“北城”。

三部分组成。大兴城完全采用东西对称布局，宫城居城北部正中，皇城紧靠在宫城的南侧，且其东西与宫城等距。皇城无北墙，皇城与宫城之间有一条横向街道相隔。其实从秦汉一直到南北朝都城的布局没有形成一套严格的章法，皇宫、府衙、居民区交错相杂，杂乱无章。至大兴后，都城的营造开始讲究对称布局，郭城内采用网状规划，整座城市如同棋盘，形成层层十字街巷的等级森严的古代城市形态。此时城市的规划已转化为一种礼制，是古代君、臣、民之间社会关系和秩序的真实写照。

坊北门

西北隅	北门之西	北门之东	东北隅
西门之北	十字街西之北	十字街东之北	东门之北
西门之南	十字街西之南	十字街东之南	东门之南
西南隅	南门之西	南门之东	东南隅

坊西门　坊东门

坊南门

0　100　200m

图1–10 唐长安坊内布局示意图

里坊是古代城市的基本单元，城之规模以坊数而定。宋之前的坊是封闭的居住区，坊四周均建有夯土筑的坊墙。坊开四门，坊门按时启闭。坊内街称“十字街”，十字街将坊划分为四大区，再由小十字街分坊为十六小区。

图片来源：傅熹年．中国古代建筑史（第2卷）：三国、两晋、南北朝、隋唐、五代建筑．北京：中国建筑工业出版社，2009。

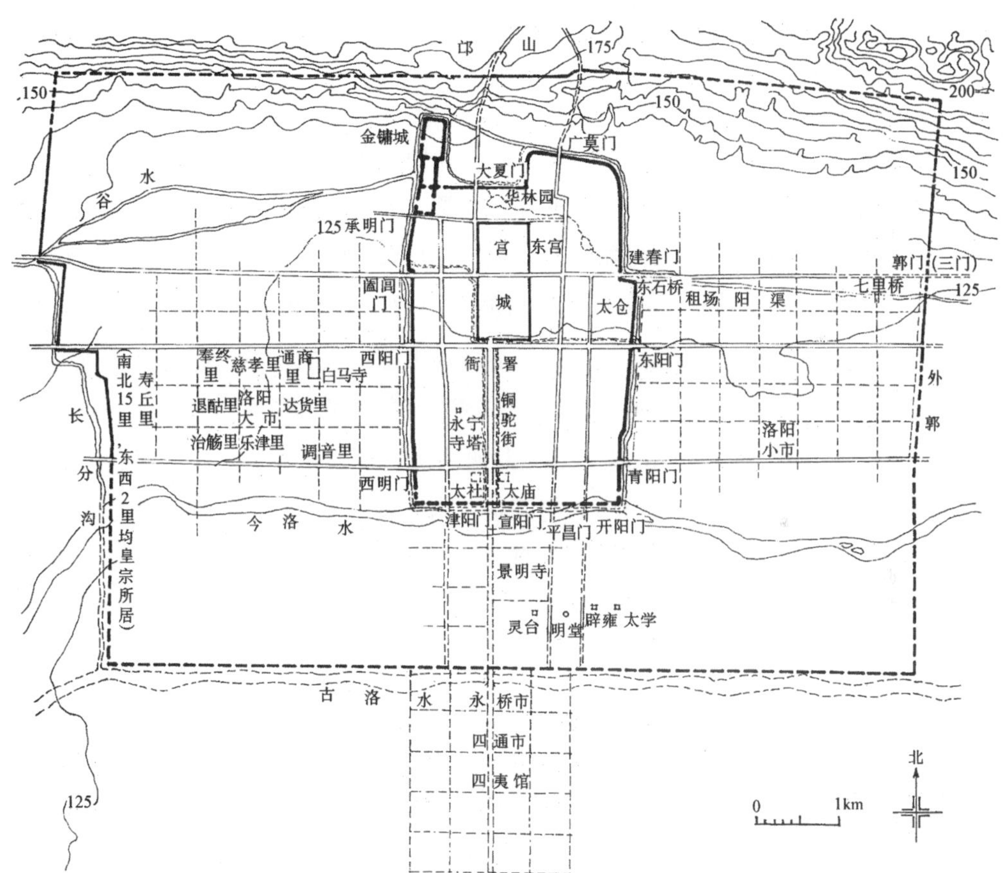

图1–11 北魏洛阳城推测复原示意图（约494～538年）

北魏太和十八年（494年）孝文帝迁都洛阳后在保持汉、魏、西晋都城基本结构之上改建宫室，拓建城郭，至宣武帝时建成规模宏伟的北魏洛阳城。洛阳城有宫城、京城、郭城三重城垣。宫城位于京城北部略偏西的位置上，呈长方形、四面筑墙；连通建春门与阊阖门之间的一条横贯全城的东西向大街将宫城分为南北两部分，南半是朝会施政之所，北半为寝宫起居之处。京城居外郭中心，贯通于西阳门与东阳门之间的东西向大街从宫城南墙外通过，成为京城的一道分界线，北侧是宫城、太仓、园囿，南侧则分布着衙署、太社、太庙、寺院和贵族官员府第。宫城前铜驼街则是京城的中轴线，衙署、宗庙、社稷、太尉府、司徒府、永宁寺就分布在铜驼街两侧。郭城巨大而规整，东西长20里、南北宽15里、面积约为73平方公里，划分为220座有围墙的方形封闭里坊（据北魏杨衒之著《洛阳伽蓝记》）。郭内南部设有灵台、明堂、辟雍、太学。北魏洛阳城在都城的形制与布局规划上，划时代的革新就是废除了东汉、魏晋都城所形成的南北两宫制，并开创了单一宫城之先河。对后世隋大兴城、唐长安城的规划和布局产生了深远的影响。东魏于天平元年（534年）迁都邺城，天平二年（535年）拆洛阳宫殿，运其材至邺。元象元年（538年）在东、西魏邙山之役中，北魏苦心营造了40年的都城洛阳化为废墟，令人唏嘘流涕。图中实线区域已经考古证实，虚线区域根据文献推测绘制、待考。

图片来源：潘谷西．中国建筑史．北京：中国建筑工业出版社，2009。

关于平城城郭规划布局，学术界一直存在争议。有以下几种主流观点：

（1）双重结构：此观点认为平城是由两道城墙构成，内层是宫城（内城），外层则为郭城（外城），仅此二城。此说的最大证据就是《水经注图》所附《平城图》，本图为清末杨守敬、熊会贞根据《水经注》所绘制。历代研究《水经注》者颇多，清代尤甚。但从现在已经掌握的考古成果来看，此图存在一些谬误，如图中宫城的位置欠妥，一些宫阙及宫门的位置与史料不相符合，且对实际存在的南城也无从解释（图1-12）。

（2）三重结构：此观点认为平城是由宫城、皇城、郭城三重结构构成。这是最传统的说法，因为在中国古代的城郭制度中一座都城理应由三道城墙构成。宫城的存在在学术界是公认的，在此不予赘述。但本观点中所说的"皇城"并非是包在宫城周围，而是与宫城并列存在的一座独立的城，即在现明清府城的位置。从某种意义上说这座所谓的"皇城"有点附会，因为它还不是真正意义上的皇城，它只是具备了皇城的一些功能与特征，看作是皇城的前身、雏形更恰当些。

（3）南北两城论：这是著者经过深入研究后得出的观点。笔者认为北魏平城的城市布局应该是"南北两城论"，即平城是由北城（也叫宫城、平城宫[①]）、南城和郭城组成。《隋书・宇文恺传》中有关于明堂位置的记载："后魏于北台城南造圆墙，在璧水外。"魏晋时称宫为台。故"北台城"即为"北宫城"，也就是著者所称之"北城"也。北城居郭城之西北，南城居郭城之西南，郭城将北城与南城包罗在内。此时的南城已经初步具有了皇城的一些功能与特征，从某种角度来说可以看作是皇城的雏形。但此时宫城并未居中，且与皇城没有形成轴线对称的嵌套关系来突出宫城的地位。同时，宫城的建筑与功能上亦包含了皇城的一些性质，如应建于皇城内的太庙、社稷、太仓[②]，防卫建筑反而建于宫城之中。因此，笔者认为用"南北两城论"来描述此时的平城更确切（图1-13、图1-14）。

平城的建造顺序为先北城，后南城，最后为郭城。经过历任皇帝

① 平城宫是北魏迁都洛阳之后为区别于在洛阳修建的宫殿而对平城所建宫殿的通称。

② 指古代京师用于储存谷物的大型仓库。

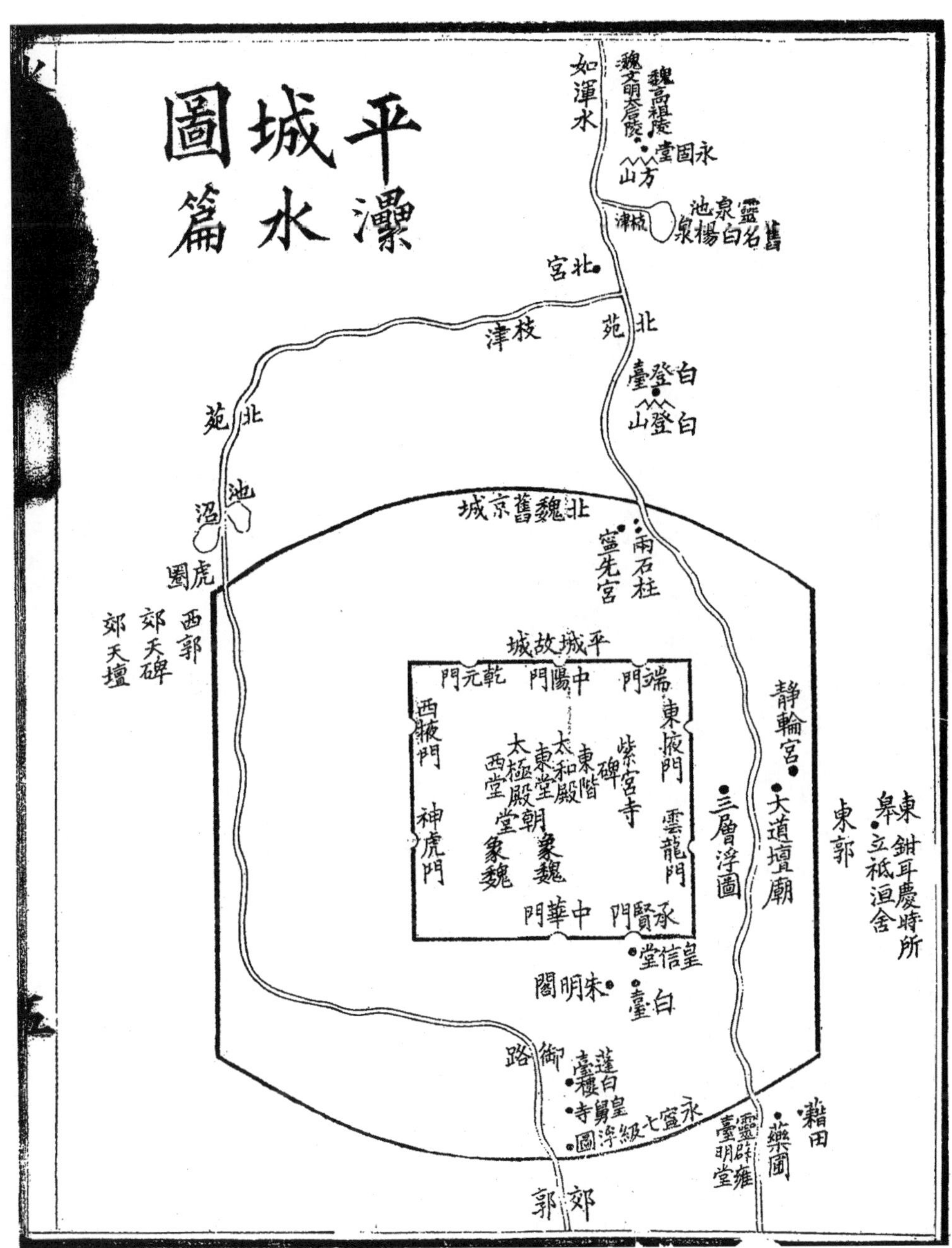

图1-12《水经注图》之《平城图》

历代研究《水经注》者颇多，清代尤甚。本图为清末杨守敬、熊会贞根据《水经注》注文所述绘制。此图属示意性质，图中城郭形制不明，相关位置标注不准确，仅供参考。

图片来源：（清）杨守敬、熊会贞 著《水经注图》。

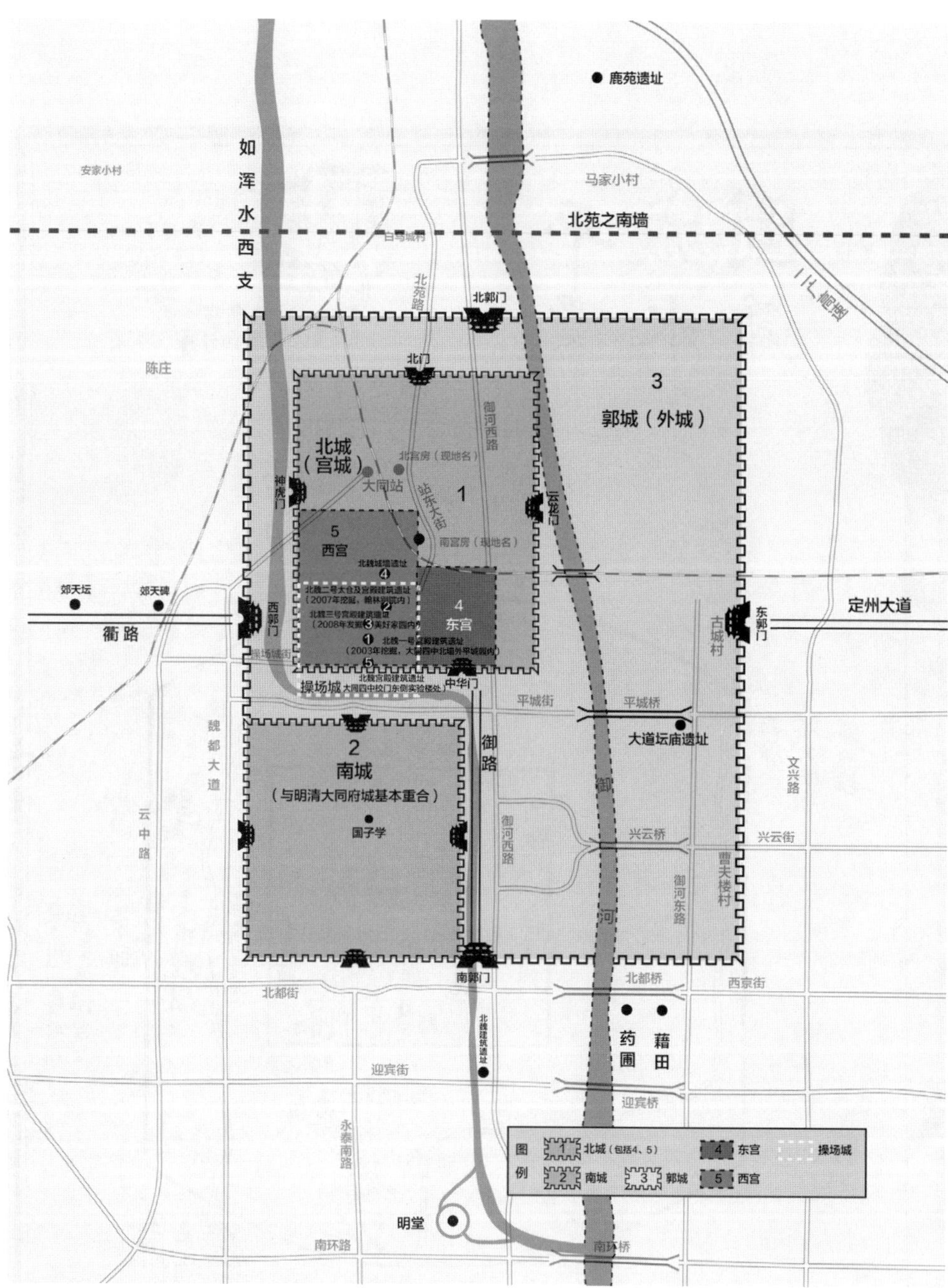

①—北魏一号宫殿建筑遗址（2003年发掘，大同四中北墙外平城园内）
②—北魏二号太仓及宫殿建筑遗址（2007年发掘，翰林别院内）
③—北魏三号宫殿建筑遗址（2008年发掘，美好家园内）
④—北魏城墙遗址
⑤—北魏宫殿建筑遗址（大同四中校门东侧实验楼处）

图1-13 北魏平城推测复原示意图

根据历史文献、考古发现及前人研究成果而绘制的北魏平城城郭平面图。从图中可以很明显的看出在郭城内有两座相对独立的城池，即北城与南城。北魏前期自称乃黄帝之后，天兴年始从土德，服色尚黄，数用五。至孝文帝时，认为北魏传承于晋，金生水，应从水德，尚黑。

图片来源：作者绘制。

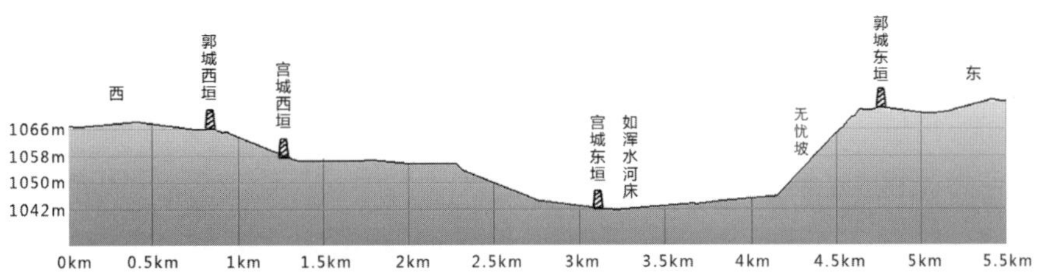

图1–14 北魏平城宫城与郭城地层剖面示意图

图片来源：作者绘制。

剖切面位于操场城东西街，地形呈两头高中间低，平城宫城建于相对平缓的平地内，如浑水从东郭内穿过。河东无忧坡上建有土木混合高台式道教建筑——大道坛庙与静轮宫。

的扩建，平城的规模不断扩大，据史料记载平城有宫殿30座、堂3个、观2个、苑3个、园2个、池4处。宫殿苑囿、楼台观堂等大型建筑有70余处之多。它们共同构成雄伟壮丽的京师建筑体系。前后经过97年的营建，在当时中国的北方平城已然成为一座功能相当完备的大型城市。

宫城是皇族生活、起居、处理朝政的宫殿群，周围有城垣将宫城与城市的其他区域隔开。北魏宫城位于郭城的西北部，是在汉朝平城县故城基础之上兴建的。大约在现大同北关操场城及操场城玄冬门外广大区域。平城初创期宫城的兴建可分三个阶段：

（1）第一阶段的标志是东宫的建造。天兴元年至六年以天文殿、天华殿为中心，按《周礼·考工记》①“左祖右社”规制所建的宫殿群就是东宫。东宫正门中华门前有两土阙②，中华门内左侧③为太庙（五庙），右侧为社稷。“截平城西为宫城④，四角起楼，女墙，门不施屋，城又无堑。南门⑤外立二土门⑥，内立庙⑦，开四门。”⑧当是对东宫的描绘。东宫⑨建筑按功能可划分为三部分：第一部分是宫殿群，从南至北分别为天文殿、中天殿、天华殿、天安殿等；第二部分是礼制建筑，太庙、社稷；第三部分是御苑庙宇，在宫殿群之北，主要有紫极殿、凉风观、玄

①《考工记》是《周礼》中的一篇，成书于战国时期，即东周。《周礼·考工记》是中国第一部工科巨著，文中的《匠人建国》与《匠人营国》两节最早提出我国古代都城、城市营造的基本布局与规划思想。奠定了其后两千多年中国城郭规划与建设的规制与形制，对中国古代的城市建设产生不可磨灭的影响。不仅影响了唐长安城与明清北京城，而且还影响到朝鲜、韩国、日本、越南等国古代的城市建设。其理论与成书于战国至秦汉时期《管子·乘马》中提出的“因天材，就地利，故城郭不必中规矩，道路不必中准绳”因地制宜的城郭建造思想形成鲜明对照。

② 宫殿、官衙、陵墓大门前两侧的门楼式建筑，其形若门楼而中缺门扇，故称阙（古代用作“缺”字），亦称象魏。天子用三出阙，诸侯大臣用二出阙。

③ 面南而立，右手为右，左手为左。依理此处当指中华门之东侧。

④ 此处的宫城是指迁都平城前期建造的以天文殿、天华殿为中心的宫城，即东宫。

⑤ 此处当指前期宫城正门之中华门。

⑥ 土门指中华门外土阙。

⑦ 指五庙。

⑧《南齐书·魏虏传》。

⑨ 因在其西侧增建西宫，故称之为故东宫。始光二年（425年）更名万寿宫（保太后宫）。

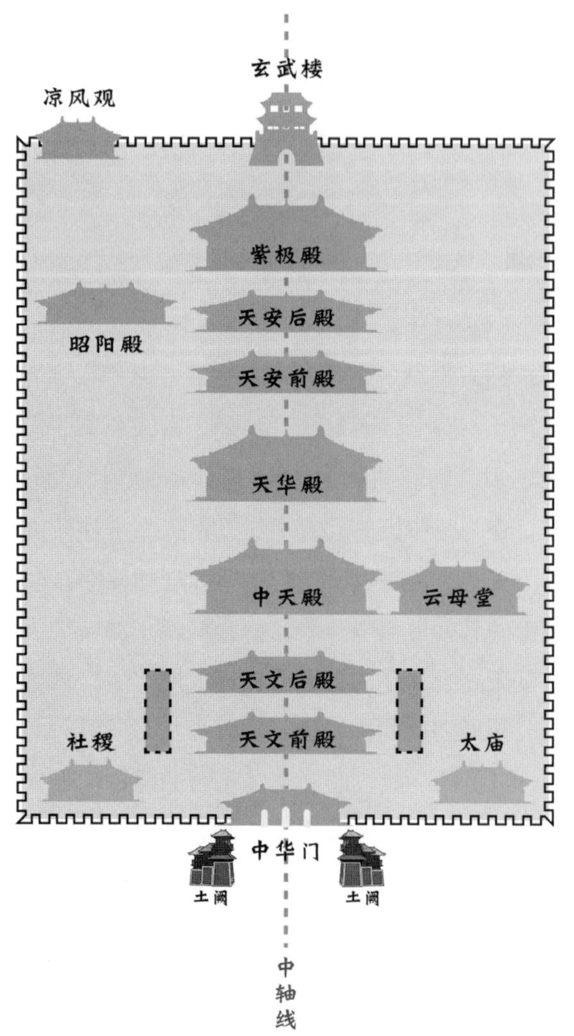

图1-15 北魏平城建都前期东宫推测复原平面图

始建于天兴元年至天兴六年。天华殿居中，疑似建都早期内朝所在，云母堂属中天殿之配殿，天文殿是皇帝接受百官朝贺的正殿。后接东宫西垣建西宫，规模是东宫的数倍。东宫建筑分三部分：第一部分是宫殿群，即图中中部建筑群，由南至北分别为天文殿、中天殿、天华殿、天安殿；第二部分是礼制建筑，即图中底部建筑群，包括太庙、社稷。第三部分是御苑庙宇，即图中顶部建筑群，居宫殿群之北，主要有紫极殿、凉风观、玄武楼、鹿苑台、石池。始光二年东宫更名为万寿宫。唐代薛奇童《云中行》有：“忆昔魏家都此方，凉风观前朝百王”，当是对东宫盛况的描绘。

图片来源：作者绘制。

武楼、鹿苑台、石池等[①]（图1-15）。

（2）第二阶段的标志性建筑是西宫。天赐元年（404年）在东宫之西建新宫即西宫。以乾元门、中阳门、端门为中轴建设，先后建有太极殿、太和殿等。“后魏宫垣[②]，在府城[③]北门外，有土台东西对峙，盖双阙也，后为天王寺。[④]”西宫主要宫殿有：太极殿[⑤]、西堂、东堂、太和

① 殷宪．云中讲坛：北魏与平城[N]．大同日报，2008.此三部分划分为殷老观点，但殷老认为故东宫为西宫，西宫为东宫，且在东西宫中间存在中宫。

② 由其位置推断，此处为原宫城西营建的西宫，规模比原宫城（东宫）大。

③ 明朝大同府城，即现在大同古城。

④《明统志·大同府》。此处当为乾元门前双阙，即两象魏。

⑤ 系外朝正殿。

殿等。北魏宫城是在汉平城故城的基础上建造的两个各自独立、自成一体的宫城建筑，即由西宫和东宫组成的平城宫。东、西宫各建有宫垣、门楼、角楼等城防设施，且内有仓库、武库，自成体系，以利防卫（图1-16 ~ 图1-18）。

（3）第三阶段是扩建西宫，起宫城外垣。泰常八年（423年）冬十月，“广西宫，起外垣墙，周回二十里。”①建宫城城垣将东西二宫围起来。宫城开四门，东曰云龙、南曰中华、西口神虎。至此北魏宫城的规模基本奠定。

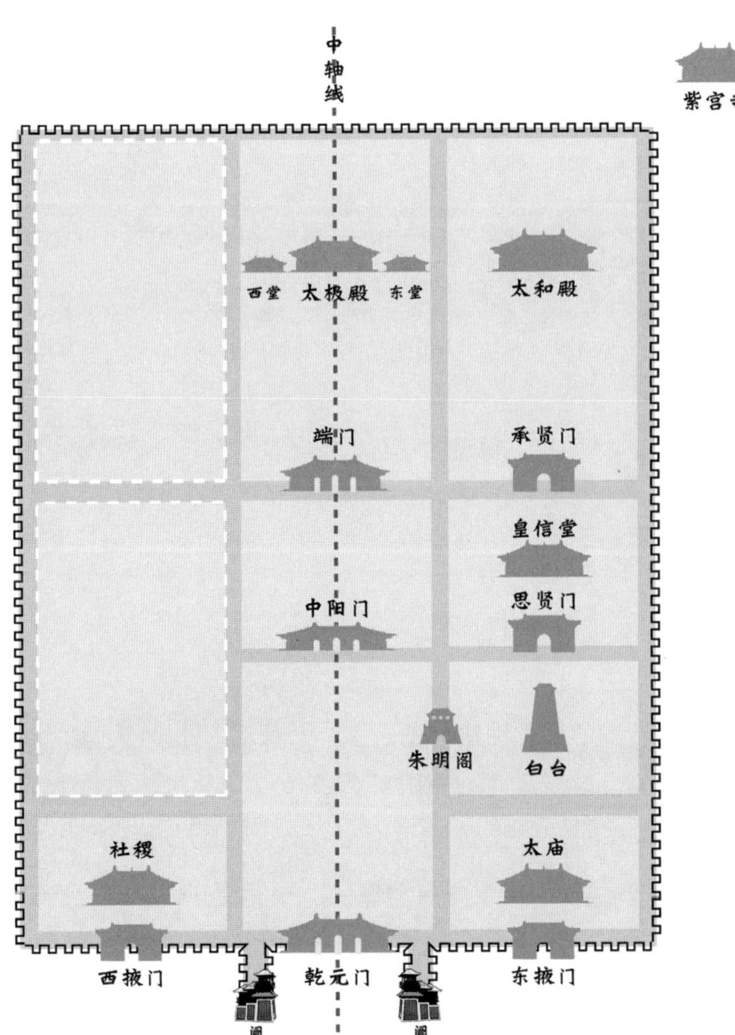

图1-16 北魏平城西宫推测复原平面图

始建于天赐元年（404年），位于东宫西。西宫以乾元门、中阳门、端门为中轴建设，先后建有太极殿、太和殿等。泰常八年起宫城外垣将东宫和西宫全部纳入宫城之内，史称平城宫。《周礼》云：“周天子诸侯皆有三朝，外朝一，内朝二”。太极殿与东堂、西堂起三朝的作用，即太极殿为外朝，东西堂为内朝。《南齐书·魏虏传》记载，平城“宫门稍覆以屋，犹不知为重楼”。又据《洛阳伽蓝记》载，北魏南迁洛阳后“城门楼皆二重，去地百尺”。南朝梁武帝才被迫将建康诸宫门楼增高至三重。从中可以看出南北朝在都城、宫室的规制上互相赶超，以争正统。

图片来源：作者绘制。

①《魏书·太宗纪》。

图1-17 北魏平城宫城想象图

图中为北魏平城西宫宫门——乾元门，两侧为天子之三出阙，中轴线远处为西宫正殿太极殿，太极殿东为太和殿。左侧远山为位于平城西的西山，东侧为白登山西麓。唐代薛奇童《云中行》有：“千门晓映山川色，双阙遥连日月光”，就是用诗歌的形式对平城宫及宫门前双阙夸张的描绘。本图依据史料记载想象绘制，不具备科考价值，仅供参考！

图片来源：作者绘制。

图1-18 北魏平城宫城双阙残存想象图

大同在历史上进行过三次大规模的筑城，分别为汉代、北魏和明代。据《辽史·地理志》记载：“元魏宫垣占城之北面，双阙尚在”。另据《明统志·大同府》记载：“后魏宫垣，在府城北门外，有土台东西对峙，盖双阙也”。前景为北魏皇宫西宫宫门前之天子三出阙，远景为大同府城之武定门。此双阙是北魏宫城最具标志性的建筑之一，著者推测其可能位于操场城内操场城街与操场城南城墙之间280m的范围内，20世纪60年代，该双阙夯土遗存被推土机推倒，就地填了北护城河。悲夫，夯土承载不起的文明。本图依据史料记载想象绘制，不具备科考价值，仅供参考！

图片来源：作者绘制。

专题一

北魏平城明堂的前世今生

明堂为中国古代最高等级的皇家礼制建筑之一。明堂所以正四时，出教化，既是古代帝王颁布政令、接受朝觐的地方，也是祭祀天地和祖先等大典的活动场所。一般建于国都之南的城市中轴延长线上。《礼记·正义卷三十一·明堂位第十四》引“淳于登曰：明堂在国（指国都）之阳（城之南为阳），三里之外，七里之内，丙巳之地，就阳位，上圆下方，八窗四闼，布政之宫，故称明堂”。据《吕氏春秋通诠》载：明堂中方外圆，通达四出。明堂周围环绕的圆形水池即为辟（音pì）雍，辟雍为天子所设大学，校址圆形，围以水池。环水为雍，圆形像辟（辟通璧），象征王道教化、流行不绝。

孝文帝太和十年（486年）下诏在平城南开始建造明堂辟雍；太和十五年（491年）冬十月，明堂成。明堂上有灵台，中有机轮和绘有星辰的缥碧用于演示天象，下则引水为辟雍，形成了“灵台山立，璧水池圆”的壮丽景观。明堂的主要设计师是李冲，“冲机敏有巧思，北京（指都洛后之平城）明堂、圆丘、太庙，及洛都初基，安处郊兆，新起堂寝，皆资于冲”（《魏书·李冲传》）。

《水经注·漯水》：“明堂上圆下方，四周十二户九室，而不为重隅也。室外柱内，绮井之下，施机轮，饰缥碧，仰象天状，画北道之宿焉，盖天也。每月随斗所建之辰，转应天道，此之异古也。加灵台于其上，下则引水为辟雍。水侧结石为塘，事准古制，是太和中之所经建也。”然《隋书·牛弘传》有云：“弘请依古制修立明堂。后魏代都所造，出自李冲，三三相重，合为九室。檐

图1-19 重建后的北魏平城明堂

重建后的北魏明堂分两部分，一部分是“北魏明堂遗址陈列馆”，展馆位于环形辟雍内侧明堂东北处，馆内展示了北魏明堂南门夯土基址遗存及环形水道；另一部分是“北朝艺术博物馆”，展馆位于重建后的明堂内，馆内展示出土的北朝文物。

图片来源：作者2017年8月9日摄于北魏平城明堂遗址。

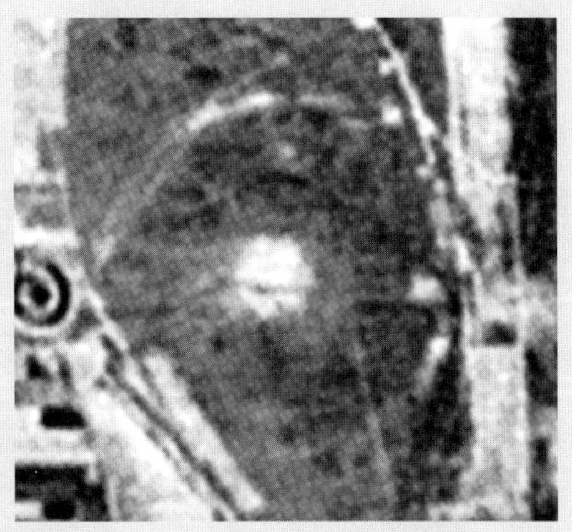

图1-20 北魏平城明堂遗址航拍图

该航拍图拍摄于20世纪50年代后期。图中的环形为辟雍所在，环形中心的白色高台为明堂所在。环形辟雍东侧的南北向白色带状区域为1937年日军修建的南关飞机场，修机场时将8个夯土台基与唐开元二十一年（733年）在明堂中心台基遗址上因址而建的孝文帝祠堂残址夷为平地。

图片来源：大同市地方志办公室，云冈石窟研究院. 老大同（上）. 太原：北岳文艺出版社，2013。

不覆基，房间通街，穿凿处多，迄无可取”。《隋书·宇文恺传》亦云：“其堂上九室，三三相重，不依古制，室间通巷，违舛处多。其室皆用墼（土坯）累，极成褊陋。”又《魏书·袁翻传》载迁都洛阳后，孝文帝准备再次修明堂，在朝议时袁翻说：“又北京制置，未皆允帖，缮修草创，以意良多。”由此可见，北魏都平城时所建之明堂还有诸多不完善的地方，与古制、魏晋制度有差异，是一座不成功的建筑。其中宫殿楷式多为自创，难以被中原文化所认可。孝昌二年（526年）“六镇之乱”（亦称“六镇之变”）平城陷废，明堂遭火焚烧。著者参观明堂遗址时在南门夯土台基外侧的文化层中发现焚烧的痕迹。

清道光十年（1830年）《大同县志》“明堂”条下记：“唐开元二十一年（公元733年），云州置魏孝文帝祠堂，有司以时享祭。州有魏故明堂遗址，即于其上立庙”。即在北魏明堂遗址（今柳航里）中心台基之上因址而建孝文帝祠堂。据清道光《大同县志》记载清时明堂遗址被称为“八圪瘩”。仅存北魏时建有明堂、太学、灵台等皇家建筑群的8个夯土台基。1937年11月日军在此处建南关飞机场时将8个夯土圪瘩连同唐开元二十一年（733年）置孝文帝祠堂残址夷为平地。后来，该遗址一直静静地承受自然界的侵蚀，1964年该遗址还完整的出现在美国间谍卫星的影像中。再后来，在城市化的过程中逐渐被人们淡忘，最后，地上遗存已被破坏殆尽，淹没在高楼大厦之中，彻底的从视野中消失了。1995年5月施工中的偶然发现，北魏明堂才再次进入人们的视线（图1-19～图1-22）。

明堂是平城遗址中唯一一座准确确定了方位的建筑，所以其对北魏平城城市规划的研究具有非常重要的意义。2008年明堂遗址修复被列入历史文化名城复兴工程，2010年5月开工，2016年底完工，历时6年（图1-23）。

图1-21 北魏平城明堂遗址卫星影像

拍摄时间：1965-10-02。美国锁眼（KeyHole）系列间谍卫星KH-7（代号为Gambit）拍摄的明堂遗址影像，从本图中可以清晰看到明堂基址及环形辟雍遗迹。这张珍贵的历史卫星遥感影像让我们目睹了明堂遗址在城市化过程中从地表上消失前的最后清晰轮廓。

图片来源：美国锁眼卫星拍摄，分辨率1.2m。

图1-22 北魏平城明堂基址局部

拍摄时间：1965-10-02。从图中明显地看到明堂基址每侧均有三条明显的踏道痕迹，但遗憾的是2010年5月开工建设的明堂四周均为双踏道（图1-19），从中足见当初设计方案存在重大缺憾，至少没有遵循旧制，没有按北魏明堂的形制来修复。

图片来源：美国锁眼卫星拍摄，分辨率1.2m。

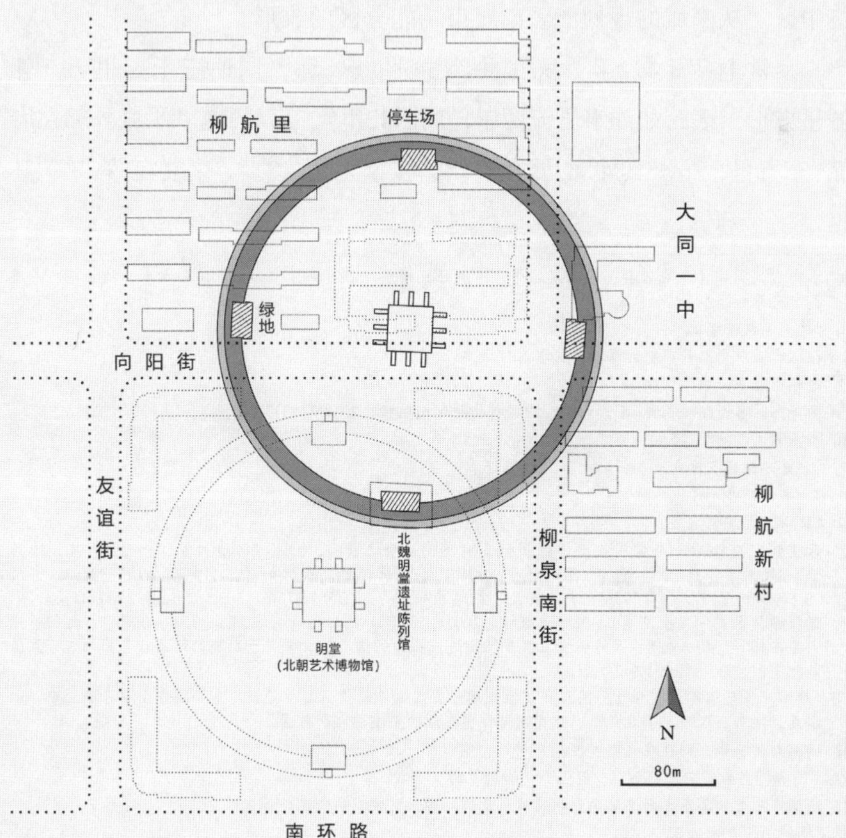

图1-23 北魏平城明堂遗址平面图

本图根据明堂考古发掘报告并结合美国锁眼间谍卫星1965年拍摄的明堂遗址影像绘制。图中实线为北魏时位于平城丙巳之地的明堂，环形水道外侧圆环为圆形墙壁，下方虚线为修复后的明堂。《隋书·宇文恺传》中有关于明堂的记载："后魏于北台城南造圆墙，在壁水外，门在水内迥立，不与墙相连。"明堂四周是外缘直径约289～294m的环形水道，水道内侧有5座夯土台基，中心夯土台基规模最大，为明堂所在。明堂东、南、西、北临水处分别有4座凸字形夯土台基。明堂是平城遗址中唯一一座准确确定了方位的建筑，所以其对北魏平城城市规划的研究具有非常重要的意义。2010年重建明堂时因为原址已被密集的住宅楼与道路占用，如在原址修复拆迁难度大，并且会对原址造成破坏，所以在重建明堂时，其位置向西南方向平移约234m。

图片来源：作者绘制。

宫城四周为如浑水支流（如浑水即今御河，此时如浑水自城外北宫下，分为二水，如浑水支流径南流经全城，出城后经辟雍并在水泉湾附近与如浑水干流相汇，又东南与武州川水①相汇）所绕。后又于天兴二年（399年）二月"凿渠引武川水（今十里河）注之苑内，疏为三沟，分流宫城内外。又穿鸿雁池。"②天兴三年（400年）春三月"穿城南渠通于城内③，作东西鱼池。"因宫城用水的需要从城北引如浑水，从城西引武州川水入城，巍峨的宫殿、潺潺的流水交相辉映，目之所及，游鱼嬉戏，绿树成荫；灵台山立，璧水池圆；双阙万仞，九衢四达；羽旄林森，堂殿膠葛④。好一派欣欣向荣的繁荣景象（图1-24）。

北魏平城南城位于北城正南，郭城内西南，与明大同府城基本重合。北距宫城约为400m⑤。基本呈正方形，东西长约1800m，南北宽约1800m，周长约7200m。南城内巷通街衢，规划完整，布局严谨，为里坊式格局，城内分布有寺院、市廛、园林等。"（太祖道武皇帝）分别士庶，不令杂居，伎作⑥屠估，各有攸处。"⑦又"（世祖）欲其居近，易于往来，乃赐甲第于宫门南。"⑧据此可知，南城临近宫城处为贵族甲第集中区。从南城的规划能看出城市功能分区的雏形。

泰常七年（422年）秋九月，"筑平城外郭，周回三十二里。"⑨郭城呈方形，横跨如浑水干流两岸，周回32里⑩，启4门⑪。"平城外郭在府城⑫东五里，……其外廓乃西魏⑬筑，在今无忧坡⑭上，南北宛然。"⑮"其

---

① 水出古武周城（今左云县）西南溪谷中，东流经武州塞、石窟寺，出山后人工引水入平城西苑，干流再东南与如浑水会。

②《魏书·太祖纪》。

③ 指从宫城内南部开渠引如浑水西支水入宫城。

④ 唐朝张嵩《云中古城赋》。

⑤ 曲英杰。水经注城邑考[M]。北京：中国社会科学出版社，2013.7：311。

⑥ 指手艺人。

⑦《北史·韩显宗传》。

⑧《魏书·卢鲁元传》。

⑨《魏书·太宗纪》。

⑩ 古里制，里作为一个常用长度单位历代各有不同，唐之前6尺为步，300步为里，一里1800尺。唐开始，5尺为步，360步为里，一里同样为1800尺。据文献记载，在北魏时就有前尺（0.27882m）、中尺（0.27974m）、后尺（0.29591m）三种尺，相对应一里分别为501.876m、503.532m、532.638m。据《中国科学技术史·度量衡卷》（科学出版社，2001，281页）载北魏尺长在0.25～0.30m之间，与之相对应一里在450～540m之间。著者依据北魏平城附近发掘出的墓志铭文中关于距离的记载计算出北魏一里当与北周同，即一里合今442.41m。

⑪《隋书·经籍志》载有《冀州图经》，《冀州图经》成书于隋代，其中记载：古平城在白登台南三里。有水焉。城东西八里，南北九里。此文献记载当指北魏平城郭城的范围。

⑫ 明朝大同府城，即现在大同古城。

⑬ "西魏"当为"后魏"之误。且恒州（大同）时属东魏。

⑭ 府城东三里如浑水东岸南北向带状陡坡，北魏时称无忧坡、明清至今称东塘坡。

⑮《明统志·大同府》。

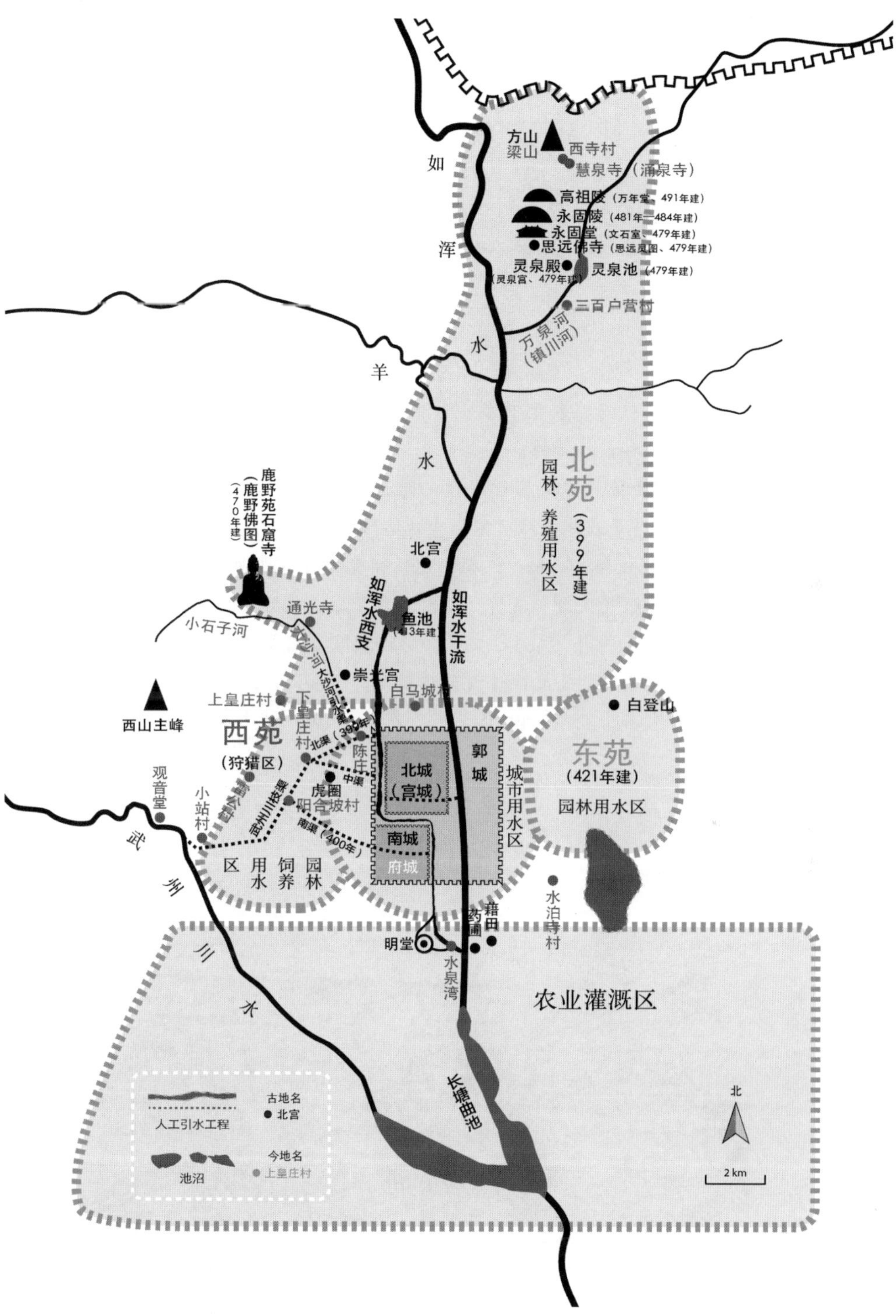

图1-24 北魏平城水系复原示意图

北魏平城周边地形由北至南呈喇叭口状，即北侧狭窄、南端开阔。迁都第二年建鹿苑于平城周围，后又将鹿苑分为三苑（北苑、东苑、西苑）。人工引水工程（如浑水支流与武州川枝渠）解决了城市用水问题。在平城南如浑水与武州川水又成为大面积平坦农田的灌溉用水。武州川水于平城东南汇入如浑水，如浑水又东南注入漯水（今桑干河）。图中如浑水为今御河、羊水为今淤泥河、武州川水为今十里河。

图片来源：作者绘制。

专题二

北魏建筑大师——蒋少游

蒋少游（约451—501年），南朝青州乐安郡博昌县（今山东省博兴县）人。魏献文帝皇兴三年（469年）慕容白曜平定青、齐、东徐三州，蒋少游随青州民户被迫北徙平城，被充为“平齐户”。后配云中（指秦置之云中郡，今在内蒙古托克托东北）为兵。因其“性机巧，颇能画刻。”“有文思”，“遂留寄平城，以佣写书为业”（《魏书·术艺·蒋少游传》）。经汉族大臣高允举荐任中书博士。后又被汉族大臣中书令李冲选其至宫廷内“以规矩刻缋为务”，即从事绘画、雕刻和设计工作。官至前将军、兼将作大匠（主管营建工程的官吏，《考工记》称为匠人，汉唐称将作大匠。北魏李冲、蒋少游等都是著名的将作大匠）。蒋少游是改建平城宫室、重建洛阳宫城的主要设计师之一。

皇帝令尚书李冲等人商议朝中冠服制度，由于蒋少游巧于构思，就让他主持文武百官冠服的设计与制作，历时六年完成，并颁赐给朝廷百官穿戴。

孝文帝太和七年（483年）蒋少游绘制了皇信堂（皇帝处理政务的宫殿）四周古圣、忠臣、烈士之画像及殿内壁画。

孝文帝太和十五年（491年）于平城将营太庙、太极殿，遣少游乘传诣洛，

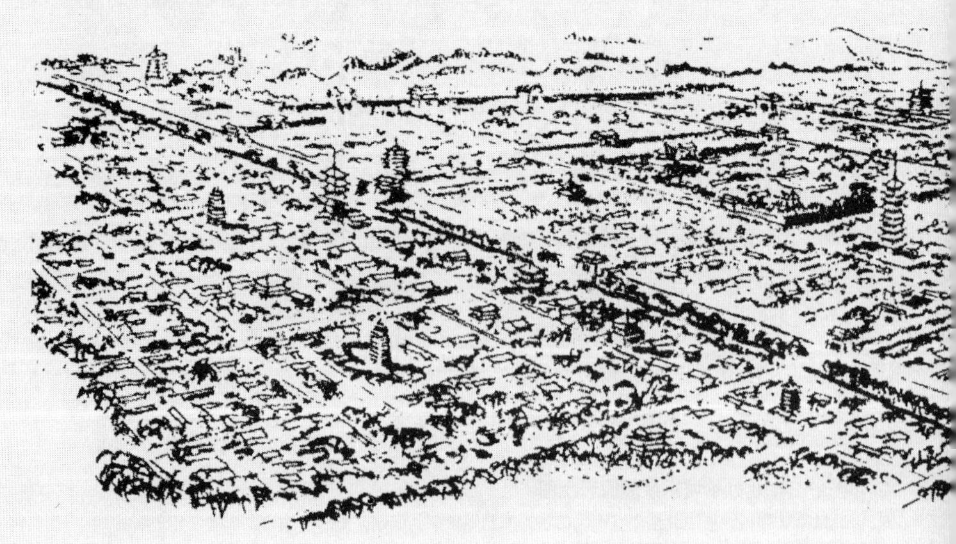

量准魏晋基趾；是年十一月，任命大臣李道固为正使、蒋少游为副使出使南齐，考察萧齐王朝建康的都城宫室建制。“少游有机巧，密令观京师（南齐都城建康）宫殿楷式。”（《南齐书·魏虏传》），摹写宫掖，带图画而归，“模范宫阙”，“（平城、洛阳）宫室制度，皆从其出。”（《南齐书·魏虏传》）。

孝文帝太和十五年（491年）蒋少游参与平城太庙的设计与建造。

孝文帝太和十六年（492年）初平城依汉制改建宫室，蒋少游被任命为主持人，亲自指挥拆主殿太华殿，设计、营建宫城正殿太极殿及其东西堂，本年十月竣工。

孝文帝太和十八年（494年）孝文帝意迁都洛阳，令蒋少游主持洛阳宫阙苑囿的规划、测绘和设计。

孝文帝太和二十年（496年）蒋少游身任将作大匠，参与洛阳城市规划设计。在设计洛阳宫城正殿太极殿时蒋少游曾绘制图纸并设计、制作了实物模型，并对华林殿及池沼修旧增新、改作金墉城门楼，建造高二十余丈的白台、高达千尺的九层佛塔和“楼观出云”、“重楼起雾”的住宅，并因此得到皇帝的嘉奖。其在建筑、工艺、雕刻、书画等方面均有很深的造诣。在工匠地位十分低下的南北朝时期《魏书》尽为其列传曰《蒋少游传》，一位建筑师而被正史列传，蒋少游真乃千古第一人（图1-25）。

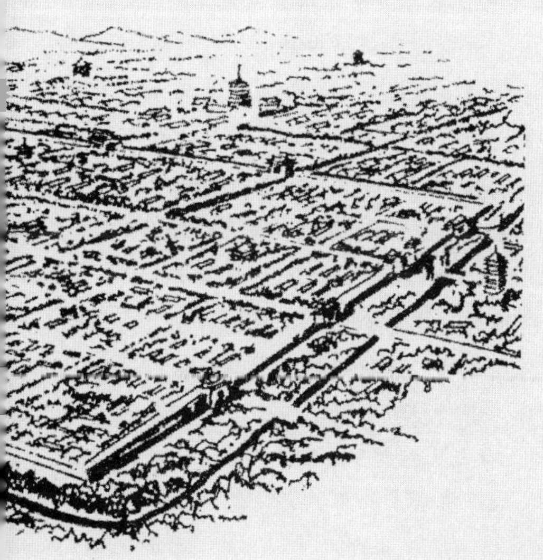

图1-25 北魏都城洛阳想象图

北魏都城平城与洛阳均为规矩方正、道路笔直的里坊式格局，道路两侧均种植树木。《魏书·释老志》：“故都城制云，城内唯拟一永宁寺地，郭内唯拟尼寺一所，馀悉城郭之外。欲令永遵此制，无敢逾矩。”在孝文帝始经洛京时就规定，皇城内惟留建造一所永宁寺的地方，郭城内惟留建造一所尼寺的地方，其余悉数建在郭城之外。其后此制屡有犯禁。洛京郭城内外寺庙林立、佛塔高耸，改变了洛阳的城市面貌与立体轮廓。

图片来源：王贵祥．古都洛阳．北京：清华大学出版社，2012。

专题三

大道坛庙与静轮宫

北魏平城大道坛庙与静轮宫均是由天师道道士寇谦之主持兴建的天师道改革的标志性建筑，也是寇谦之新道教成仙理论的具体实施步骤之一。这两座道教建筑的建造与两个人有关，一个是崇尚道教的太武帝拓跋焘，史书记载“太武好道”、“亲至道坛，受符录（箓）”、“以真君御世”，定年号太平真君；另一人就是嵩岳道士上谷寇谦之。

寇氏家传“张鲁之术”、世奉天师道。其为用佛教医学改进“张鲁之术”第一人。寇谦之采用佛教的天竺医药、天算之学、律学清整他家旧传的天师道，是我国道教发展史上的一个里程碑。寇谦之废除了旧道教的男女合气之术，欲兴起并建立天官静轮的道法。为了“佐国扶命”、“辅佐北方泰平真君”、服务国家政权、让道教成为国家宗教，始光初，天师道改革家寇谦之离开嵩山前往平城宣扬天师道，在汉臣崔浩的举荐之下，得到太武帝的鼎力支持，于是举国之力在平城主持兴建了大型的道坛式建筑——大道坛庙与静轮宫，让信徒们朝夕礼拜。“静轮宫”在史籍中名称不一，或曰“静轮天宫”，或曰“天宫静轮”，或简称“天宫”，实为同一物，本文采用《魏书》中的名称，称之为“静轮宫”。

南宋谢守灏编《混元圣纪》卷七引《后魏书》载：“（帝）见符录，心弥钦信，乃建玄都坛，起静轮天宫，依仪大会……于是显扬新法，宣布天下，大阐清静无为之化。”此“玄都坛”即指大道坛，因与东塘坡真武庙旧称“玄都观”相似，故有学者认为“玄都坛”即是“玄都观”的前身，存疑。

《隋书·经籍志》载：（天师道场）“刻天尊及诸仙之象，而供养焉。”

《水经注·㶟水》载：“其水又南径平城县故城东，司州代尹治。皇都洛阳以为恒州。水左有大道坛庙，始光二年，少室道士寇谦之所议建也。兼诸岳庙碑，亦多所署立。其庙阶三成【朱谋玮三作五,《水经注笺》曰：宋本作三。熊会贞按:《大典》本、明抄本並作三。但《魏书·释老志》：遂起天师道场（即大道坛庙）于京城之东南，重坛五层，遵其新经（《录图真经》，亦称《图箓真经》）之制。“成”意为层】，四周栏槛，上阶之上，以木为员（《水经注疏》：戴员作圆）基，令互相枝梧，以板砌其上，栏陛承阿。上员制如明堂，而专室四户，室内有神坐，坐右列玉磬。皇兴亲降，受箓灵台，号曰天师。宣扬道式，暂重当时。坛之东北，旧有静轮宫，魏神䴥四年造，抑亦柏梁之流也（指汉长安之柏梁台，台高数十丈，用香柏，以百头梁作台，因名焉）。台榭高广，超出云间，欲令上延霄客，下绝嚣浮。太平真君十一年，又毁之，物不停固，白登亦继褫（音chǐ，毁掉）矣”。

以上是文献资料中能找到的对北魏平城大道坛庙及静轮宫仅有的记述。从文中可知静轮宫是修道者与天界仙人接触的平台，大道坛建在三层台基之上，台基四周围以栏杆，最高一层台基上是用木头做成的圆形底座，木制底座之上用一根根圆形木柱子支撑起道坛，道坛用木板铺地，道坛的四角又与栏杆、台基相连。道坛呈圆形，形式与明堂相似，有四门，坛内有神座，神座的右边陈设着玉磬（图1-26～图1-30）。

静轮宫是大道坛庙的配套建筑，建在大道坛的东北，为传统木构高台建筑形制，可与汉柏梁台相媲美。静轮宫是夯土与木构架相结合的土木混构，其多层夯土台基高大宽广，台上为耸立云端的木构建筑。著者根据图1-26推测其平面为方形，且其立面为楼阁式，上端木构建筑的中心可能使用了中心柱（都柱）。其与洛阳三国魏明帝时建造的“陵云台”颇有相似之处。南朝宋刘义庆撰写《世说新语·巧艺》：“陵云台楼观精巧，先称平众木轻重，然后造构，乃无锱铢相负揭。台虽高峻，常随风摇动，而终无倾倒之理。魏明帝登台，惧其势危，别以大材扶持之，楼即颓坏。论者谓轻重力偏故也”。原文大意是：陵云台楼台精巧，建台之前先精确称出所有木材的重量，并使造台时四个方位上所用木材的重量相等，然后才施工筑台，高台四面重量分毫不差。楼台虽然高峻，常随风摇摆，可是始终不可能倒塌。魏明帝登上陵云台，认为台甚高且随风摇摆有倾覆之险，因此着人另外添加大木头来支撑它，后来楼台就倒塌了。人们议论说是添加木头后，使重量发生了偏差，破坏了原有平衡的缘故。

如此宏大的静轮宫最终没能建成，见《魏书·释老志》：“恭宗见谦之奏造静轮宫，必令其高不闻鸡鸣狗吠之声，欲上与天神交接，功役万计，经年不成。乃言于世祖曰：‘……今谦之欲要以无成之期，说以不然之事，财力费损，百姓疲劳，无乃不可乎？必如其言，未若因东山万仞之上，为功差易。’世祖深然恭宗之言，……乃曰：‘吾亦知其无成，事既尔，何惜五三百功’”。是静轮宫尚未成，蓋真君九年，谦之卒，世祖旋悔而毁之也。

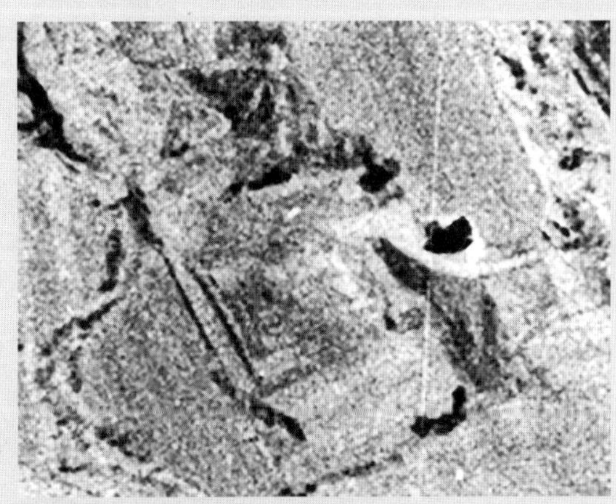

图1-26 1965年大道坛庙遗址卫星影像

拍摄时间：1965-10-02。美国锁眼（KeyHole）系列间谍卫星KH-7（代号为Gambit）拍摄的大道坛庙遗址影像，从本图中可以清晰看到大道坛庙的夯土台基残存、依稀可辨静轮宫的台基。

图片来源：美国锁眼卫星拍摄，分辨率1.2m。

图1-27 2005年大道坛庙遗址卫星影像

拍摄时间：2005-04-16。从本图中可以清晰看到大道坛夯土塔基残存尚在、静轮宫的台基已被夷为平地，后又在该遗址上建起了简易房。

图片来源：美国谷歌公司产品——Google Earth Pro（虚拟地球应用）。

图1-28 2017年大道坛庙遗址卫星影像

拍摄时间：2017-05-31。跟2005年的卫星图相比较会发现，静轮宫的遗址已被建于2009年的平城桥所覆盖，现仅存南侧高地上的大道坛夯土残存台基遗址。

图片来源：美国谷歌公司产品——Google Earth Pro（虚拟地球应用）。

图1-29 古城村西南北魏建筑台基遗址

俗称“二猴疙瘩”，疑为北魏东郭内无忧坡上大道坛庙遗址。始光二年（425年），大道坛庙由少室道士寇谦之所议而建。

图片来源：作者2010年9月26日摄于大同市古城村西南平城桥东端。

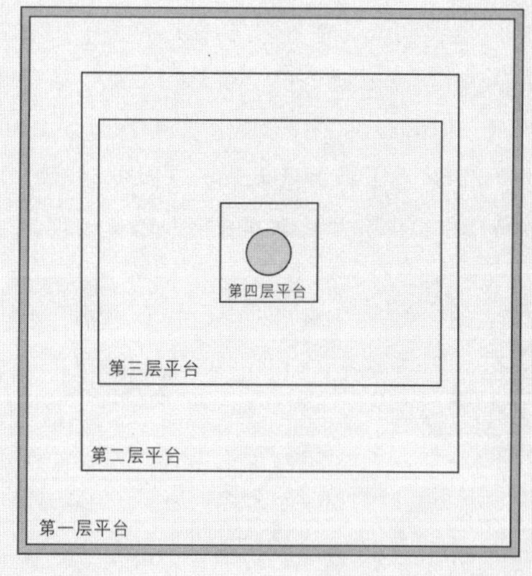

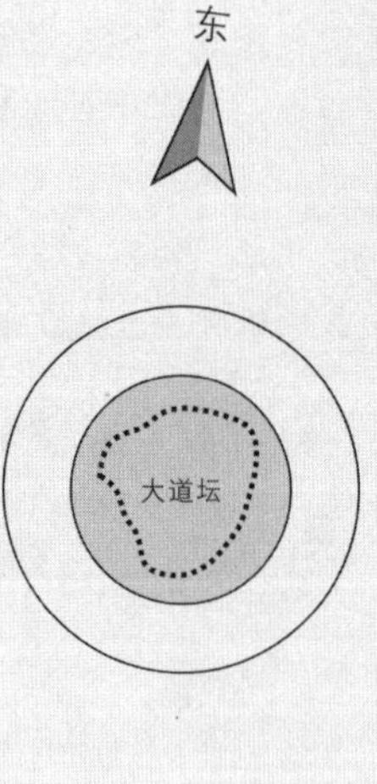

图1-30 北魏平城大道坛庙与静轮宫推测复原平面示意图

本图是著者根据文献资料与1965年卫星照片而绘制的。图中左侧为二十年未建完的大道坛庙配套建筑静轮宫的台基部分，静轮宫就建在最高一层台基之上。右侧疑似大道坛。图中虚线为现存夯土台基遗存。

图片来源：作者绘制。

寇谦之兴建静轮天宫之时正处于中国古代大型建筑由土木混合结构向木框架结构发展的过渡期与中国木构建筑高层化发展的初期，高层木构技术还未成熟。一座超过当时建筑技术极限的工程最终以失败而告终。正乃天宫未就身先卒，基台空留示后人！

太和十五年（491年）秋八月，孝文帝移大道坛庙于都南桑乾之阴，岳山之阳，改曰崇虚寺。十九年随迁至洛，置道场于南郊之傍，方二百步。

郭城绕宫城南，悉筑为坊，坊开巷。坊大者容四五百家，小者六七十家。每南坊[①]搜检，以备奸巧。”[②]形成规整的方格网状布局的坊市制城市格局与形态。平城外郭城西南角即为明清府城西南角，西垣即明清府城西垣一线，南垣即在明清府城南垣一线[③]，东垣大致在今马家小村至古城村一线，北垣大致在今陈庄一线。北距古白登台[④]约三里，距北苑南垣约一里[⑤]。外城绕宫城，郭城分三郭[⑥]，郭外亦有郊，均建有苑囿。东郊建有东苑、太子宫、太庙、祇洹舍等；南郊郭建有明堂辟雍、圆丘[⑦]、籍田[⑧]、药圃等；西郊建有郊天坛、郊天碑、西苑、虎圈、武州山[⑨]石窟寺（今云冈石窟）等；北郊建有白登台、北苑、鹿野苑石窟等（图1-31～图1-33）。

北魏迁都平城的第二年就在北郊起鹿苑，《魏书·高车传》载：“太祖自牛川南引，大校猎，以高车为围，骑徒遮列，周七百余里，聚杂兽于其中。因驱至平城，即以高车众起鹿苑。”后又将鹿苑分为北苑、东苑、西苑。北苑墙东起马铺山西麓，西至雷公山东麓，不仅起到防范野兽出没和百姓的出入，而且通过泰常六年的增筑，墙体变得宽厚、结实，两端与东西山相接，北侧有沟堑，在城北形成一道屏障，具备了一定的军事防御功能[⑩]。此时的平城内城处于外城和苑墙的双重防卫之中。

由操场城内北魏遗迹、遗物出土的地方，上层有辽金遗物，下层有汉前建筑构件的重叠情况可见北魏平城遗址与汉代平城、辽金西京及明清大同府城基本重合。自战国赵武灵王建立城邑，历经秦汉，北魏、

① 坊在宫城南，故称南坊。

②《南齐书·魏虏传》。

③ 明府城南城墙与明堂之距符合北魏“明堂位”即“明堂在国之阳，三里之外，七里之内”。

④ 北魏建，今不存。白登台位于白登山主峰，即府城东偏北15里处。《汉书·韩王信传》：上遂至平城，上白登。匈奴骑围上，上乃使人厚遗阏氏。

⑤ 曲英杰。水经注城邑考[M]。北京：中国社会科学出版社，2013.7：314。

⑥ 二郭指东郭、南郭、西郭，南郭为主要的居住区。东汉城市布局发生了重大变化，由西汉以前的东郭接西城变为东南西三郭环绕内城的布局。后来的魏晋以及北魏洛阳都沿袭东汉的布局。此处我们展开想象引申一下，小学《语文》课本中讲述的春秋战国时期东郭先生和南郭先生应该就出生在相应的东郭与南郭中，我们接着想象，因为郭为贫民居住区，所以他们出生都很贫寒，于是南郭先生为了生计才去齐宣王的府上充数。东郭先生的故事是杜撰的，但南郭先生的故事则是真实发生的，所以才有流传至今的成语故事——滥竽充数。

⑦ 亦作圜丘，建于平城南郊用于郊祀天地的土筑高台，三层坛，有环形围墙，呈同心圆状。

⑧ 指魏天子征用民力耕种的田地。每逢春耕，天子躬耕籍田，以示对农耕的重视。籍通藉。

⑨ 位于云冈峪两侧，西起高山，东至马武山，主峰云冈，长约15km。《读史方舆纪要》谓武州山在大同府西二十里。

⑩ 丰驰．大同北魏遗迹与《水经注》[J]．文物世界，2007.5。

图1-31 北魏平城及周边地域概要图

图片来源：（日）前田正名. 平城历史地理学研究. 上海：上海古籍出版社，2012。

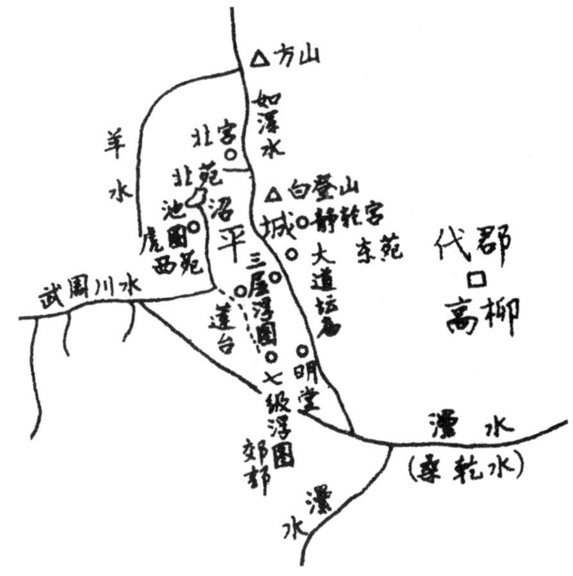

图1-32 白登台汉阙碑日暮

图片来源：作者2014年1月31日摄于大同府城东北白登山顶。

此汉阙碑为大同市政府1992年立于白登山主峰，即古白登台处。只因自汉代至明清历代城郭位置、规模及里制各有不同，且有至白登山与至白登台之差异，故导致历代文献记载白登山与白登台方位与距离各异。著者亲测：白登山位于明府城东偏北，白登山与明府城直线距离为10里。白登台位于白登山主峰，白登台与府城直线距离为15里。以下文献记载在距离上有出入，仅供参考。《水经注·瀔水》："今平城东十七里有台，即白登台也。台南对冈阜，即白登山也。"《汉书·韩王信传》服虔注称（白登）"台名，去平城七里。"如淳注中称白登乃"平城旁之高地，若丘陵也。"颜师古注曰："在平城东山上，去平城十馀里。"《史记·高祖本纪》正义引李穆叔《赵记》云"平城东七里有土山，高百馀尺，方十馀里。"《南齐书·魏虏传》载："城西南去白登山七里，于山边别立父祖庙"（平城在白登山西南，相距七里）。《山西通志·山川》记载"小白登山在县东七里，高一里，盘踞三十五里。"白登山乃小土丘也，高祖被困，北魏建白登台，北魏末年在此开采银矿，明时建有代藩诸王墓，现辟为白登山森林公园，一直与大同这座古城有着千丝万缕的联系。也成为文人雅士登高望远、凭吊怀古之地。梁元帝《关山月》云："朝跋青陂道，暮上白登台。"

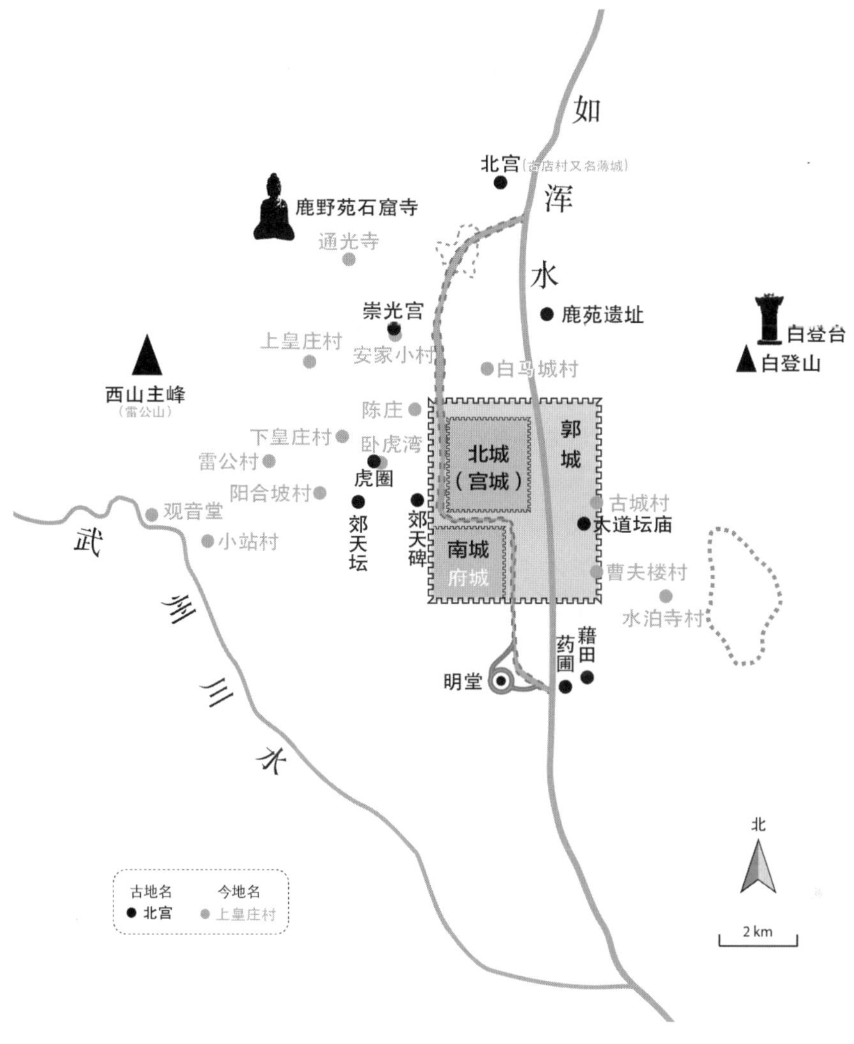

图1-33 北魏平城地名位置考

根据历史文献绘制的北魏平城及近郊地名位置考。图中黑色点表示北魏地名，灰色点表示今地名。

图片来源：作者绘制。

东魏、北齐、北周、隋唐、五代、辽金、元明清，迄今2300多年，城市名称屡有变更，城市格局和规模也因政治或军事防御需要有所增减，但城市位置、城址轮廓及城市中轴线两千多年基本没有发生过大的变动，这在中国城市建设史上是罕见的。但这种历代城址相互重叠的现象给后人的考古发掘带来很大的困难，因为这种文化堆积层的叠压势必会造成对先前文化层的人为破坏。这也就很好地解释了为什么人们对北魏城址产生了诸多不同的观点与看法，但都缺乏考古依据，都停留在设想论证阶段。

平城的建设在中国古代都城建设史上正处于一个过渡期，具有承前启后的重要作用，同时也是中国古代都城规制从杂乱、无序到完善、定

专题四

北魏曹天度九层千佛石塔

与“昙曜五窟”雕于同一时期的北魏曹天度九层千佛石塔是我国现存最早、保存最完美的楼阁式造像塔。北魏天安元年（466年）五月初五日，平城宫宦官曹天度着工匠始凿九层千佛石塔，仿木构九级方塔，分基座、塔身、塔刹三部分，通高约204cm，经三年而成。其造型源自《法华经·见宝塔品》之“七宝塔”。该塔原供奉于朔县崇福寺弥陀殿。1939年日军欲运其赴日，装箱时本地民众将塔刹藏匿。抗日战争胜利后，基座和塔身运往台湾，并存于台北“国立历史博物馆”，成为该馆的镇馆之宝。石塔将中国式楼阁建筑与印度式塔刹巧妙地结合起来，对研究早期佛塔的中国化具有不可估量的价值。但石塔未充分表现梁柱结构，将檐下人字形斗栱区域全部雕刻成佛像（图1-34）。

现存朔州市博物馆的石塔塔刹高44cm，除底部榫头外分塔座、覆钵、相轮三部分。塔座又分为须弥山座及佛龛，山座之上、蕉叶之下各辟木造式屋宇佛龛，每一龛雕作释迦及多宝两尊佛像。中段为覆钵，承以雉堞状山花蕉叶，四边蕉叶间各有合十童子造像一尊。最上为九重相轮及宝刹（图1-35）。

塔身为中国传统楼阁式建筑，汉阙式的屋顶将塔分为九级，每级又分刻二至四层佛像，塔身共有浮雕佛像1342尊，连同塔刹12尊，共1354尊。塔檐均为汉地坡顶，并雕有檐椽与瓦垅。基座及塔身现存台北“国立历史博物馆”（图1-36）。

曹天度九层千佛石塔基座及塔身总高160cm，基座四周以浮雕手法表现，正面为阳刻比丘供养图、左侧为阳刻九尊男家属供养人像、右侧为阳刻十尊女家属供养人像、背面为造像题记。基座背面铭文两旁有男女供养人各一。铭文为阴刻魏书，字体顿挫雄健，古拙庄重，铭文下部字迹剥落严重，已无法辨认（图1-37）。

千年古塔，命运多舛，始营平城、供奉朔州、流失东瀛、寄存台北，愿千年宝塔，千劫度尽，早日合璧。

图1-34 北魏曹天度九层千佛石塔全图

图片来源：中国历史博物馆。

图1-35 北魏曹天度九层千佛石塔塔刹

图片来源：朔州市马邑博物馆。

图1-36 北魏曹天度九层千佛石塔基座及塔身

图片来源：台北国立历史博物馆。

图1-37 北魏曹天度九层千佛石塔基座背面造像题记拓片

型的转折期。这可以从北魏平城及同时期邺城的城市规划上看出来，它们的共性有三点：

（1）都建有两个及以上宫殿区，称为东宫、西宫；

（2）都有两重城垣，即内城与郭城，且宫城都位于郭城西北部；

（3）城北为王室、贵族之地，城南是居住区，划分成若干里坊。在宫城外南北向主干道两侧分布着中央官衙及府邸。

平城在中国古代都城建设史上具有里程碑的意义。北魏平城的城市建设独具特色，其特点有四点：

（1）宫城偏离京城中轴线，这样规划都城不符合传统礼制，与《周礼·考工记》所倡导的宫城居中、轴线对称、方正平直的城市布局相悖。与同时期按礼制建造的南朝刘宋都城建康（今南京市）也相距甚远。究其原因，迁都伊始、国力未强、文化待新，只能因汉平城旧址而草创之。

（2）北魏平城分南北二城，北城和南城布局基本呈“吕”字形，从南城中可以看出皇城的雏形，此时的平城正处在中国城市发展史上的一个过渡期。

（3）在郭城北建有面积巨大、纵横数十里的鹿苑。鹿苑是长期生活于森林和草原的游牧民族拓跋鲜卑在平城周围建设的皇家草原式园囿，这是北魏平城都城建设的一个显著特点。也证明建都平城时鲜卑族还处在从游牧向半游牧、半农耕的过渡期。

（4）平城的都城规划与建筑特色极力模仿中原汉族文化，但同时也融合了鲜卑游牧文化、西域文化、佛教文化等多种文化形式。

北魏是一个民族交融的时期，平城则是民族融合、文化融合之都，也是一座民族文化汇聚的舞台。在云冈石窟景区矗立着文化名人余秋雨先生题写的“中国由此迈向大唐”的碑刻，可见北魏平城时期各民族文化聚集与碰撞影响之深远。既优化了中华民族的文化基因，又起到了“民族再造”的作用，并在中国历史上催生了大唐盛世。北魏是一个佛教盛行、民族融合、文化碰撞、改革创新的时期，而此时的平城则是所有这些意识形态的体现与外化，从城市的规划到建设无不体现着统治者的治国方针与理政策略，其中也突显出一个游牧民族对汉族先进文明从接触到接纳，最后到效法的渐进汉化过程，从而使大同成为中国历史上一个重要的节点或穴位。

专题五

南平城与㶟南宫考

《魏书》中关于“㶟南宫”的记载共有四条。㶟、漯皆音lěi。“㶟”当作“漯”。漯水今称桑干河。㶟南宫即建于㶟水南之宫殿群，在今应县北。从天兴六年（403年）规度㶟南，又天赐三年（406年）筑㶟南宫，到泰常五年（420年）夏四月起㶟南宫，先后共用17年，如何漫长的建造过程，可见㶟南宫规模之大，可惜的是如此庞大的宫殿建筑群现在尽然连一坌黄土都没能留存下来，历史往往就是这样，发生了、建造了、破坏了然后回归最初，就像没发生过一样。后人再建造、再破坏。也许黄土才是归宿，消失才是终点（图1-38）。

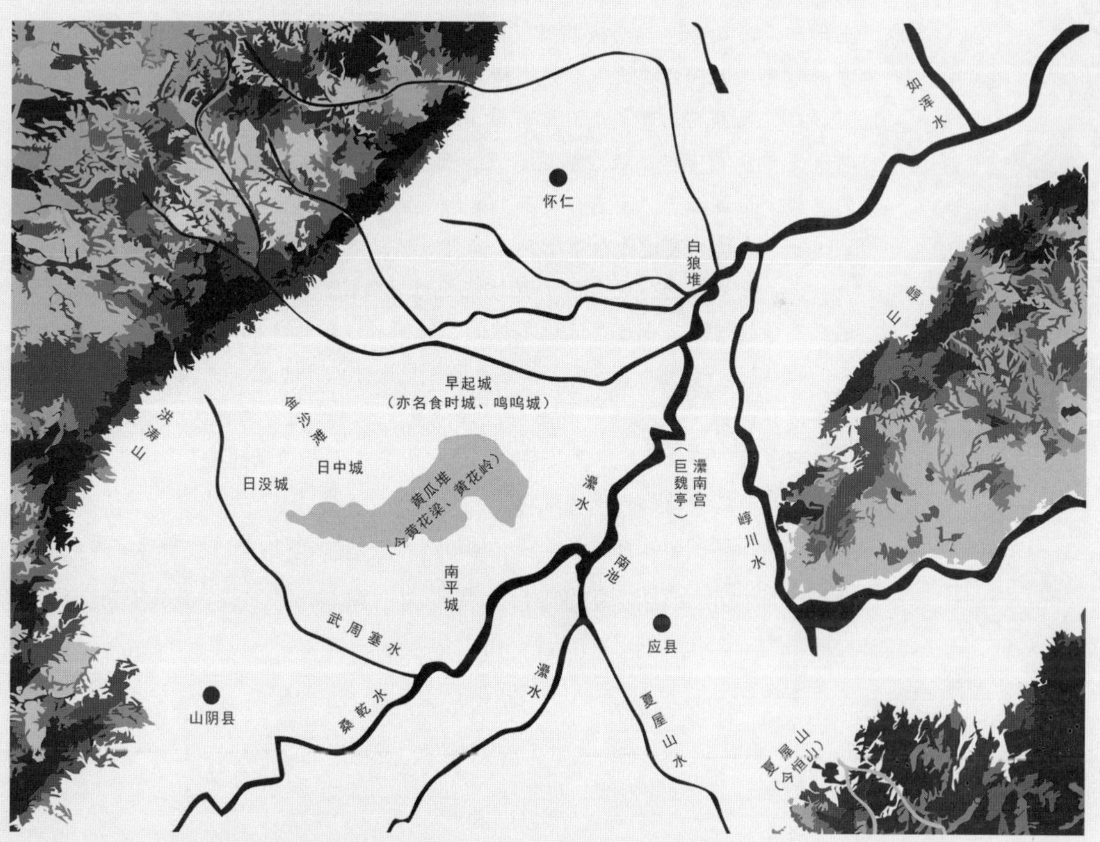

图1-38 北魏南平城与㶟南宫位置示意图

本图是著者依据《水经注·㶟水篇》并结合《魏书》记载绘制的。图中白色区域为平缓的盆地，周边深色为山脉，黑色线条为河流。然因自北魏至今朝，气候变迁、河水异道、人为截流致使《注》中多处水道与今不合。其中日没城在今山阴县北，日中城在今怀仁西南五十里，早起城在今怀仁西南三十里。三城俱在黄瓜阜（即黄瓜堆）北曲中。《读史方舆纪要》载，以上诸城，俱后魏孝文帝筑。南池为㶟水与桑乾水汇合处，“自下为漯水，并受通称矣”。

图片来源：作者绘制。

《魏书·序纪》:“(穆帝)六年(313年),帝登平城西山,观望地势,乃更南百里,于灅水之阳黄瓜堆筑新平城,晋人谓之小平城,使长子六脩镇之,统领南部。”文中表述的很清晰,在“灅水之阳”,即南平城建在灅水北。“新平城”即下文中的“南平城”。《北史·六修传》:“六脩出居新平城”。《金志》,山阴有黄花岭,金城(今应县)有黄花城,黄花岭今谓之黄花山,即黄瓜堆,在山阴县北四十里,黄花城即新平城,在山阴县北四十五里。

《魏书·太祖纪》:“天兴六年(403年)九月,行幸南平城,规度灅南,面夏屋山,背黄瓜堆,将建新邑”。

《魏书·太祖纪》:“天赐三年(406年)二月,幸代园山,建五石亭”。其亭在今应县北。

《魏书·太祖纪》:“天赐三年(406年)六月,发八部五百里内男丁筑灅南宫,门阙高十馀丈;引沟穿池,广苑囿;规立外城,方二十里,分置市里,经涂洞达。三十日罢”。《水经注疏补》认为文中“八部”之“八”为“北”之误。著者考之,“八部”不误。因《魏书·食货纪》:“天兴初,制定京邑,东至代郡,西及善无,南极阴馆,北尽参合(今杀虎口),为畿内之田;其外四方四维置八部帅以监之”。由此知“八部五百里”之“八部”是在天兴初置之“八部”,而非“北部”也。还有学者认为“引沟穿池,广苑囿;规立外城,方二十里,分置市里,经涂洞达。三十日罢。”这段文字应该是对京都平城建设的记载,而误记于“灅南宫”下。著者认为上述观点欠妥,原因有二点:

一、平城外郭建于泰常七年,而非天赐三年,且二者相隔16年之久;

二、三十日进行这么多工程只能是对规模较小的离宫,如果是对京城进行这么复杂的规划三十日是远远不够的,时间应以年为单位来计算。

《水经注·㶟水》载:“㶟水(灅水)又东流四十九里,东径巨魏亭北。”好多学者认为此“巨魏亭”就是指“灅南宫”。因道元身为魏人,在《㶟水篇》中只字未提“灅南宫”,让人诧异,但文中多次提及“巨魏亭”,从其位置与名称上来判断二者是指同一建筑群。

清初地理学家顾炎武《五律·应州》云:“灅南宫阙尽,一塔挂青天。”

北魏定都平城的近一个世纪里开凿了举世瞩目、蜚声海外的云冈石窟。自兴光至太和初，平城内拥有新旧寺庙百座，浮图林立，僧尼2000余人。都洛后北魏进入衰落期，国势日衰、矛盾激化、政治腐败、叛乱纷起。孝昌二年（526年），“六镇[①]之乱”将经过百余年大兴土木的平城化为一片瓦砾与废墟。这座在中国历史上扬名近百年的名城就这样衰落了。“京邑帝里，佛法丰盛，神图妙塔，桀跱相望。”[②]一度推崇佛教、寺庙林立、香烟缭绕、僧侣芸芸的繁华景象在历史长河中有如昙花一现，竞相散去，留给后人的唯一遗存就是因远离闹市而得以幸存的挂在城西武周山崖上的一尊尊石佛，看着它们又感觉仿佛回到了那个辉煌的北魏帝国。

1.3　辽金陪都西京城市建设

晋高祖代唐，以契丹有援立功，割山前、代北地为赂，大同来属，因建西京。辽初为大同军节度，兴宗重熙十三年（1044年）十一月，升云州为西京，设西京道大同府，为契丹国之陪都，与上京、南京、东京、中京合称“辽代五京”。至金占西京，历时79年。“辽既建都，用为重地，非亲王不得主之。”[③]西京大同府是在唐云州城的基础上营建的，其东西长4里，而南北宽为6里，“敌楼、棚橹[④]具。广袤二十里。”[⑤]即周长20里。此时府城比明清府城偏北、偏西，即城墙北垣约在今操场城街一带，西城墙在明府城西垣以西[⑥]，南城墙在善化寺北教场街一带。四面城墙纯系土夯而成，上建敌楼，未包砖。城开四门，“门，东曰迎春，南曰朝阳，西曰定西，北曰拱极。”[⑦]“北门之东曰大同府，北门之西曰大同驿。”[⑧]西京设留守司衙。城内沿袭唐代礼制，一条条整齐的十字形街道将城内划分成若干里坊。城内北半部是政治、军事中心，多为官衙、军营及边防将领府邸之地。“元魏[⑨]宫垣占城之北面，双阙

① 六镇从西至东分别指怀朔镇、武川镇、抚冥镇、怀荒镇、柔玄镇、御夷镇。
②《水经注·漯水》。
③《辽史·地理志·西京道》。
④“棚橹”语出《人物志·释争》，意为敌楼。
⑤《辽史·地理志·西京道》。
⑥ 曲英杰。水经注城邑考[M]。北京：中国社会科学出版社，2013.7：310。
⑦《辽史·地理志·西京道》。
⑧《辽史·地理志·西京道》。
⑨ 系后人对北魏的别称，因北魏皇族后来改汉姓“元”，故称元魏，也称后魏，以区别于三国之魏。

尚在。”[①]城内西部建有相传辽萧太后所居之梳裹楼、凤台[②]及同文等宫殿。城东建有规模宏伟的西京国子监（后成为明代王府址）。城西南建具有皇室宗庙性质之华严寺，在城北元魏平城宫城址建天王寺、城内建湛然坛[③]、城西15里兴建观音堂。大同在北魏王朝灭亡500多年后又进入历史上第二个繁荣期（图1-39）。

辽末天祚帝保大二年（金天辅六年）四月（1122年），金人攻陷辽西京。金袭辽制，建五京，仍称西京大同府，城址未变。“天会三年（1125年）建太祖原庙，”“大定五年（1165年）建宫室，名其殿曰保安[④]，其门南曰奉天，东曰宣仁，西曰阜成。”[⑤]“辽金宫垣，在府城[⑥]西门，有二土台，盖宫阙门也，路寝之基犹存。”[⑦]金在大同修建了保安殿、御容殿及西京宫苑，并设西京路总管府，“天德二年（1150年），改置本路都总管府，后更置留守司。置转运司及中都西京路提刑司。”[⑧]金西京是在辽西京的基础上建设的城市，所以金时期大同城的规模和格局与辽时大致相似。有御河[⑨]、如浑水[⑩]、斗鸡台，在金西京府城外还保留有北魏平城外郭盐场[⑪]。金人崇佛建寺，在城内重建华严寺、善化寺，城外重修观音堂、汇泉寺等寺庙院落（图1-40、图1-41）。

创建于辽代的西京巨刹“华严寺”被誉为辽金艺术博物馆，坐落于府城西南隅舍利坊，该寺由佛教华严宗兴建，故名。该寺依契丹人崇拜太阳、以东为尊的习俗，坐西朝东。据《山西通志·卷六十九》载：华严寺“有南北阁、东西廊。北阁下铜、石像数尊。中石像五，男三女二；铜像六，男四女二。内一铜人，衮冕帝王之像，余皆中帻常服危坐，相传辽帝后像。”因寺内安放了辽诸帝后石像、铜像[⑫]，所以华严寺具有了皇室宗庙的性质。后在辽金交替之际大雄宝殿等建筑毁于战

---

①《辽史·地理志·西京道》。

② 凤台与梳裹楼均位于明府城内西北隅。凤台后来成为“云中八景”之“凤台晓月”。凤台遗址位于大十字街路北雷家大院内，院内原有两土台，左台毁于元大德十一年（1307年）地震，右台毁于元延祐年间（1313～1320年）。

③ 又名九真堂，明更名太宁观，位于府城内鼓楼西街。

④ 辽宫室保安殿位于明府城内。

⑤《金史·地理志·西京路》。

⑥ 明朝大同府城，即现在明清古城。

⑦《明统志·大同府》。

⑧《金史·地理志·西京路》。

⑨ 指如浑水西支，其水夹御路南流，当即御河之所由名。

⑩ 指如浑水东支，即今御河。

⑪ 平城西北直线距离65km处有旋鸿池，即今内蒙古凉城岱海，北魏时亦称盐池。其为高盐度、贫瘠碱性湖，古时曾产食盐。故此外郭盐场应该是盐之转运场。

⑫《辽史·地理志·西京道》：清宁八年建华岩寺，奉安诸帝石像、铜像。

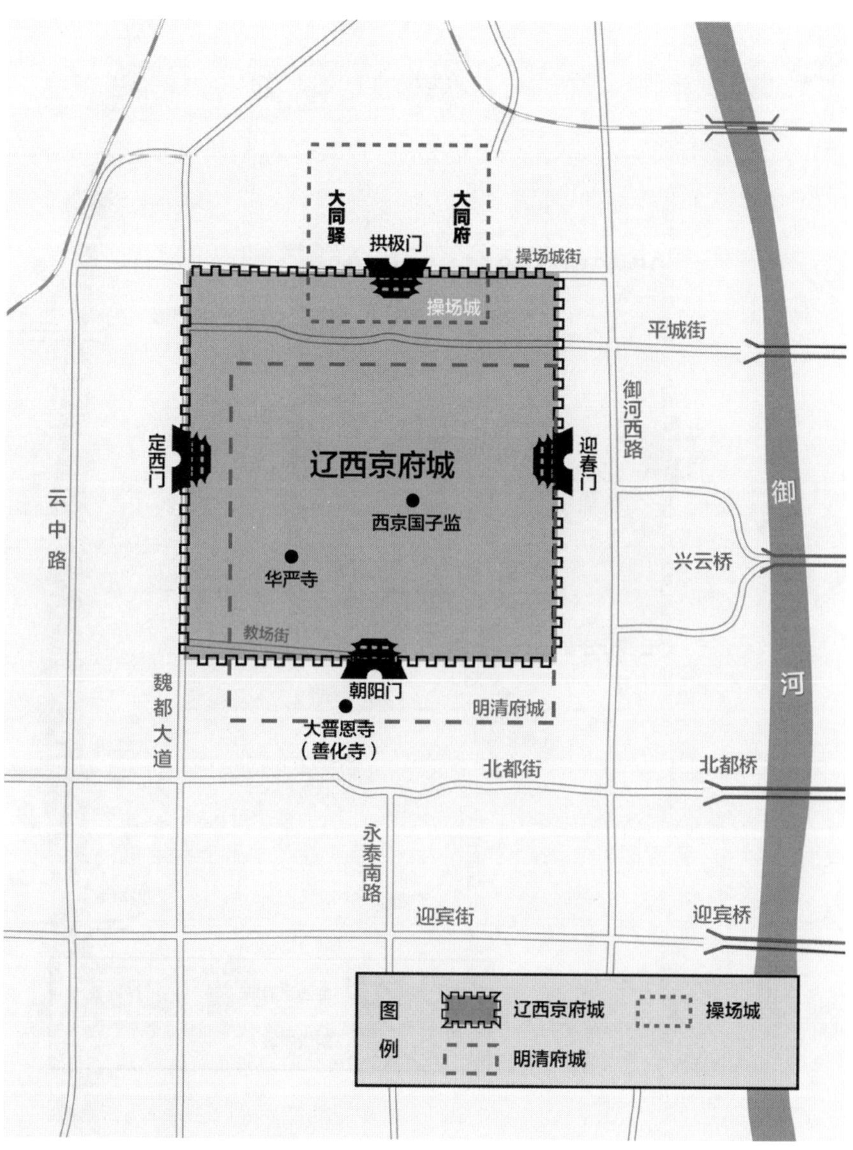

图1 39 辽西京大同府推测复原平面图

中国古代常用五行相生相克来解释朝代更替，称之为“五德”。每个朝代都在“五德”之中有相应的次序和对应的颜色。契丹人起源于辽水，所以自认是水德，尚黑。所以在绘图时用到了暗色。

图片来源：作者绘制。

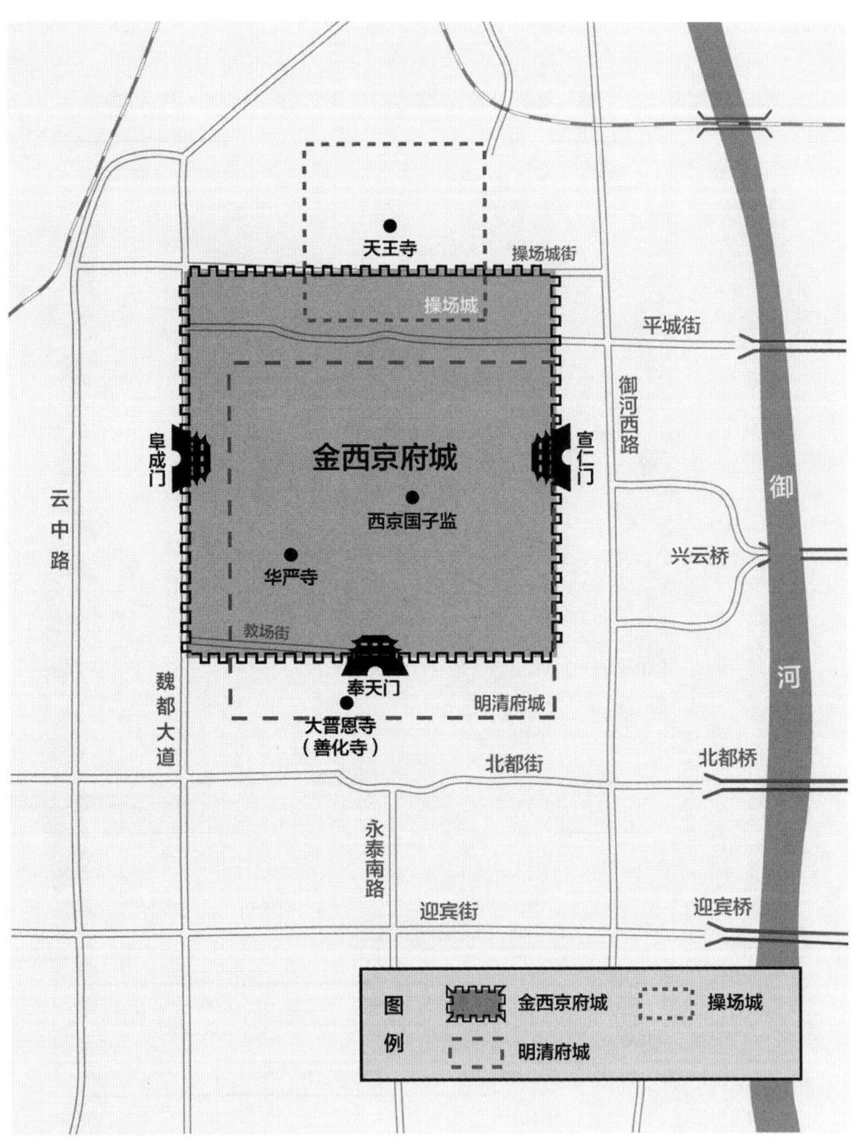

图1-40 金西京大同府推测复原平面图

金灭北宋，应续宋德，宋德为火，依火生土，故金为土德，尚黄。著者在图中亦用了大面积的浅黄色。

图片来源：作者绘制。

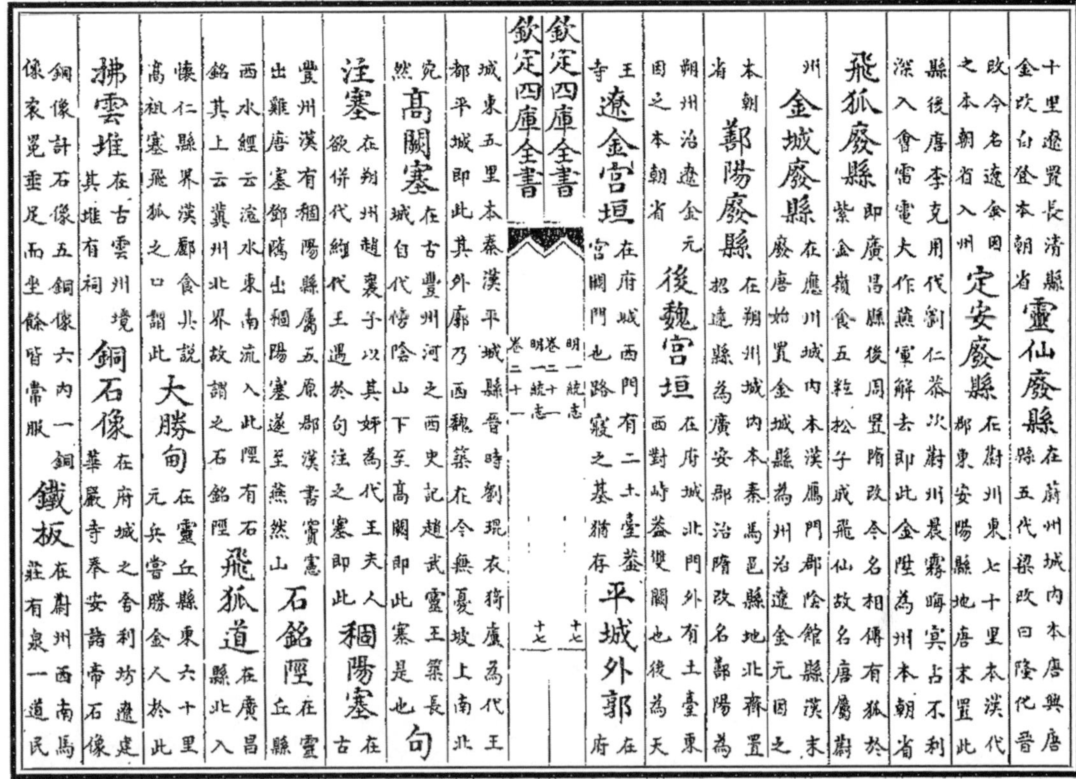

十里遼置長清縣金改白登本朝省靈仙廢縣在蔚州城內本唐興唐縣五代梁改曰隆代晉改今名遼金因之本朝省入州定安廢縣在蔚州東七十里本漢代郡東安陽縣地唐末置此縣後唐李克用代劉仁恭次蔚州晨霧晦冥占不利深入會雷電大作燕軍解去即此金陞為州本朝省飛狐廢縣即廣昌縣後周置隋改今名相傳有狐於紫金嶺食五粒松子成飛仙故名唐屬蔚州金城廢縣在應川城內本漢鴈門郡陰館縣漢末廢唐始置金城縣為州治遼金元因之本朝省鄯陽廢縣在朔州城內本秦馬邑縣地北齊置招遠縣為廣安郡治隋改名鄯陽為朔州治遼金元因之本朝省後魏宮垣在府城北門外有土臺東西對峙蓋雙闕也後為天王寺遼金宮垣在府城西門有二土臺蓋宮闕門也路寢之基猶存平城外郭在府

欽定四庫全書　明一統志　卷二十一　十七

城東五里本秦漢平城縣晉時劉琨表猗盧為代王都平城即此其外廓乃西魏築在今無憂坡上南北究然高闕塞在古豐州河之西史記趙武靈王築長城自代傍陰山下至高闕即此塞是也句注塞在朔州趙襄子以其姊為代王夫人欲併代紿代王遇於句注之塞即此稒陽塞在古豐州漢有稒陽縣屬五原郡漢書竇憲出雞鹿塞鄧鴻出稒陽塞遂至燕然山石銘陘在靈丘縣西水經云滱水東南流入此陘有石銘其上云冀州北界故謂之石銘陘飛狐道在廣昌縣北入懷仁縣界漢酈食其說高祖塞飛狐之口謂此大勝甸在靈丘縣東六十里元兵嘗勝金人於此拂雲堆在古雲州境其堆有祠銅石像在府城之舍利坊遼建華嚴寺奉安諸帝石像銅像計石像五銅像六內一銅像袞冕垂足而坐餘皆常服鐵板在蔚州西南馬莊有泉一道民

图1–41《明统志》中关于后魏宫垣、辽金宫垣及平城外郭的记载

上图节选自《明统志・卷二十一・大同府》，本书由明朝李贤等人撰写。

图片来源：《明统志》影印。

火。据金大定二年（1162年）《大金国西京大华严寺重修薄伽教藏记》碑（后文简称《金碑》）载，金兵攻入西京大同府后，“都城四陷，殿阁楼观，俄而灰之。唯斋堂、厨库、宝塔、经藏[①]、洎守司徒大师影堂[②]存焉。”金天眷三年（1140年）始通悟大师主持旧址复建大雄宝殿，距今已有870多年的历史。明万历年间（1573～1619年），分别以大雄宝殿和薄伽（音bó qié）教藏殿为中心将华严寺分隔为两个寺院，以北为上，分别称上、下华严寺，直至今日[③]。寺内建筑、辽代彩塑、壁藏（楼阁式藏经柜）、天宫楼阁[④]、壁画、碑刻皆为辽金艺术的珍品（图1-42、图1-43）。

① 指薄伽教藏殿。

② 指海会殿。

③ 力高才，高平. 大同春秋[M]. 太原：山西人民出版社，1989.11：149.

④ 用木材制作的微缩宫殿楼阁模型，常置于藻井、经柜、佛龛之上，以象征神佛之居，多见于宋、辽、金、明的佛殿中。

图1-42 大同华严寺全景照片
图片来源：大同华严寺景区。

图1-43 华严寺全景图
图片来源：大同华严寺景区。

上华严寺增建于辽代清宁八年（1062年），现主体建筑大雄宝殿复建于金天眷三年至皇统九年间（1140～1149年），其矗立于4m高的台基之上，台前复有月台[①]突出，是我国现存辽、金时期最大的殿堂，也是

① 古代正殿、正房等建筑物的底座向院子延伸的平台，前有阶梯，是建筑物的组成部分。由于平台宽敞、通透、无遮拦，是看月亮的好地方，也就成了赏月之台。

图1-44 大同上华严寺大雄宝殿木制模型（制作比例1：30）

从模型可见大殿前高4m的月台，月台外缘悉绕钩阑，月台前设石阶十五级。

图片来源：大同市博物馆。

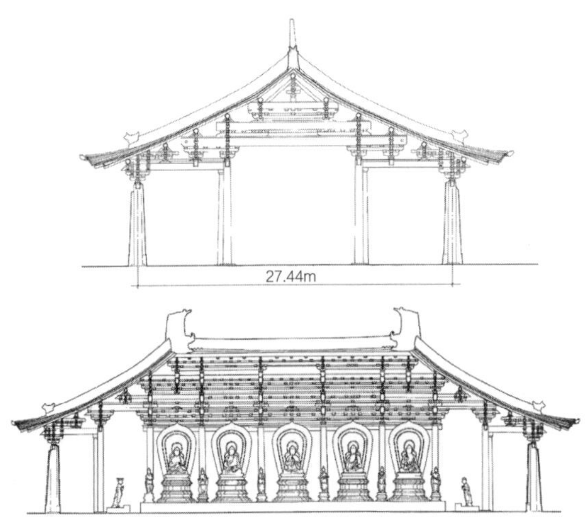

图1-45 上华严寺大雄宝殿横剖面图及纵剖面图

图片来源：郭黛姮. 中国古代建筑史（第3卷）：宋、辽、金、西夏建筑. 北京：中国建筑工业出版社，2009。

中国现存最大的古代单体佛教建筑之一。大雄宝殿在建筑风格上独具特色：斗栱巨壮古朴、梁柱结构坚固、殿体伟阔雄浑、外观红墙青瓦。殿顶正脊金代彩绘琉璃鸱尾高达4.5m。北侧为金代遗物，历经800多年依然色彩如新。殿内部供奉着东南西北四方佛。由于台基、大殿、鸱尾①，三者均规制庞大，且高出城墙数尺，所以立于城外也可见其高耸的殿顶。硕大的殿顶，伸展的飞檐，整个大殿给人展现了建筑的尊严，让人在它面前不由的心生敬意（图1-44、图1-45）。

下华严寺中心建筑薄伽教藏殿②建于辽重熙七年（1038年），屹立于4.2m高的台基之上。大殿与殿内辽代彩塑、壁藏被誉为“辽代三

① 音chī，又名吻、吻兽，置于正脊两端的兽件。

② 此殿为华严寺之藏经殿。其中“薄伽”音bó qié，是印度梵文的音译，意为“世尊”，是佛的十个称号之一，言佛有万德，于世独尊。“教藏”指佛教经藏。

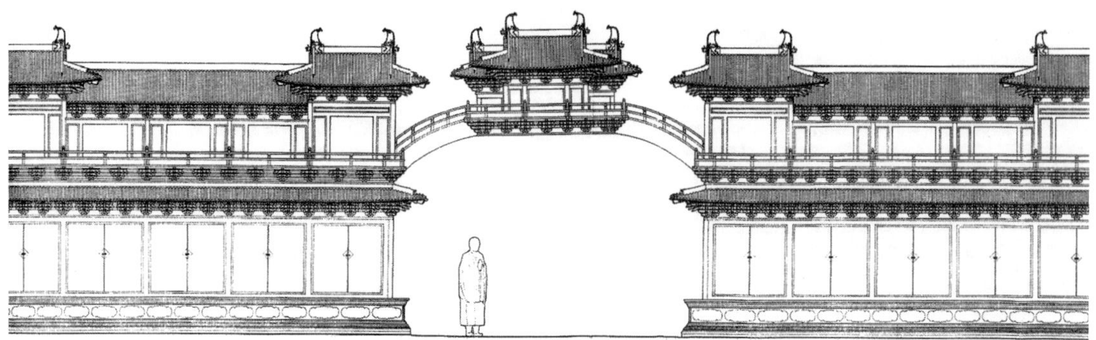

图1-46 大同下华严寺薄伽教藏殿壁藏及天宫楼阁西面立面

图片来源：梁思成. 中国古建筑调查报告. 北京：生活·读书·新知三联书店，2012。

绝”。大殿梁架结构完整地保留着辽代的规制，是辽代木结构建筑的代表。殿内侧沿壁排列重楼式木雕结构壁藏[①]38间，分上下两层，下层为台基，基上建经橱，橱上为腰檐。上层底部为平座，座上有神龛，供奉佛像，外设钩阑[②]花板。壁藏与天宫楼阁均系小木作，结构严谨，比例协调；规模宏大，玲珑精巧，乃建筑艺术中的精品[③]。整个壁藏和天宫楼阁是一组全国仅存的辽代建筑模型，也是国内唯一规模宏大的壁藏结构。因此其被著名建筑学家梁思成[④]誉为“海内孤品”。辽时此壁藏存有契丹藏，辽末保大二年，兵燹过后，经藏大多流失。殿内完整地保存着31尊辽代塑像，其中“合掌露齿菩萨塑像”体态袅娜，婉丽动人，艺术价值最高，被郭沫若称为“东方维纳斯”，神情煞是耐人寻味，拥有达·芬奇著名的“蒙娜丽莎”式微笑（图1-46）。

下寺的华严宝塔是根据文献记载于2009年复建的。华严宝塔系依据辽代风格所建，是继应县木塔之后全国第二大纯榫卯结构的木塔，通高43.5m，上景金盘，下承莲池。塔下建有采用100t纯铜建造而成500m^2的千佛地宫，内供佛祖舍利及千尊佛像，金碧辉煌，是传统与现代完美结合的典范之作。

金代西京大普恩寺，即今善化寺，俗称南寺，位于明清府城南城墙

① 即藏经柜。

② 语出（宋）《营造法式》，又名栏杆。筑于台基、露台周边、楼层廊下檐柱间等处的栅栏。

③ 力高才，高平。大同春秋[M]。太原：山西人民出版社，1989.11：150。

④ 1933年梁思成与刘敦桢合写《大同古建筑调查报告》，该文献是研究大同古建的权威之作。

内侧，创建于唐开元二十六年（738年）。据《大金西京大普恩寺重修大殿记》[①]碑文载："按寺建于唐明皇时，与道观皆赐开元寺之号。"开元二十六年"敕天下诸州各以郭下定形胜观寺，改以开元为额。"[②]故称开元寺。该寺规模宏大，但寺内已无唐代建筑存世。五代后晋初，改称大普恩寺。辽末保大二年（1122年）四月，辽金恶战西京，金兵攻陷大同，兵燹而后，不无残废，大普恩寺破坏严重，建筑大半毁于战火。金天会六年（1128年）至皇统三年（1143年）圆满大师15年持续重修。据《大金西京大普恩寺重修大殿记》碑记载："辽末以来，再罹烽烬，楼阁飞为埃坌，堂殿聚为瓦砾。前日栋宇所仅存者十不三四。"碑文中还记录了重修后寺院的规模，"凡为大殿暨东西朵殿、罗汉洞、文殊、普贤阁及前殿[③]、大门、左右斜廊，合八十余楹。"本次重修奠定该寺的基础。正统十年（1445年）明英宗赐名"善化寺"。

大普恩寺是一组廊院式建筑群，整寺布局尚存唐代遗风。寺院占地3万多平方米，主要建筑坐北朝南，沿中轴线依次排列、层层迭高。前为天王殿[④]，中为三圣殿，皆为金代建筑，后为大雄宝殿。三圣殿外檐次间补间铺作——金代斜华栱形如怒放的花朵。梁思成称之为"伟大之斗栱"。此斗栱的装饰意义大于结构意义，其发展到后期已成为工匠显示技巧的产物。三圣殿前两侧有东西配殿，殿内保存有塑像、壁画、碑刻等珍贵文物。辽代建大雄宝殿坐落在砖砌高台之上，其左右为东西朵殿，西为观音殿，东为地藏殿。殿前两侧为阁楼式建筑，西为普贤阁，东为文殊阁[⑤]。东西斜廊南北延伸将东西朵殿、楼阁、配楼联为一体。寺内西侧为一处独具中国传统特色的园林，占地近2000m^2，人工湖1000m^2，园内有亭台楼榭、山石池沼、曲径回廊。整座寺院地址规制、宏阔端严、高低错落、主次分明、左右对称、雄浑古朴、端庄幽雅；善化寺以其历史悠久，保存辽金时期建筑多而闻名于世，是中国现存最大、最为完整的辽金寺院。契丹与女真将异域的风格与文化带入这座城市，粗犷豪放的草原文化与细腻深邃的华夏文明在这里混搭升华，共同造就了西京文化的独特蕴涵（图1-47～图1-56）。

---

① 也称"朱弁碑"，金皇统三年（1143年）二月由羁留西京17年南宋使臣江东才子朱弁撰文，金大定十六年（1176年）八月立石。

②《唐会要·杂记》。

③ 指三圣殿。

④ 大普恩寺山门。

⑤ 建筑形制与普贤阁类似，民国初年因附近皮坊失火被焚毁，2008年复建。

图1-47 善化寺山门前五龙壁

此照壁建于明万历年间，原属兴国寺，1980年因城市改造，将其迁至善化寺西院，在2009年扩建中又将其移至寺前广场。

图片来源：作者2011年10月7日摄于大同市善化寺。

图1-48 善化寺山门——天王殿

建于金天会六年至皇统三年间（1128~1143年），1999年曾大修。

图片来源：作者2011年10月7日摄于大同市善化寺。

图1-49 善化寺三圣殿

殿内供奉华严三圣，建于金天会六年至皇统三年间（1128~1143年），2007年曾维修。殿内有金、明清石碑四通，其中以《金碑》最为珍贵。此殿是辽金时期"减柱造"的典型实例。

图片来源：作者2011年10月7日摄于大同市善化寺。

图1-50 善化寺廊道及绿化之一

居中建筑为普贤阁，它是一座单檐九脊顶方形楼阁。建于辽代，金贞元二年（1154年）一行重修，1953年亦落架大修。

图片来源：作者2011年10月7日摄于大同市善化寺。

图1-51 善化寺辽构普贤阁

图片来源：作者2011年10月7日摄于大同市善化寺。

图1-52 辽构大雄宝殿及明万历牌坊

大殿曾于1994年落架大修。

图片来源：作者2011年10月7日摄于大同市善化寺。

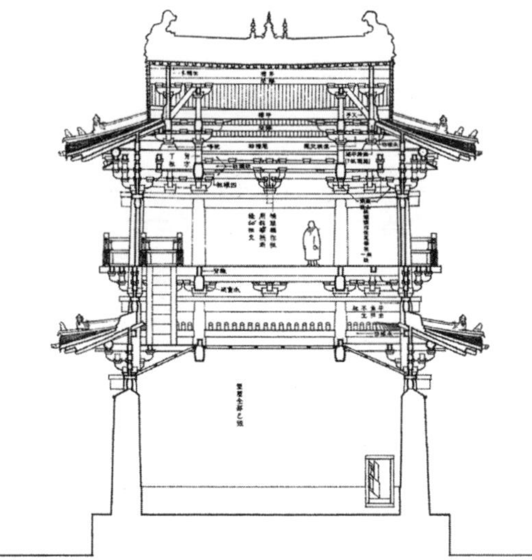

图1-53 善化寺普贤阁纵断面图

图片来源：中国营造学社民国二十三年实测制图。

图1-54 善化寺廊道及绿化之二（图左建筑为普贤阁）

图片来源：作者2011年10月7日摄于大同市善化寺。

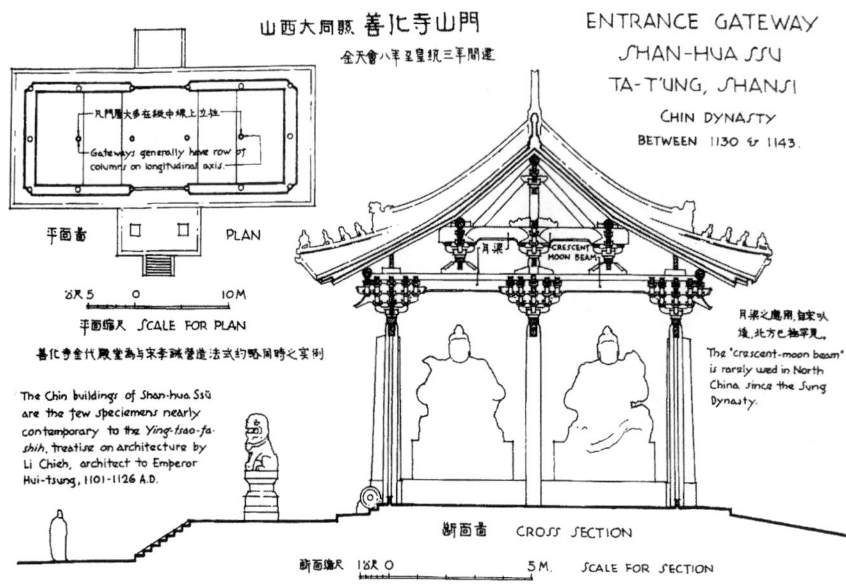

图1-55 大同善化寺山门——天王殿平面图与断面图

图片来源：梁思成．图像中国建筑史．北京：生活·读书·新知三联书店，2011。

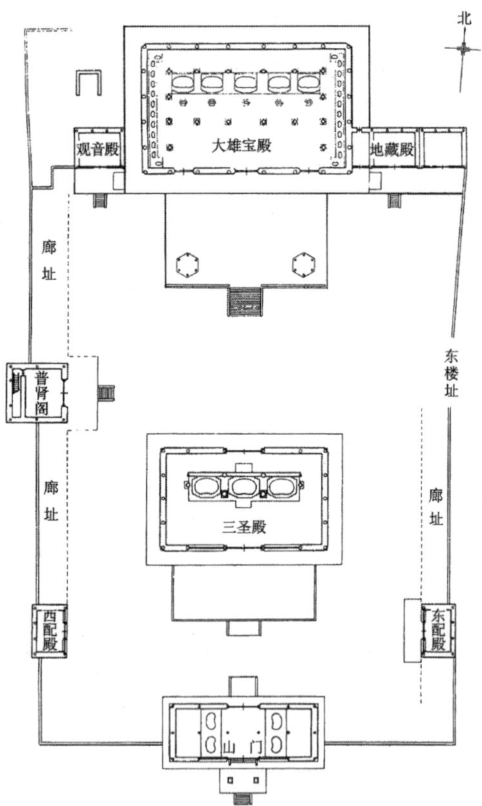

图1-56 1933年善化寺平面现状总图

本寺虽创建于唐开元年间，但唐代建筑已不存，仅寺院布局尚显中唐风格。其是现存辽金寺院具有代表性的一座廊院式建筑群，其中大雄宝殿为辽代建筑，而普贤阁、三圣殿、天王殿皆为金代所建。朵殿与配殿为明代以后所建。文殊阁毁于民国初火灾。“左右斜廊”亦无存。

图片来源：中国营造学社民国二十二年实测制图。

1.4　明清重镇大同城市建设

明代大同是九边重镇之一，战略地位十分险要。其城池坚固、布防严密，在我国城防建设上实属罕见。同时它亦是镇城与府城即军事与行政的综合体，对研究我国明代城市的军事布防与府城规制有一定的参考价值。

在明王朝第二次远征北元失败后，因形势所迫做出战略调整，即由主动征讨转为防御固守。明代大同府城的修建是明廷决策转折的一个重要标志[①]。然据《皇明九边考》[②]记载："大同……川原平衍，无山设险，故多大举之寇。""盖虏南犯朔、应诸城必窥之路也。""虏至，直抵镇城。""故大同称难守焉。""大同北四望平衍，寇至无可御。"[③]"城外即战场"[④]。由上述文献可知大同城北无天险与屏障，易攻难守，若防守只能北边修堡，高筑镇城。于是出于对北元势力防守的需要，洪武四年（1371年）二月，刚上任的"大同都卫指挥使"耿忠[⑤]奏请"以蔚、忻、崞三处民丁与军士协力修浚大同城堑。"[⑥]七月明朝廷"遣使命中书右丞相魏国公徐达自北平往山西操练士马。谕之曰：'……山西地近胡虏，尤不可无备。故命卿帅诸将校缮修城池，训练士卒。如调遣征进迤西等处，以便行之。其太原、蔚、朔、大同、东胜军马及新附鞑靼官军，悉听节制。'"[⑦]由此二文献可知在大同都卫使耿忠的奏折得到明太祖批准后，随即选派大将军徐达率领诸将亲往山西操练兵马、修缮城池。而此时的指挥使耿忠坐镇府城大同开始筑城的准备工作，并烧制城砖。在近几年明代大同东城墙和南城墙修复工程中，发现刻有"洪武四年某月"铭记的城砖，也从实物方面提供了有力的证据[⑧]。明正德十年《大同府记》[⑨]记载："洪武五年[⑩]（1372年）大将军徐达[⑪]因旧土城南之半增筑"，

① 高平. 明代大同府城建设四功臣[N]. 大同日报，2012-2-25。

②（明）魏焕《皇明九边考·大同镇》（此书又名《九边图考》）。

③《明史·张文锦传》。

④《明史·张文锦传》。

⑤ 洪武四年（1371年）正月，始置"大同都卫指挥使司"，耿忠为首任"大同都卫指挥使"。

⑥《明太祖实录》。

⑦《明太祖实录》。

⑧ 赵立人，李海. 明代大同鼓楼与《大同鼓楼记》[J]. 山西大同大学学报，2011.1：40-46。

⑨ 明代张钦撰《大同府志·城池》。

⑩ 十二月始筑大同城。

⑪ 徐达（1332~1385年），明朝开国军事统帅，为人谨慎，善于治军，戎马一生。其长女为仁孝文皇后、次女为代王朱桂妃。封魏国公，卒后追封中山王。

而明成化本《山西通志》的记载更加明晰无歧义：“洪武五年大将军徐达因旧城城南之半增筑。”可见，明大同府城是在辽金西京旧土城南半城的基础之上来增筑的[①]。城墙的贴面砖多使用辽金时期的大城砖。在建城之初，由于城砖需求量大，一边使用新砖，同时也使用了收集到的辽金时的建筑用砖[②]。城墙以石条为基，墙体为“三合土”[③]，外包青砖，城墙高四丈二尺（不含女墙）。“万历八年（1580年）增修，周十三里[④]有奇。”[⑤]今日大同府城的规模与形制就是在此时奠定的。

提起大同府城的缔造者首先想到的是徐达，其实详细读一下《明史》、《山西通志》会发现好多疑点。《明史·徐达传》记载：“明年（洪武六年），达复帅诸将行边，破敌于答剌海，还军北平，留三年而归。”再考之《明太祖实录》，徐达在大同地区的军事活动，截止于洪武六年十一月，此后就无他在此的记载了。因此，短短一年的时间，事实上是不可能完成城墙包砖、修建门楼、角楼、敌楼、瓮城、月城、耳城等浩大的工程。据明成化本《山西通志》记载：“都指挥周立[⑥]以砖外包。”还原历史的真相：徐达仅仅监督建起了部分土城，而包砖、建楼等所有后期工程是由历任“大同都卫指挥使”及“山西行都指挥使”接替并最终完成的。但是毋庸置疑，徐达是大同府城建设的第一大功臣，他开启了大同府城的建设，奠定了大同府城的规模，是明代大同府城兴建的开辟者与奠基者[⑦]。

府城东西长约1775m，南北宽约1845m，周长约7240m，呈方形，面积约为3.28km^2[⑧]。设四门，东曰和阳、南曰永泰、西曰清远、北曰武定。城门之上各建有重檐九脊歇山顶式、三层重楼一座[⑨]。城门外均有瓮城，瓮城再设城门，城门上建箭楼，箭楼外是吊桥，吊桥下面是宽约10m、深5m的护城河围绕在城垣四周。城墙四隅屹立着四座雄健、精致的角楼，西北角楼因位于八卦第一卦乾卦位上，故又称乾楼[⑩]。乾楼

① 高平，高向虹《关于明代大同史志中一些问题之管见（一）》。
② 日本工学博士村田治郎1941年撰写《晋北大同城及其门楼》，文章刊登于2008年8月15日《大同日报》。
③ 由熟石灰、黏土和细砂三种材料经过一定比例配制、经分层夯实，具有一定强度和耐水性的古代常用建筑材料，多用于建筑物的地基或墙体。
④ 明清时里制与现行里制有异，明清时1营造尺长0.32m，1营造里为576m。
⑤《读史方舆纪要·大同府》。
⑥ 洪武十三年（1380年）冬十月以山西都指挥使周立为陕西都指挥使。
⑦ 高平．明代大同府城建设四功臣[N]。大同日报，2012-2-25。
⑧ 实测大同府城北城墙长1777m，东城墙长1842m，南城墙长1773m，西城墙长1848m，合计长7240m。
⑨ 姚斌，刘艾珍．大同史话[M]。北京：社会科学文献出版社，2015.9：14。
⑩ 乾楼是城内最高的楼阁，乃“镇城之楼”，又称“镇楼”。楼呈八角形，俗称“八角楼”。

专题六

明大同镇城堡考

明朝先后在大同地区设立了大同府、大同都卫、大同镇及大同巡抚四种不同的军政建置，四者管理职能与管辖范围各有侧重又相互交织，并长期共存。

洪武二年（1369年）二月，改元大同路为大同府，隶属山西行中书省（洪武九年改为山西承宣布政使司），大同府辖浑源、应、朔、蔚四州及大同（宣宁县并入大同县）、怀仁、马邑、山阴、广灵、灵丘、广昌（河北涞源县）七县。

“大同都卫指挥使司”置于洪武四年（1371年）正月，治于白羊城（府城西140里，今左云县境内）；洪武八年（1375年）十月，“大同都卫指挥使司”更名为“山西行都指挥使司”简称“山西行都司”，原“大同都卫指挥使”升为“都指挥使”；洪武二十五年（1392年）八月，山西行都司徙治于大同府（位于和阳街南侧都司街），隶后军都督府，军队的基本组织形式是卫所制，初辖二十六卫，后辖十四卫。景泰初，卫所制渐行废弛。

府属于单纯的理民行政区划，而都司卫所制是以军事机构管理地方行政的特殊的非正式政区单位，主要职能是管辖军士、余丁及随军家属等卫籍人口，组织屯田，并承担攻守、巡逻等军事职能（三分守城，七分屯种）。

永乐元年（1403年），明成祖在全国建立镇守制度，命江阴侯吴高镇守大同，永乐七年（1409年）正式设置大同镇，居九边重镇之首。镇设总兵统辖，设总镇署，驻守大同府，节制山西行都司。故大同府城亦称大同镇城。大同镇分四级：镇、道、路、城堡（史料中提及最多的当数“大同镇七十二城堡”）。大同镇总兵官的责任是：操练军马、修理城池、督瞭墩台、防御虏寇、抚恤士卒、保障居民。由此可见大同镇总兵权力之大，也为日后屡次总兵反叛埋下伏笔。为了制衡总兵，协调布防，提督军务明庭又设巡抚制度，它亦是明代一项重要的行政制度。

堡也称边堡，乃小城也。从明朝洪武至隆庆朝200多年的历史中蒙古人不断南下侵扰北疆，朝廷为了固边在长城内外修建了大量城堡。30里一小堡、60里一大堡。长城城台、墩台、堡城星罗棋布，形成五里一燧，十里一墩，三十里一堡，百里一城，在大同镇构筑起庞大的城堡群落防御体系。这些边堡历经四五百年风雨侵蚀，大多损毁，有的已成为废墟，重新回归了浑黄的大地。

城堡按军事职能可分为：州县与卫所治所、居中应援城堡、长城边堡与腹里收保之堡四种类型。根据其防务特性及地理位置也可分为：最前沿的城堡被称为“极冲地方”，位置稍靠内地的称为“次冲地方”，位置更靠近内地的称为“稍缓地方”。堡按使用职能亦可分为军堡（也称屯兵堡、屯军堡、军屯堡。屯兵城堡按级别分为镇城或边镇、路城、卫城、所城、堡城，堡城是最小的屯兵单位。屯兵城堡统称军堡）、官堡（由官方建造设立，用于军事或行政用途）、民堡（也称乡堡，由村民自行建造，多为土堡）、商屯堡（也称屯垦堡）四类。明朝大同镇边堡极多。根据明右副都御史王士琦编撰的《三云筹俎考·大同总镇图说》统计，万历年间大同镇（时辖现朔州全境及河北北部部分州县）共辖有内五堡、外五堡、塞外五堡和云冈六堡等主要城堡72座，其中城20座，堡52座，边墩776座，火路墩833座。官堡、军堡、民堡、商屯堡总计高达500多座。

明末蒙汉之间发生历史事件“俺答封贡”之后，大同成为蒙汉通贡互市的主要通道，因此大同亦迎来50余年难能可贵的和平期，大同北部的长城、关隘、墩堡等防御工程、设施因失去了原有的防御功能或遭到人为的拆损，或因年久失修而破坏严重。清朝时由于疆域的扩大大同镇由边关要塞转为内地，随着这些军事城堡职能的转化，许多用于屯兵的镇城堡也逐渐转为民用，卫所城转化为州县治所，寨堡转化为乡村聚落，同时长城也完成了它的历史使命（图1-57）。

古城村古堡残存位于大同府城东约2.3km的古城村南文盛街与永和路十字路口处。从图1-58、图1-59可见此夯土构筑物为东西向排列，与卫星图1-60是吻合的，而北魏平城的外郭墙在古城村附近是南北向通过的。且通过比对现存遗址与卫星图中古堡地理坐标二者也是相重合的，由此可证实此夯土构筑物为古城村古堡残存，前景方形夯土台为古堡敌台，后侧为古堡堡墙，而非考古界普遍观点：其为北魏平城东郭城垣残存（图1-58～图1-62）。

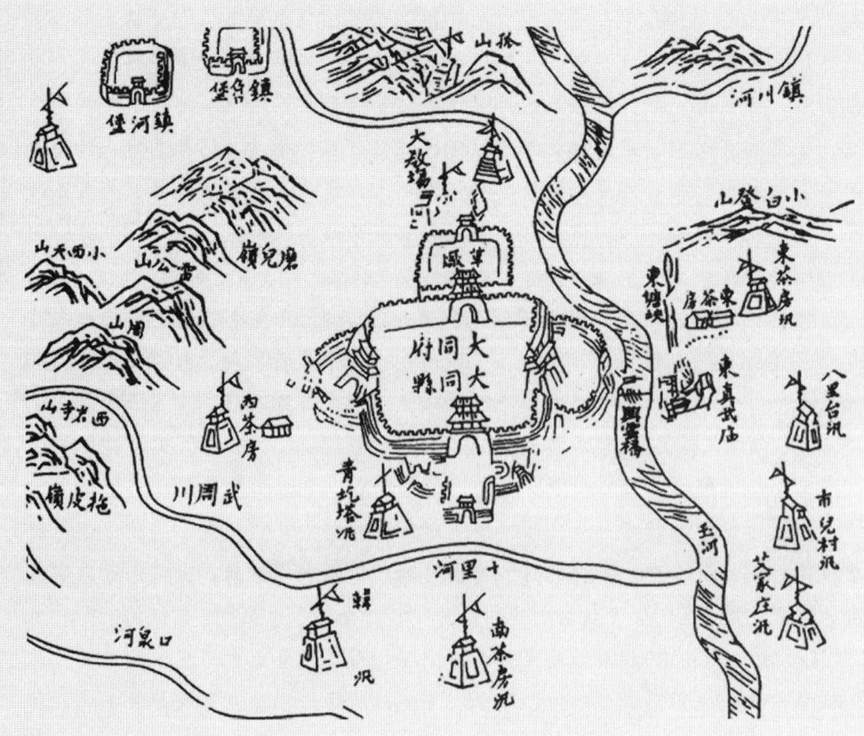

图1-57 清大同府邑境图

图中可见大同府城、周边地形及古堡。“云中八景”之一的“雷公返照”之雷公山位于城西北15里。山上有雷公庙及龙亭、每旱祷之辄应。

图片来源：清道光十年（1830年）编《大同县志·图考》。

图1-58 古城村古堡残存之北立面
图片来源：作者2016年4月20日摄于大同市古城村南。

图1-59 古城村古堡残存之南立面
图片来源：作者2016年4月20日摄于大同市古城村南。

图1-60 古城村古堡卫星影像

拍摄时间：1965-10-02。本图采集自美国锁眼（KeyHole）系列间谍卫星KH-7（代号为Gambit）拍摄的影像。图1-58、图1-59是该古堡的北侧敌台跟堡墙。由本图可见堡门在南侧，古堡东北已豁口，但古堡整体保存比较完整。现仅剩北侧敌台跟部分堡墙。

图片来源：美国锁眼卫星拍摄，分辨率1.2m。

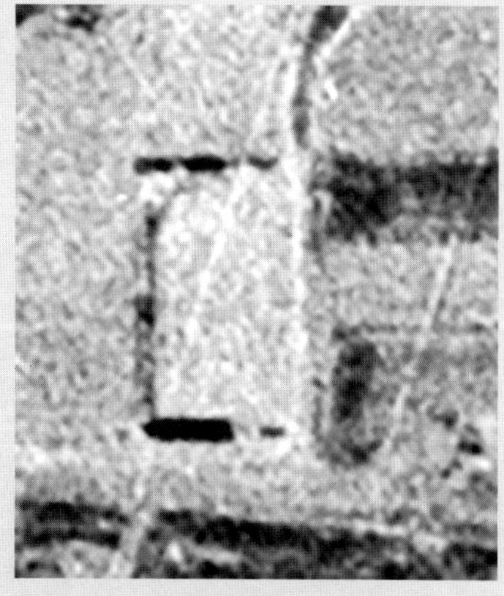

图1-61 马家堡卫星影像

拍摄时间：1965-10-02。本图采集自美国锁眼（KeyHole）系列间谍卫星KH-7（代号为Gambit）拍摄的影像。

图片来源：美国锁眼卫星拍摄，分辨率1.2m。

图1-62 疑似马家堡残存堡墙

其位于大同府城东约2.2km的马家堡村，堡已毁，村民在其遗址上盖起成排的平房。此照片由外国人拍摄于1925年，图片下方的英文大意是：御河东侧高地上的城墙，我们首先想到它是部分北魏城墙。北魏时的郭城是从古城村至马家堡一带直线穿过，但此图中的城墙从光影上来分析不是呈直线状的，很明显是呈直角关系的。经著者筛选比对御河东侧全部夯土墙遗存考证证实此夯土墙遗址为马家堡的北堡墙（图中右侧构筑物）与西堡墙（图中左侧构筑物）。

专题七

东塘坡真武庙的前世今生

真武庙位于大同府城东二里许曹夫楼村西的东塘坡上，根据史料推测大约创建于元代。其建筑呈轴对称规则分布于御河东岸一座突起的平顶土丘之上，坐东向西，山门前有石砌台阶，高约三丈，拾阶而上有正殿三楹。整座寺庙建筑略显繁多、无章，空间狭隘、局促。庙宇毁于第二次国共内战之“大同集宁战役”，遗址位于东塘坡兴云桥头南侧。2009年新修的御河东路占去了原址近一半，现仅存山门前35m长残损石阶、遗碑三通、残存螭首、赑屃各一及高十几米的土台，还有部分依稀可辨的砖砌寺墙遗迹。真武庙与周家店真武庙（已迁至城外西南延兴路）、代王府玄真观（由代王府北门——“广智门”改建）、北关真武庙合称大同四大真武庙（图1-63、图1-64）。

图1-63　20世纪30年代后期东塘坡真武庙

此观四周遍植杨柳，山门外侧平地建有戏台一座，坐西朝东，每年农历三月三均焚香点烛、设醮献戏。

图片来源：（日）石原俊明. 世界画报. 东京：国际情报社，1939。

图1-64 东塘坡真武庙遗址现状

图片来源：作者2017年7月27日摄于大同府城东曹夫楼村。

玄帝即玄武，又称玄天上帝、玄武大帝，道教北极四圣之一，据说为盘古之子，是中国神话传说中主宰北方的神，亦称北帝。道经中称他为“真武帝君”。元代道教盛兴，明朝时则对玄帝的信仰达到顶峰。

真武庙山门外西侧立于明洪武二十九年的汉白玉遗碑螭首碑额高达1.3m，碑身高达2.58m。碑阳碑额题字为“玄帝庙记”，碑阴题字为“北极庙碑”。明弘治八年碑记载：“云中城东去二里许，厥地突然高起，顶平。有玄帝庙，逮不知创自何时。”明洪武二十九年碑记载“平城之东二里许，旧有玄帝祠，创始于民，故其规模狭隘。虽此，凡祷祈报应□如影响，实神之灵，亦无不在也。岁日为玄帝圣诞良辰，是年丙子□辰，王亲诣庙为神所庆祀，□盛庶□□□祀□□□□。命指挥□福等率□□重修其殿堂门庑，一月全□”，“二十有五年秋，上命□□□□至□之”，“越五年春，大祀既成。王亲谒于玄天上帝，□礼毕，□庙制甚隘，即命左护□□□□而□□其制而增修之，经营于洪武丙子三月五日至四月朔”（碑文引自吴天有《大同曹夫楼庙遗碑考》一文）。可见此碑为代王朱桂扩建重修时所立。真武庙由民间创建，初名“玄帝祠”，明初改名“玄帝庙”，明永乐朝又改名“真武庙”。明正统十四年（1449年）秋，“土木之变”真武庙遭到摧毁。嘉靖十二年（1533年）十月，大同镇兵哗变，真武庙又兵毁，嘉靖二十六年（1547年）重建。清初称“玄都观”，因避帝讳，康熙朝始改为“元都观”。清末民初改称“曹夫庙”。

真武庙东曹夫楼村西原有曹夫楼。此楼为纪念明末天启年间义仆曹福救主而建，清毁于战火，清末民初在元都观内南配殿为曹福塑坐像一尊，供奉之，于是人们将元都观也称作曹夫庙。每年农历三月三“北帝诞”之日，城内外居民都要来此焚香许愿，踩青逛唱，当然演出最多的还是根据曹福的故事改编的晋剧《义仆忠魂》（又名《走雪山》、《走山》、《反大同》）。

日据时期，观内佛像、法器、铜剑被抢掠一空，但日军也给后人留下了真武庙最早的照片，给现在庙宇的修复提供了难得的珍贵资料。在1946年的“大同集宁战役”中，由于真武庙是御河桥东唯一的制高点，控制着大同东的主要交通要道——御河大桥，所以国民党军派重兵把守，并在观墙上建了碉堡，开战一个月后才被解放军占领，做了解放军围攻大同城的指挥所。在此次战役中观内建筑遭到毁灭性的破坏。美国锁眼（KeyHole）系列间谍卫星KH-7（代号为Gambit）拍摄的影像（拍摄时间：1965-10-02，分辨率：1.2m）显示仅有观后阁楼与北配殿幸存。据老人回忆六七十年代真武庙北配殿内还驻有一位怀仁籍道士。“文化大革命”开始后更无人修葺，真武庙逐渐破败，直至消失。2016年11月18日举办了真武庙重建奠基仪式，因部分观址已被公路占用，新建道观规模必将受限，已很难重现昔日胜境，成为一个永久的缺憾。著者根据史料绘制了清末东塘坡真武庙复原示意图之平面图与侧视图（图1-65、图1-66）。

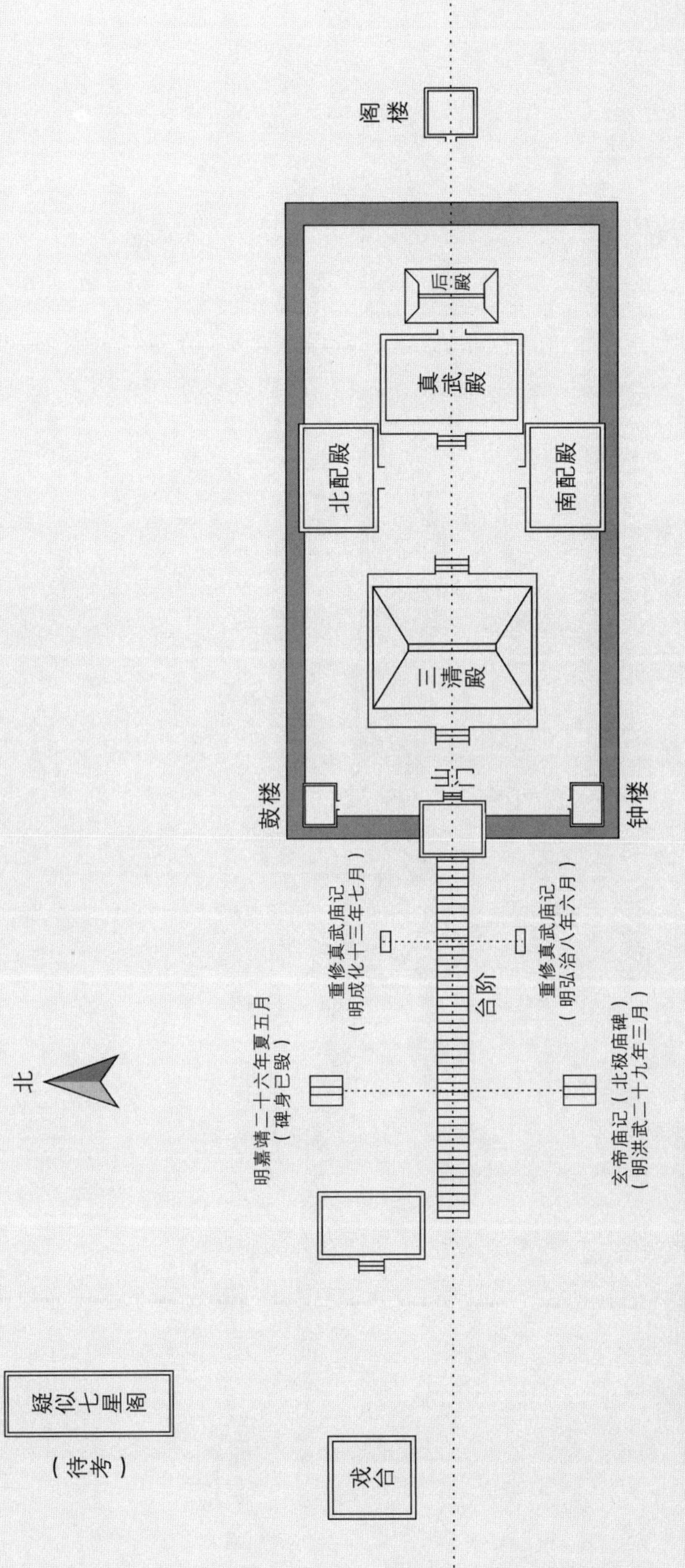

图1-65 清末东塘坡真武庙复原示意图之平面图

图示来源：作者绘制。

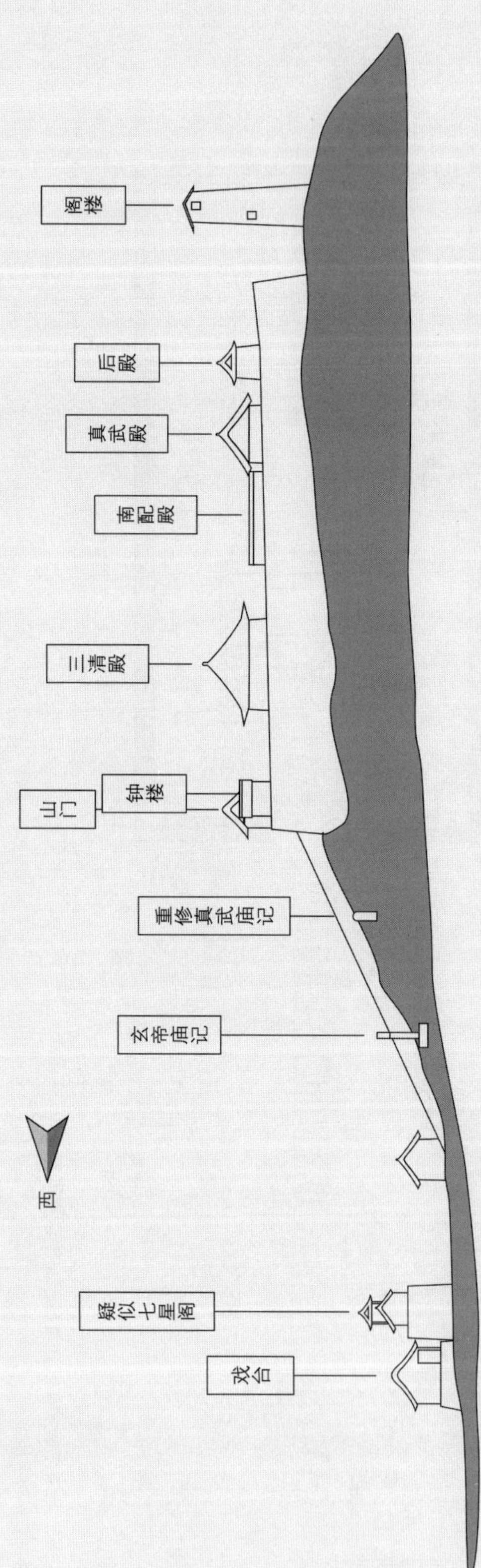

图1-66 清末东塘坡真武庙复原示意图之侧视图

图示来源：作者绘制。

为城内最高，乃诸楼之冠，它八角三层，高耸雄壮，鸟瞰全城。被誉为清代“云中八景[①]”之“镇楼秋爽”。乾楼毁于清朝末期，清末雕刻家李彦贵曾制作2.5m高的木构乾楼模型一座，现存于上华严寺大雄宝殿内，是一件难得的艺术珍品[②]。府城有门楼4座，角楼4座，控军台4座，望楼54座，窝铺[③]96座，女墙[④]上有垛子580对。

府城的四座城门外是东南西北四关，除西关外，全部以城墙相围，形成副城，即小城。景泰至天顺年间（1450～1464年）在主城的外面相继修筑北小城、东小城[⑤]及南小城三座副城，来加强主城的防御。“景泰年间，巡抚都御史年富于府城北别筑北小城”[⑥]。操场城东西长约1000m，南北宽约810m，周长约3620m，面积0.8km^2[⑦]。墙基为“土衬石”[⑧]、城墙包砖，高三丈八尺（不含女墙）。东、南、北各辟一门，东曰长春门，南曰大夏门，大夏门与主城武定门相对，北曰玄冬门（因避帝讳，亦称元冬门，明代“玄冬门”城门匾额石藏于大同市博物馆）。南北二门之上均建有门楼，四角亦筑有角楼。操场城内分东西两部分，即东、西营盘。因城内有储存军马饲料的草场，又称作“草场城”，现在被称为“操场城”。天顺四年（1460年）巡抚韩雍续筑东小城、南小城，各周五里，濠深一丈五尺，各三门。东小城为土城，开三门，东曰迎恩门，南曰南园门，北曰北园门，西接吊桥与主城相通，三门之上均建有楼阁；南小城为石址砖包，开四门，东曰迎晖，南曰永和，西曰永丰，北门与主城之月城[⑨]门合一。操场城、东小城、南小城的增建主要是满足军事防御的需要，成为重要的军事屏障。三座副城三面环绕主城，是明清时大同府城的主要形态（表1-5、图1-67）。

① 大同古称云中，从明朝始有八景之说，明代“云中八景”分别为：魏陵烟雨、石窟寒泉、采凉积雪、宝塔凝烟、玉桥官柳、雷公返照、凤台晓月、桑干晚渡；清代“云中八景”为：魏陵烟雨、采凉积雪、宝塔凝烟、雷公返照、凤台晓月、镇楼秋爽、柳港浸舟、石窟摩云。

② 据《大同县志》。

③ 窝铺是建在城墙上供守城者值宿、隐藏、放置守城器械的洞穴，一般高不超过2.2m，宽4m以内。它挡风保暖，并有木地铺，一面坡。

④ 全称女儿墙，指城墙顶部两侧呈凹凸状的矮墙，起拦护与窥探敌情的作用。

⑤ 小城亦称关城。

⑥ 正德十年《大同府志·城池》。北小城即操场城。筑城时间约为明景泰二年（1451年）。

⑦ 实测大同府城北小城北城墙长1000m，东城墙长810m，南城墙长1000m，西城墙长810m，合计长3620m。

⑧ 台基、踏道之下，沿周边与室外地图取平或略高处所铺砌的条石。

⑨ 瓮城之外的弧形城墙将瓮城圈在内的区域称月城，月城亦有城门，城门之上建箭楼。

明清大同府城及关城筑城数据对照表　　表1-5

	府城	北小城（操场城）	东小城	南小城
筑城时间	明洪武五年（1372年）、万历八年（1580年）增修	明景泰二年（1451年）	天顺四年（1460年）	天顺四年（1460年）
城池范围	史籍数据：周十三里 实测数据：北城墙长1777m，东城墙长1842m，南城墙长1773m，西城墙长1848m，合计7240m，面积3.28km^2	史籍数据：周六里 实测数据：南距府城150m，北城墙长1000m，东城墙长810m，南城墙长1000m，西城墙长810m，合计3620m，面积0.8km^2	史籍数据：周五里 实测数据：西距府城110m。东西长500m，南北宽700m，周长2400m，面积0.35km^2	史籍数据：周五里 实测数据：北距府城80m。北墙630m，东西门间750m，中段宽200m，永和门东西角楼间150m，周长3400m，面积0.44km^2
城池形制	方形，门楼4座，角楼4座，控军台4座，望楼54座，窝铺96座，女墙上有垛子580对	方形，南北二门之上均建有阁楼，四角筑敌台、角楼	方形，城门上建有阁楼	漏斗形，敌台30座
筑城材料	石条为基，“三合土”为墙体，青砖甃城	石址砖包	土城	石址砖包
城门数量	设四门	设三门	设三门	设四门
城门名称	东曰和阳、 南曰永泰、 西曰清远、 北曰武定	东曰长春， 南曰大夏， 北曰玄冬 （亦称元冬）	东曰迎恩， 南曰南园， 北曰北园	东曰迎晖（上建四仙阁），南曰永和， 西曰永丰（俗称小西门，上建三星阁）北门与主城之月城门合一（上建文昌阁）
城墙高度	4丈2尺（不含女墙）	3丈8尺（不含女墙）		
筑城关键人物	中山王徐达及历任大同都卫指挥使、山西行都指挥使①	大同巡抚右副都御史年富	大同巡抚韩雍	大同巡抚韩雍
筑城史籍记载	“因旧土城南之半增筑”（正德十年《大同府志·城池》）；“都指挥周立以砖外包”（《山西通志》）	“景泰年间，巡抚都御史年富于府城北别筑北小城”（正德十年《大同府志·城池》）	“续筑东小城、南小城，各周五里，池深一丈五尺。东小城门凡三：南小城门凡四”（《明英宗实录》）	明嘉靖三十九年（1560年）巡抚李文进加高八尺，隆庆年间（1567～1572年）巡抚刘应箕增高一丈，增厚八尺

表格来源：作者绘制。

大同府城内十字中轴线、棋盘式路网和标志性建筑布局均严格遵循礼制建造。整座府城的布局以四牌楼为中心，由四条主大街组成的“十”字将全城划分为四部分，每一部分又由更小的“十”字街分为更小的区域。因此以四大街为主干道的规整的“十”字街是大同府城街道格局的主要特征。俗云“四大街、八小巷、七十二个绵绵巷”就是这种棋盘式布局的真实写照②，136条街衢规整通达，基本保持了北魏时的里

① 经著者考证：洪武四年（1371年）正月二十三日至五年大同都卫指挥使为耿忠；洪武六年大同都卫指挥使为曹兴（六年十二月二十四日卸任）；洪武七年大同都卫指挥使未知；洪武八年大同都卫指挥使为许良（七年十一月十二日上任）；洪武九年至十三年冬十月山西行都指挥使为周立。

② 力高才，高平. 大同春秋[M]. 太原：山西人民出版社，1989.11：82。

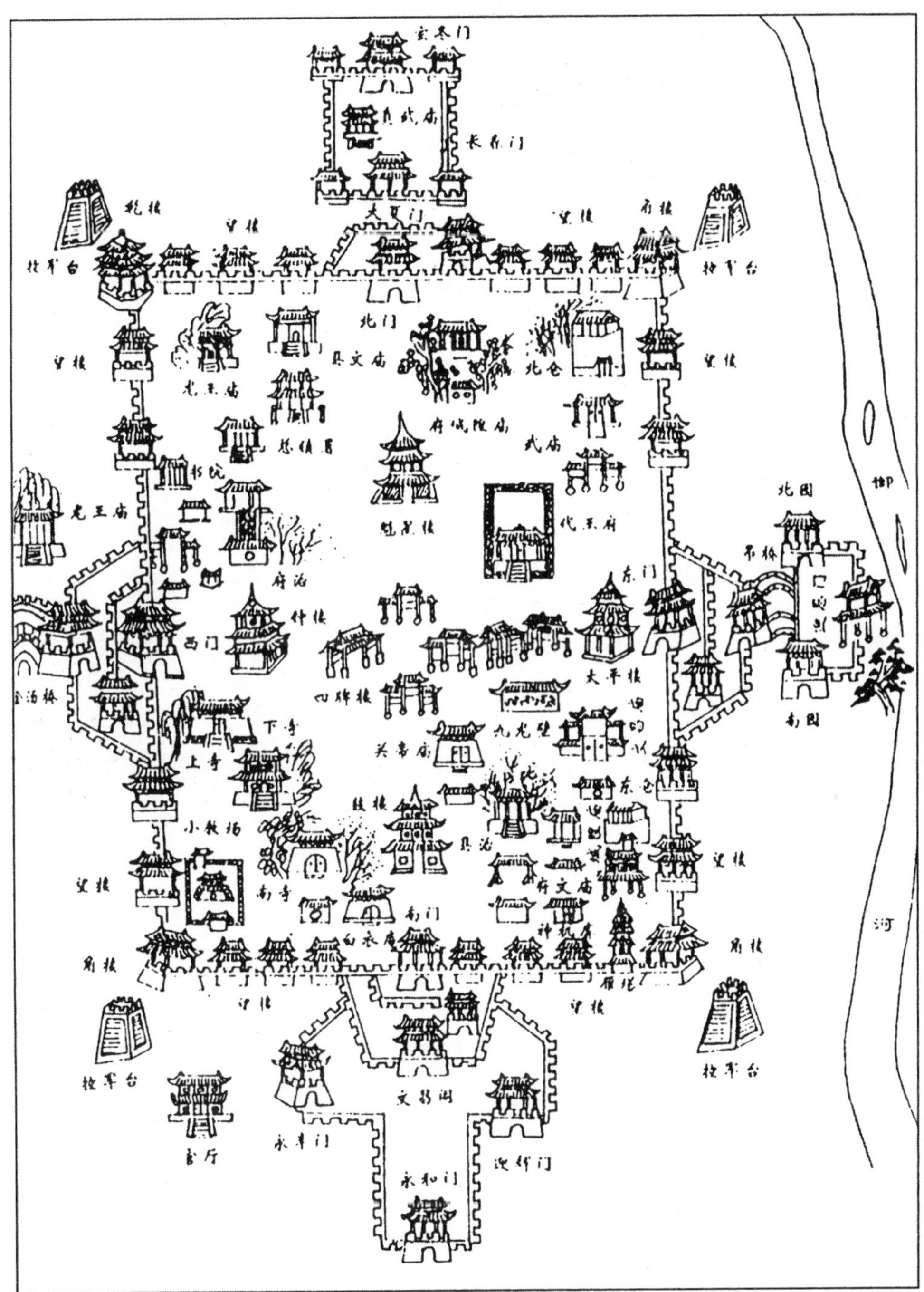

图1-67 明大同府城池图

这是一座由明朝大将军徐达主持增筑的接近方形的古代典型府城。它奠定了以后600余年大同城的格局与规模。从图中可以看出整座府城规划严谨、设施配套、功能齐备，不愧为“北方锁钥”之称与“金城汤池”之誉。

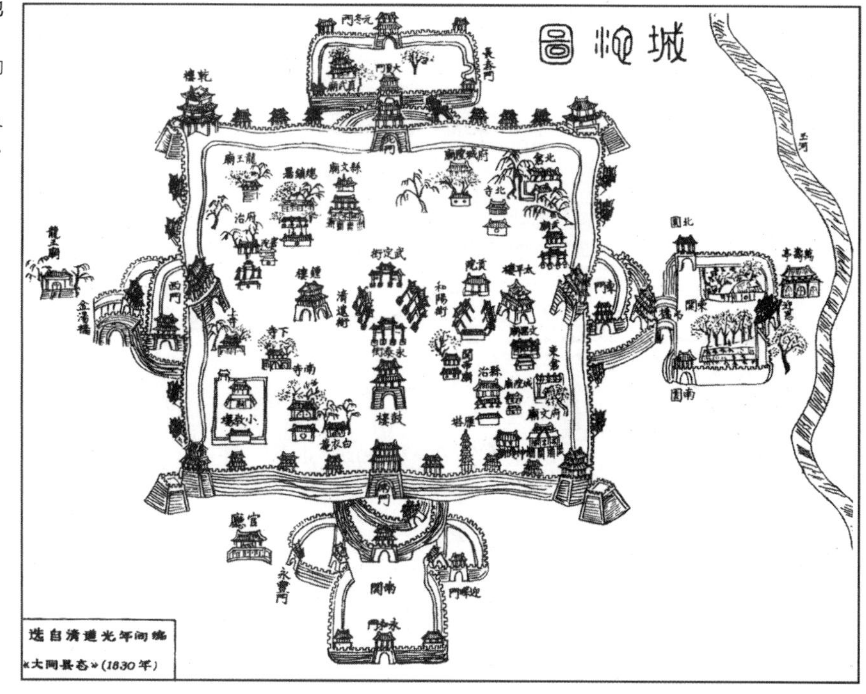

图1-68 清大同府城池图

城市布局完全继承了明朝的格局。

图片来源：清道光十年（1830年）编《大同县志·图考》。

坊城市格局。以四牌楼为中心的四条主大街的中段十字路口各建一楼，东街太平楼，西街钟楼，南街鼓楼，北街魁星楼[①]。城内有戏台36座，寺庙上百座之多。据乾隆年间《大同府志·建置》记载全城共建牌坊105座，至道光年间仅存74座，1949年尚存30余座，而现在已荡然无存（图1-68）！

城内东北建有代王府，为朱元璋十三子代王朱桂之府邸。代王府是在原大同府学的基础上改建的。其坐北朝南，呈长方形，占地约18万m^2，四周有府墙，并辟有四门，南曰端礼，东曰体仁，西曰遵义，北曰广智。王府正门端礼门前有一座五彩琉璃照壁[②]——九龙壁[③]。现王府已毁，照壁仅存。明清大同府治[④]在府城西北[⑤]，其他衙署置于其周围。总镇署在清远街北之帅府街。大同最早的几个电影院都建在大西街乱衙门内（图1-69～图1-71）。

---

① 力高才，高平．大同春秋[M]．太原：山西人民出版社，1989.11：82.

② 也称影壁。

③ 1954年因壁身局部倾斜，故南移28m，原样修建。1976年又将倒影池原样后移。

④ 府治，出自《梦梁录·府治》，指府衙，亦指它的所在地。

⑤ 即清远街北侧原大同一中处。

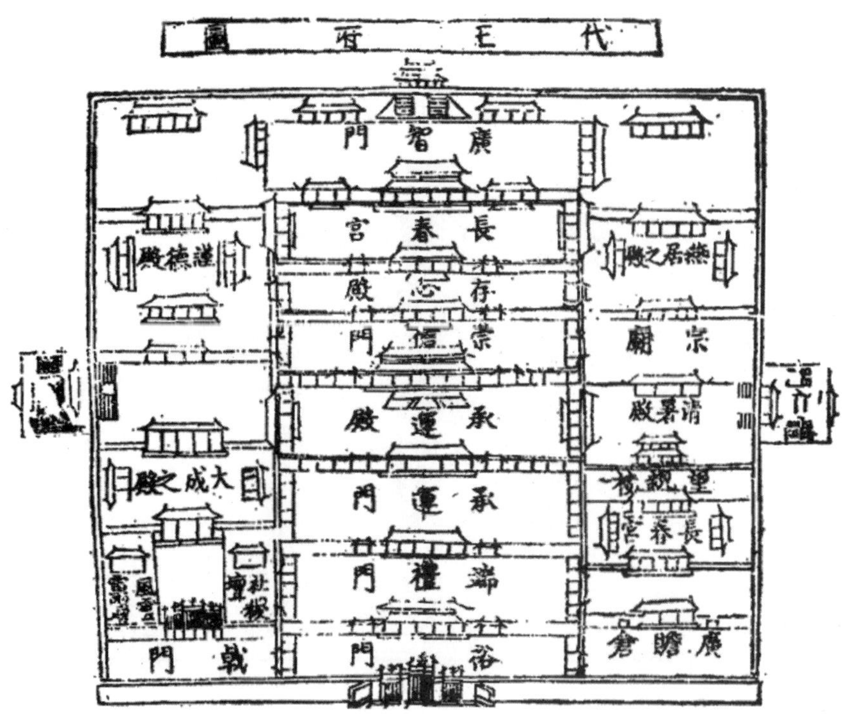

图1–69 明代王府图

明正德《大同府志》记载：代王府在大同府城内东，洪武二十五年（1392年）以原府学（明朝大同府文庙，即元魏国子学、辽金西京国子监、元之大同县学）改建为代藩府（即代王府），并于代王府端礼门前修建九龙照壁。代王府兴建时，代王桂将原“大成之殿”及配殿保留下来，作为王府祭孔场所和私塾。洪武二十九年（1396年）代王府完工。彼时王府金碧辉煌、豪华壮观，占地面积约17.67万m^2，是一处相当完整的王城府邸。崇祯末年（1644年）存世250余年的代王府毁于李自成兵火。现仅存照壁、广智门及部分府墙。闻名中外的“九龙壁”就是代王府正门前的照壁，由此可以推测当年王府规模之宏伟。

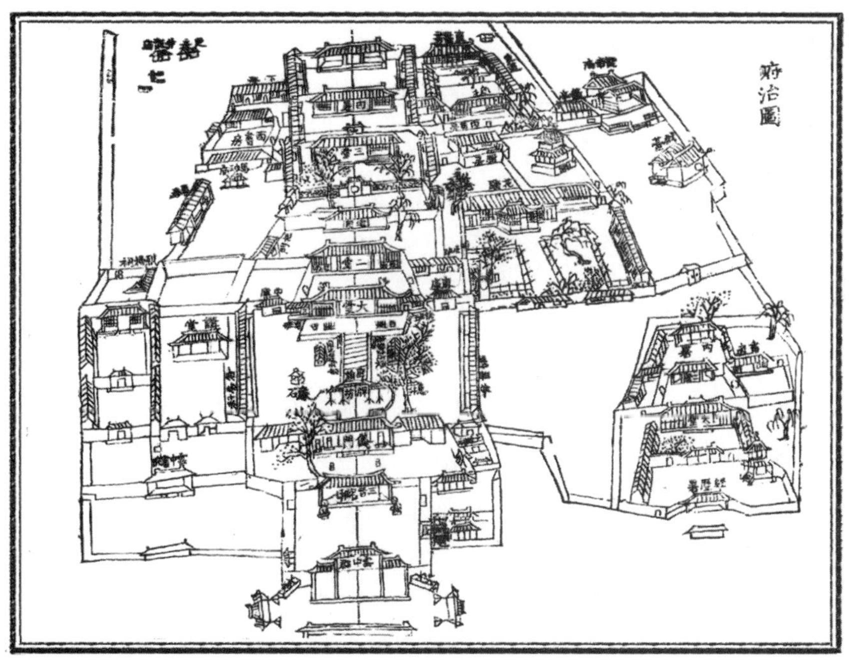

图1–70 大同府治（即大同府署衙）图

其位于府城内清远街西端路北，原大同一中处。明洪武九年（1376年）修建，历经多次增修形成一座规制齐备的府衙。清顺治六年（1649年），因大同总兵姜瓖兵变失败，“大同废，不立官”，府移治阳和卫，名阳和府。大同变成一座荒城，大同府署衙也随之毁弃。直至顺治九年（1652年）府治才复还故治，并从附近移民，大同府才逐渐复兴。清府治遗存于20世纪六、七十年代被拆毁。

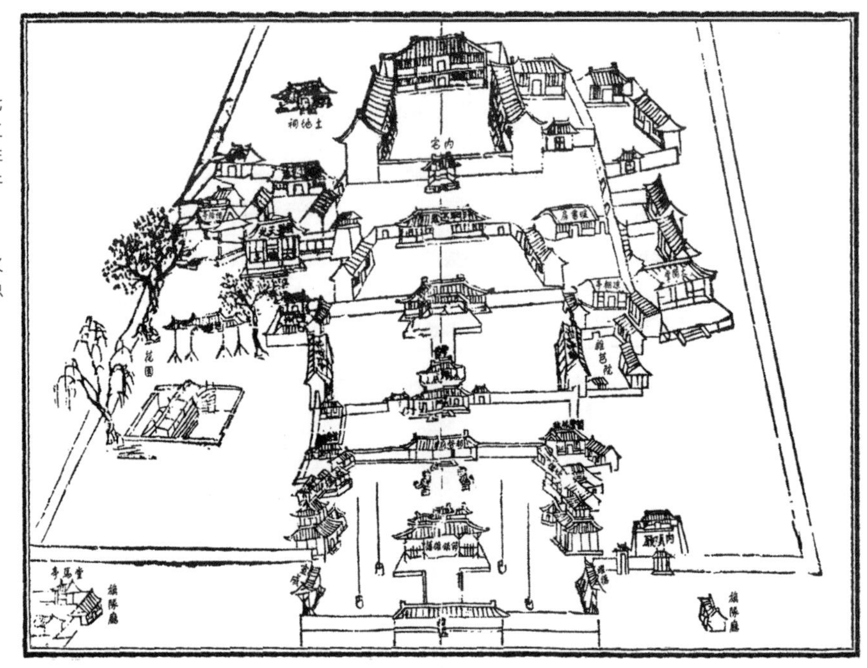

图1-71 大同总镇署图
大同明朝为九边重镇之一，镇设总兵统辖，设总镇署，也称帅府。始建于明永乐七年（1409年），清顺治十二年（1655年）、乾隆八年（1743年）重修。原址位于帅府街与司令部街交汇处，现为大同军分区司令部。2005年7月因雷电引发火灾，殿体木架结构坍塌，总镇署损毁严重。

大同府城是我国北方边陲重镇的代表，体现了中国古代的城防文化和军镇文化。在古代城市发展阶段，城市的设计与建造实际上是由权力者来进行的，它最主要的要素就是“城墙”，城市象征性功能以及军事功能也主要由城墙来发挥。由于城墙是近乎永久性的工事，所以城墙也就限定了城市的范围与尺度，即超出城墙范围的住宅会面临失去军事保护的危险①。大同坚固的城防设施达到了中国古代城防建设的最高水平，“凤凰单展翅”②的古城轮廓形态，至今仍对学术界研究明清府城的规模、形制具有较高的历史和科学研究价值。

附录1.1 一处被人忘却的遗址

当初在大同市雁北师范学院上学时，途经曹夫楼村的公路，就远远地看到这处矗立在古城村西南东塘坡上躲过无数次河水洗劫而幸存下来的北魏遗址（疑似北魏东郭内如浑水干流东岸无忧坡上的大道坛庙遗

① 孙珂．强力和城市的诞生[DB/OL]．http://www.archcy.com/point/gdbl/e084f2c1ff587e4b.html，2014-01-14。

② 大同城也称凤凰城，在主城之东南北分别分布三座副城，如果将主城看成凤凰之身，那南小城为凤之冠；北小城乃凤之尾；东小城就是凤之单翼。

专题八

五行学说与古代城市建筑

五行学说是中国古代道家的一种系统观、系统论。五行学说影响了中国古代的哲学、医学、天文学及建筑学。五行包涵世间万物阴阳演变过程中的五类基本元素：木、火、土、金、水。中国古代哲学家用五行理论来分析万物的形成、运动及其转化。随着五行学说发展的成熟，又创造了五行相生相克理论，即“五行生克”法则。几千年传统文化的传承中，中国人已经把五行学说内化成为一种思维模式。五行说在朝代更替、城市选址、规划布局，陵寝营建、园林营造、建筑形态、建筑颜色等方面有着广泛的应用。

西汉政治家晁错提出阴阳五行在建城选址中的原则：“相其阴阳之和，尝其水泉之味，审其土地之宜，观其中木之饶，然后营邑立城，制里割宅”（《汉书·晁错传》）。建都之地必承龙脉之气，依山傍水，背靠山脉为屏障，前接碧水为财源，万物负阴而抱阳，冲气以为和，各得其和以生。

紫禁城是完美的应用五行学说进行建设规划与设计布局的典范，它的建筑方位、建筑朝向、建筑材料、建筑模数、建筑颜色、营造数理、宫殿名称、宫门命名、花木栽植等方面充分体现着五行相生相克的原理。故宫三大殿坐落在“土”形高台上，在阴阳五行中“土”居中，意为皇帝必居中土、统御四海。屋顶为黄色，代表土，柱子和墙壁为红色，代表火，屋顶在上柱子和墙壁在下，意为火生土。

数千年以来，中国历代的能工巧匠从木结构中发现美，充分发挥了木材的优势，独树一帜地创造了以木材为主要原料的东方建筑体系，其一脉相传、逐步成熟、自成体系，建造了许多规模庞大的单体建筑和多层建筑。中国古典建筑多为木质，故怕火。为达到克火之意，建筑上面添加了象征水的构件，如藻井（水生之物）、悬鱼（水生之物）、螭吻（龙之子，喜吞火）、哺鸡（吞火之鸟）等。同时，中国古代民居屋顶多用黑瓦，黑意为水，可克火。但可悲的是中国历代王朝的更替多以武力为主要手段，其中还有一条不成文的惯例——火烧前朝宫殿。如项羽火烧阿房宫、北魏六镇之乱纵火焚烧平城宫及明堂、李自成占领大同烧毁代王府等等多得不胜枚举。结合五行相生相克理论来解释就是木生火、火生土，所以中国古代许多辉煌的木建筑最后都因一把火而化为土，回归了浑黄的大地。聚土成山，山又生石，石藏矿生金，故言土生金。金销熔生水，水再生木，事物完成了一个轮回（图1-72）。

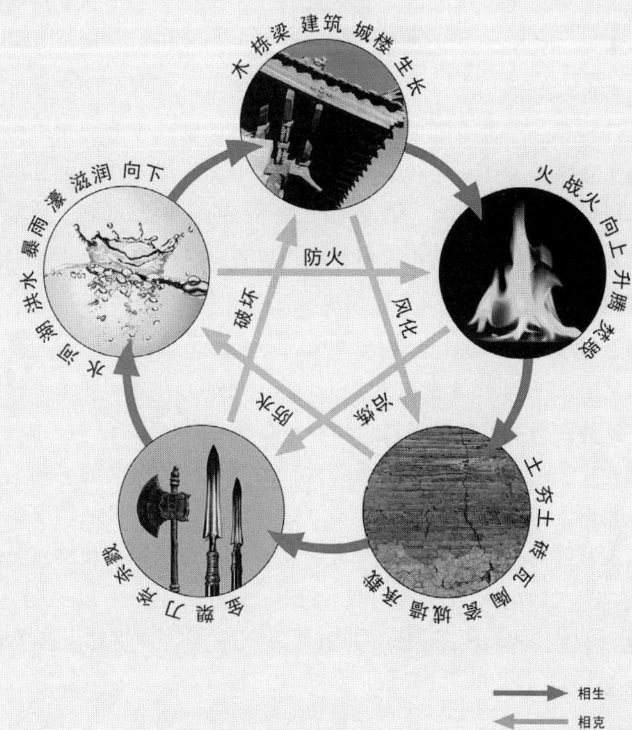

图1-72 五行学说与古代城市建筑

图片来源：作者绘制。

址）。多次想一亲芳泽，但从未靠近。当跨越御河两岸的平城桥刚通车时，我便迫不及待来到这处几乎被遗忘的古迹下。

走近遗址发现仅存一座依然伫立的夯土堆，已无木石结构。遗址下、荒草间散落着大大小小的碎瓦砾。只有这些碎片暗示着当初曾经存在过的人类文明。恍惚间我想起了余秋雨《文化苦旅》中的《废墟》（节选）：

走进一个著名的废墟，才一抬头，已是满目眼泪。

这眼泪的成分非常复杂。

是憎恨，是失落，又不完全是。

废墟是课本，让我们把一门地理读成历史；

废墟是过程，人生就是从旧的废墟出发，走向新的废墟。

废墟是祖辈曾经发动过的壮举，会聚着当时当地的力量和精粹。

废墟昭示着沧桑，让人偷窥到民族步履的蹒跚。

废墟有一种形式美，把拔离大地的美转化为皈附大地的美。

再过多少年，它还会化为泥土，完全融入大地。

将融未融的阶段，便是废墟。

废墟的留存，是现代人文明的象征。

废墟，辉映着现代人的自信。

废墟不会阻遏街市，妨碍前进。

现代人目光深邃，知道自己站在历史的第几级台阶。

他不会妄想自己脚下是一个拔地而起的高台。

因此，他乐于看看身前身后的所有台阶。

只有在现代的喧嚣中，废墟的宁静才有力度；

因此，古代的废墟，实在是一种现代构建。

附录1.2　平城诗选

管子·乘马（节选）

春秋·管仲及门徒

立国

凡立国都，非于大山之下，必于广川之上；高毋近旱，而水用足；下毋近水，而沟防省；因天材，就地利，故城郭不必中规矩，道路不必中准绳。

周礼·考工记·匠人营国（节选）

战国

匠人营国，方九里，旁三门。国中九经九纬，经涂九轨，左祖右社，面朝后市，市朝一夫。王宫门阿之制五雉，宫隅之制七雉，城隅之制九雉，经涂九轨，环涂七轨，野涂五轨。门阿之制，以为都城之制。宫隅之制，以为诸侯之城制。环涂以为诸侯经涂，野涂以为都经涂。

木兰诗（节选）

北朝乐府民歌

万里赴戎机，关山度若飞。
朔气传金柝，寒光照铁衣。
将军百战死，壮士十年归。
归来见天子，天子坐明堂。
策勋十二转，赏赐百千强。

悲平城

北魏·王肃[①]

悲平城，驱马入云中。
阴山常晦雪，荒松无罢风。

水经注（石窟寺节选）

北魏·郦道元[②]

凿石开山，因崖结构。
真容巨壮，世法所稀。
山堂水殿，烟寺相望。
林渊锦镜，缀目新眺。

① 北魏尚书令，此诗约作于太和二十年（496年）。
② 字善长，公元465或472年~527年，因注《水经》而被称道。

云中古城赋（节选）

唐 · 吕令问

下代郡而出雁门，抵平城而入胡地。诉古城之谓何？传魏家之所筑。池桑乾之水，苑秦城之墙。百堵齐矗，九衢相望；歌台舞榭，月殿云堂。开儒士於璧沼，贮美人於玉房。滃滃沸沸，荧荧煌煌。胡风起兮马嘶急，汉月生兮雁飞人。可怜久戍人，怀归空伫立。

云中古城赋（节选）

唐 · 张嵩

于是魏祖发大号，鼓洪炉。天授宏略，神输秘图；北清沙漠，南振荆吴。由是一太阴以建极，则广莫而论都。遂徵板干，庀徒卒，铲嶕峣，刬崛屼。因方山以列榭，按长城以为窟；既云和而星繁，亦丘连而岳突。月观霞阁，左社右鄽；玄沼泓汯涌其后，白楼巀嶭兴其前。开士子之词馆，列先王之藉田；灵台山立，璧水池圆。双阙万仞，九衢四达；羽旄林森，堂殿膠葛。当其士马精强，都畿浩穰；始摧燕而灭夏，终服宋而平梁。故能出入百祀，联延七主；击鲁卫之诸侯，廓秦齐之土宇。礼兴乐盛，修文辉武；讲六代之宪章，布三阳之风雨。亦云已矣！

俄而高主受命，崇儒重才；南巡主鼎之邑，北去轩辕之台。鹏抟海运，风举天回。嗤纥真之鸟死，忆新野之花开。自朝河洛，地空沙漠。代祀推移，风云萧索。温室树古，瀛洲水涸；城未哭而先崩，梁无歌而自落。

歌曰：魏家美人闻姓元，新声巧妙今古传。昔日流音遍华夏，可怜埋骨委山樊。城阙摧残犹可惜，荒郊处处生荆棘。寒飚动地胡马嘶，若个征夫不沾臆。人生荣耀当及时，白发须臾乱如丝。君不见魏都行乐处，只今空有野风吹。乃载歌曰：云中古城郁嵯峨，塞上行吟《麦秀歌》。感时伤古今如此，报主怀恩奈老何！

平城下

唐 · 李贺

饥寒平城下，夜夜守明月。
别剑无玉花，海风断鬓发。
塞长连白空，遥见汉旗红。

青帐吹短笛，烟雾湿画龙。
日晚在城上，依稀望城下。
风吹枯蓬起，城中嘶瘦马。
借问筑城吏，去关几千里。
惟愁裹尸归，不惜倒戈死。

平城

唐·胡曾

汉帝西征踏虏尘，一朝围解议和亲。
当时已有吹毛剑，何事无人杀奉春？

雁门胡人歌

唐·崔颢

高山代郡东接燕，雁门胡人家近边。
解放胡鹰逐塞鸟，能将代马猎秋田。
山头野火闲多烧，雨里孤峰湿作烟。
闻道辽西无斗战，时时醉向酒家眠。

送魏大将军

唐·陈子昂

匈奴犹未灭，魏绛复从戎。
怅别三河道，言追六郡雄。
雁北横代北，狐塞接云中。
勿使燕然上，惟留汉将功。

感遇

唐·陈子昂

朝入云中郡，北望单于台。
胡秦何密迩，沙朔气雄哉！
籍籍天骄子，猖狂已复来。
塞垣无名将，亭堠空崔嵬。
咄嗟鲁何叹？边人涂草莱。

塞下曲

唐・常建

黄云雁门郡，日暮风沙里。
千骑黑貂裘，皆称羽林子。
金笳吹朔雪，铁马嘶云水。
帐下饮葡萄，平生寸心是。

云中行

唐・薛奇童

云中小儿吹金管，向晚因风一川满。
塞北云高心已悲，城南木落肠堪断。
忆昔魏家都此方，凉风观前朝百王。
千门晓映山川色，双阙遥连日月光。
举杯称寿永相保，日夕歌钟彻清昊。
将军汗马百战场，天子射兽五原草。
寂寞金舆去不归，陵上黄尘满路飞。
河边不语伤流水，川上含情叹落晖。
此时独立无所见，日暮寒风吹客衣。

题元魏冯太后永固陵

明・年富

云中北顾是方山，永固名陵闭玉颜。
艳骨已消黄壤下，荒坟犹在翠微间。
春深岩畔花争放，秋尽祠前草自斑。
欲吊香魂何处问？古碑零落水潺湲。

附录1.3　明清大同诗选

云中中秋感怀

明・郭登

南极烽烟又远征，衣冠今夕会边城。
千家落日伤秋色，万里归心对月明。

午镜彩鸾云渺渺，隔帘霜兔杵丁丁。
九霄风露凉如许，欲挽天河洗甲兵。

云中书所见

明・于谦

目极烟沙草带霜，天寒岁暮景苍茫。
炕头炽炭烧黄鼠，马上弯弓射白狼。
上将亲平西突厥，前军近斩左贤王。
边陲无事烽尘静，坐听鸣笳送夕阳。

咏煤炭

明・于谦

凿开混沌见乌金，藏蓄阳和意最深。
爝火燃回春浩浩，洪炉照破夜沉沉。
鼎彝元赖生成力，铁石犹存死后心。
但愿苍生俱饱暖，不辞辛苦出山林。

云中曲

明・卢柟

燕岱河山黑水分，胡沙北望接氤氲。
桑乾斜映龙山月，碣石遥通鱼海云。

登大同镇城[①]西北楼

明・章绘

七夕天边会女牛，偶随冠盖上层楼。
玉盘瓜果崇朝乐，金井梧桐十日秋。
怀朔西连山北绕，桑干南望水东流。
男儿自是四方志，揽辔云中足胜游。

① 大同镇城即大同府城。

白登台怀古

明·霍鹏

荒台犹著白登台，一望龙沙万里明。
尚想精兵围汉帝，翻怜奇计出陈平。
云中冒顿曾鸣镝，塞下阏氏有废城。
顾我筹边多古意，谁驰铁骑复西征。

柳梢青·应州客感

清·朱彝尊

金凤城偏[①]，沙攒细草，柳劈晴绵。
九十春来，连霄雁底，几日花前。
禁他塞北烽烟，虚想象，湖南扣舷。
梦里频归，愁也易醉，不似当年。

早发大同作

清·屈大钧

鸡鸣人起大同城，笳声凄凄出塞声。
青冢风高貂不暖，白河霜滑马难行。
髡钳昔日图成事，沟壑今朝欲殉名。
枉历三关征战地，无由一奋曼胡缨。

大同览胜

清·阎尔梅

坳堞严关戍角丛，秦过万里扼当中。
空山石马祁皇隧，古刹金鸱道武宫。
墩绝烽烟无主似，田多稂莠不毛同。
今年旅舍秋分蚤，赤塞黄云雁满空。

① 详见第68页注释②。

附录1.4　现代诗选

拓跋（节选）

石囡[①]

据说，唐朝就是从这里走出
来不及品鉴秀骨清像，
来不及询问什么是玄，什么是空
便从马匹的嘶鸣间回首
成一个丰腴盛美的大唐
那个姓李的皇族
血液里流动的可是鲜卑的疏放？
拓跋，不是一个部落
而是在你我身上发生过的历史，一个原子
你正在经历着的微笑和愁容
拓跋宏，向他致谢还是为他叹息？
迁都，改姓，胡汉通婚
一个姓氏如此急不可待地放弃自己
像摆脱疾病一样摆脱自己
为什么，你想让谁遗忘？还是
想要找回最初的体温
就像岩石找到大海，像星辰找到睡眠

没有一个民族像这样，把自己酿成一杯酒
倒进历史的愁肠
只为让后人能吟出一首唐诗，一阕宋词
这是你，是我，和拓跋
共有的山川、河流、峡谷和牧场
共有的大陆和乌托邦

远离平城之后，车马频频回望
放下骄傲的大纛吧，
拓跋，不只是一个姓氏

① 原名史龙跃。作家，诗人。

第2章 大同城市建设模式

2.1 城市规划　历史回顾
2.2 一轴双城　新旧两利
2.3 传承文脉　创造特色
2.4 整体保护　重点修复

在人类的文明史上，城市是文化的积淀，每个时代都有对城市独特的记忆。实际上，从20世纪起城市就在空前地扩张，同时旧城也在遭受着破坏。由于缺乏文化自信，直到后来我们才意识到它的价值，有了古城保护意识。我们竞相收藏保护传统字画，但缺乏对城市建筑形态的保护，这值得反思[①]。

这座因煤而名噪一时的资源型城市在计划经济时期迎来它的再度辉煌，但在改革开放后的近30年间却日渐式微、日益被边缘化。煤炭经过长期的过度开采，资源日渐枯竭，产业结构极不合理，发展方式极不平衡。政府急需在粗放式、单一化的发展模式中寻找新的经济增长点。在这样历史转型的时代背影下，以耿彦波为首的新领导集体上任了。此时的城市困局也正好给了他一个舞台，一个大破大立的机会。新领导团队上任伊始便提出“转型发展、绿色崛起”的发展战略，推进经济结构调整和发展方式转型，并确定将挖掘历史文化资源作为城市的首要发展目标，随后即展开了声势浩大的历史文化名城复兴工程，以提升大同的文化软实力和城市竞争力（图2-1）。

耿彦波希望在大同实现梁思成未完成的理想，按照当年梁思成针对北京“古今兼顾，新旧两利”的思路整体改造大同。在新的历史条件下，把20世纪50年代初为建设新北京城定制的“梁陈方案”在大同付诸了实践（详见专题十）。即以南北走向的御河为界，御河以东建设新城，即御东新区。御河以西为被保护的明清府城区，即将3.28平方公里的古城恢复为明代时期的面貌。这一大手笔必然会涉及拆迁古城内约16万户的艰巨任务，以及巨额的资金需求，这对任何一个经济落后的城市而言，都意味着政府要大量举债。而“梁陈方案”得以在大同顺利实施，从某种角度上来看也恰恰在于大同的落后，这让拆迁成本和社会矛盾都能控制在可以承受的范围内[②]。我想起十几年前白岩松采访伟大的美籍华人建筑设计师——贝聿铭先生，问其：“贝老，您觉得北京现在的建筑怎样？”没想到贝老是这么回答的：“北京的规划非常好，将来拆起来会很方便。”无言。

2015年6月，大同市政府成立购买存量商品住房领导小组，采取团

① 李可．留住城市的文化记忆——对话太原市代市长耿彦波代表[N]．光明日报，2013-3-7.
② 李少威．“拆迁市长”离开后的大同[J]．南风窗，2014.11.

图2-1 大同城市规划与建设的灵魂人物——耿彦波

2008年2月～7月任大同市代市长；2008年7月～2013年2月任大同市市长；2013年2月～4月任太原市代市长；2013年4月起任太原市市长。

图片来源：于楚众摄。

购方式以低于市场价回购房地产开发商的商品存量房用于拆迁安置。截至2015年底，大同市政府共采购存量商品住房1.1万套，住房建筑面积达107.53万m^2，耗资32亿元。这一决策既刺激了陷入疲软的房地产业，又让拆迁户尽快搬入新居，打破了供与求的僵持状态，使大同的房地产供需形成一种新的平衡状态。

耿彦波曾说：“用计划经济眼光看，城建是个无底洞；而用市场经济眼光看，城建是个产业；用经营的眼光看，土地是资本，道路是资本，一切可经营的城市元素都是资本。”其实耿彦波是像企业家一样在经营着这座城市，他把整座城市盘活了，让它成为了一个能够自我循环的生态系统。他把新区的基础设施和配套先做好，让土地迅速增值，再把土地转让收益变成旧城区拆迁补偿资金，如此往复。其实从某种意义上来讲，耿彦波的造城计划是在修复着大同人心灵上的伤口，这是最容易被忽视又最不应该被忽视的隐性逻辑。所以拆迁这项在全国任何地方都最普遍、最敏感、最容易激起社会矛盾以及官民之间激烈对抗的工作在大同却相对顺利些①。从中可见大同人对耿市长的造城计划给予的理解与支持，这与耿市长的能干、肯干、实干精神和大同人民的豪爽侠义、爱憎分明的性格特征分不开。

2.1　城市规划　历史回顾

民国时期西洋建筑在大同很盛行，大北街基本成为西洋建筑的试验场。1914年在玄冬门外建有欧式火车站，该建筑在1939年站场改建时拆毁。大同府城武定门原清乾隆三十九年重修的中式城楼在民国初毁于炮火，在新文化运动中的1917年后又在原址建两层七开间西式城楼并兼作图书馆之用。西式城楼有点不伦不类、俗恶不堪，但作为图书馆方便民众阅读之实用性可取。从中可以看出新文化运动影响之深远，也折射出民国时国民对西方文化及其意识形态的盲目崇尚与向往（图2-2～图2-4）。

20世纪30年代，明府城和阳门破损最严重，城楼已部分坍塌，梁柱暴露在外。南门次之，西门保存得最好，并保留有部分箭楼残存。此时

① 李少威．“拆迁市长”离开后的大同[J]．南风窗，2014.11。

图2-2 1914年建大同欧式风格火车站

京包线1914年3月通车至大同。火车站建于玄冬门外，只有3条铁轨，两座站台，客运房设在西侧站台南端，有候车室、售票室、行李房和办公室。该建筑在1939年站场改建时拆毁。

图片来源：大同市地方志办公室。

图2-3 20世纪30年代大同大北街（武定街）街景

此时西洋建筑在大同很盛行，大北街基本成为西洋建筑的试验场，从中可以看出新文化运动影响之深远，也折射出民国时国民对西方文化及其意识形态的盲目崇尚与向往。

图片来源：日本军邮免资实寄片。

图2-4 民国大同府城武定门西式城楼

原清乾隆三十九年重修的中式城楼在民国初毁于炮火，在新文化运动中的1917年后又在原址建两层七开间西式城楼并兼作图书馆之用。西式城楼有点不伦不类、俗恶不堪，但作为图书馆方便民众阅读之实用性可取。这座有点搞笑的城楼在1952年被政府拆毁。

图片来源：大同市地方志办公室。

的清远街还是清一色的中式建筑，高低错落、格调统一。1933年中国著名建筑史学家、建筑师、城市规划师和教育家梁思成与刘敦帧、林徽因来大同对古建筑做调查，对大同大部分古建绘制了详细的平面图，拍摄了大同古建的好多珍贵的历史照片资料，并著有文章《大同古建筑调查报告》、《云冈石窟中所表现的北魏建筑》（图2-5、图2-6）。

20世纪40年代，大同明清府城城墙基本完好，古城街巷纵横、里坊整齐、格局统一。操场城、东小城、南小城都还尚存。大同市城市人口

图2-5 1933年明府城清远门城楼背面图

其规格为重檐九脊歇山顶、三层重楼。此时东门破损最严重，南门次之，西门保存得最好。城楼左侧城墙上的构筑物为箭楼残存。高耸的门楼与清远街低矮的民居形成强烈的对照。此时的清远街还是清一色的中式建筑，高低错落、格调统一。

图片来源：梁思成. 中国古建筑调查报告. 北京：生活·读书·新知三联书店，2012。

图2-6 1937年大同清远街

照片是站在清远门城楼内侧向东门方向拍摄的，远处街中央建筑物为钟楼，钟楼后侧为破损的和阳门城楼，图中最右侧建筑物为鼓楼。

图片来源：大同市地方志办公室，云冈石窟研究院. 老大同（上）. 太原：北岳文艺出版社，2013。

图2–7 日据时期大同府城武定街及府城西北隅

照片中央的大殿为县学之大成殿。天际线上大成殿右侧的殿顶为上华严寺大雄宝殿，再西为清远门城楼及箭楼残存。左侧天际线上建筑物为位于清远街的钟楼。

图片来源：（日）中戸川洋行．光辉——“支那事变”出征纪念写真帖．和歌山：大正写真工艺所，1938。

主要集中在主城和三座副城内，城外是农田，尚未被开发。在操场城玄冬门外、府城清远门外、东小城北园门及南园门外、南小城永和门外都相继出现了小范围的居住区。现代交通方式的出现极大地改变了城市的形态与城市发展的格局。大同火车站周边因为交通便捷、人流密集也形成了新的居住区。（图2-7 ~ 图2-10）

在日据时期，日伪晋北政府专门为大同制定了职能分离、功能分区的现代城市规划，时称《大同都市计画案》①。该方案设计受到当时欧美最新城市规划理论的深刻影响，如卫星城市、田园城市和邻里单位。该方案既代表了当时日本城市规划的水准，同时也是大同最早的现代城市规划方案，并首次在国内应用“卫星城市”的理念。尽管后来由于各种原因本规划基本没有实施，但仍对后来大同的城市规划起到了一定的借鉴作用。这可以从建国后政府制定的城市向西发展与后来逐步发展起来

① 正式发表于日本《现代建筑》1940年第1期。

图2-8　20世纪30年代后期、40年代前期和阳街东段及和阳门内侧

此时和阳门城楼已部分坍塌，梁柱暴露在外。

图片来源：大同市地方志办公室，云冈石窟研究院．老大同（上）．太原：北岳文艺出版社，2013。

图2-9 1946年大同城航拍图

此时大同明清府城城墙完整无缺，古城街巷纵横、里坊整齐、格局统一。操场城、东小城、南小城都还尚存。大同市城市人口主要集中在主城和三座副城内，城外是农田，还未被开发。

图片来源：大同市地方志办公室，云冈石窟研究院．老大同（上）．太原：北岳文艺出版社，2013。

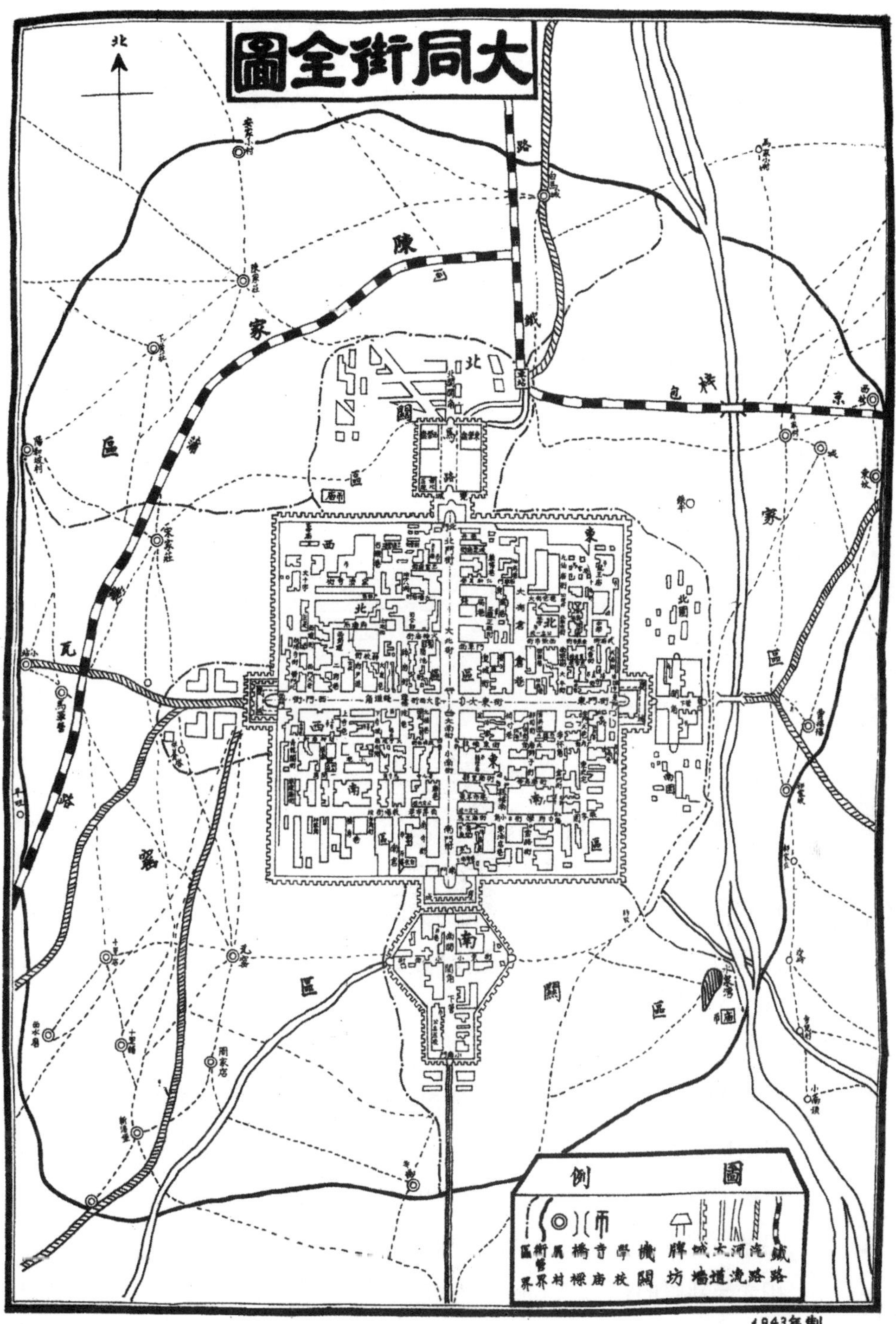

图2-10 1943年大同街全图

跟20世纪30年代航拍图比较会发现，在操场城玄冬门外、府城清远门外、东小城北园门及南园门外、南小城永和门外都相继出现了小范围的居住区。此时建于明正统年间的水泉湾柳港寺与湖尚在。现代交通方式的出现极大地改变了城市的形态与城市发展的格局。大同火车站的周边因为交通便捷、人流密集而形成了新的居住区。

图片来源：大同市地方志．办公室，云冈石窟研究院．老大同（上）．太原：北岳文艺出版社，2013。

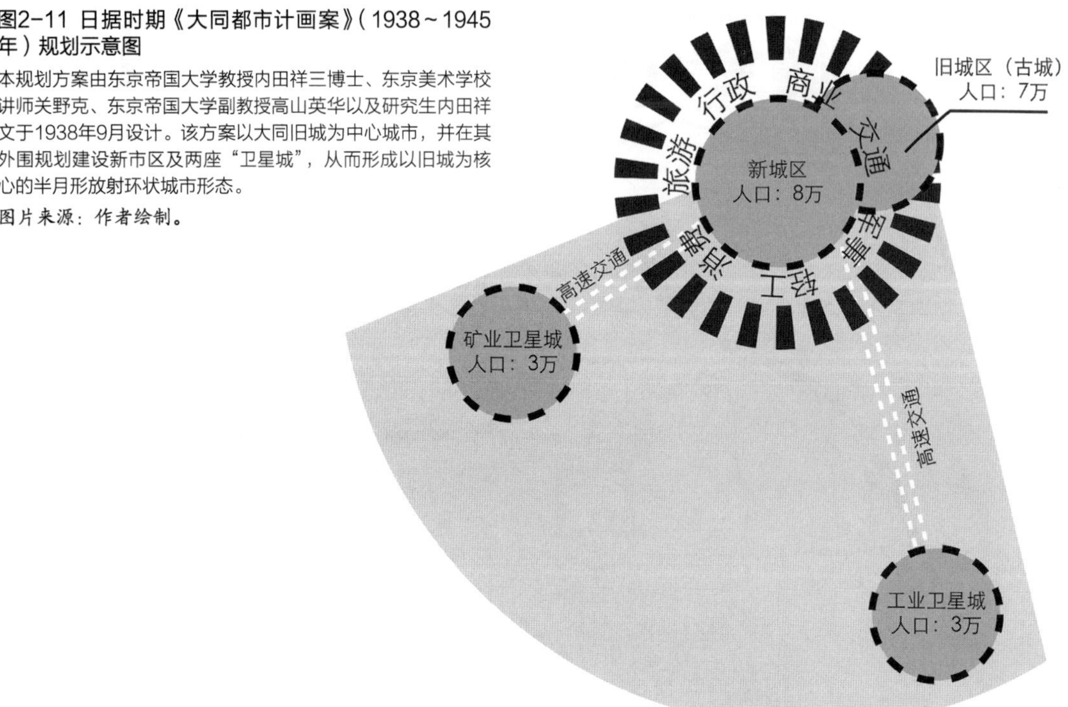

图2-11 日据时期《大同都市计画案》（1938～1945年）规划示意图

本规划方案由东京帝国大学教授内田祥三博士、东京美术学校讲师关野克、东京帝国大学副教授高山英华以及研究生内田祥文于1938年9月设计。该方案以大同旧城为中心城市，并在其外围规划建设新市区及两座“卫星城”，从而形成以旧城为核心的半月形放射环状城市形态。

图片来源：作者绘制。

的矿区不谋而合（图2-11）。

1938年9～10月，东京帝国大学教授内田祥三博士、东京美术学校讲师关野克、东京帝国大学副教授高山英华以及研究生内田祥文（内田祥三长子）受晋北政府委托，对大同进行了“卫星城”规划设计。内田祥三教授为了保护具有历史价值的大同古城而制定了以旧城为中心城市，在旧城区的西郊空地规划建设新城区。并在旧城西南10km处的煤矿附近建设一座能容纳约3万人的矿业城市（现大同矿区），在旧城南12km御河与十里河的交汇处另建一座工业城市。两座卫星城居住人口以附近工人、居民为主。在西门外的新城区呈扇形并结合放射状、半弧形的城市道路网络，以西门外为中心向外辐射。中心城市与新城区及卫星城之间设高速交通通道，使居住在卫星城的居民既能充分享受充足的阳光与新鲜的空气，又能依附大城市的现代文明。最终形成以旧城为核心的半月形放射环状的城市形态[①]。方案将新大同市构想为一座以文化娱乐为主的城市，主要职能为行政、商业、交通、军事、轻工业、消

① 李百浩．日本侵占时期的大同城市规划（1938～1945年）[A]．为中国近代建筑史国际研讨会论文集[C]，1998.218-224。

费、旅游等。新大同市第一期计划是以容纳约8万人口为目标，以后逐渐使规模扩大到10万人、15万人，30年后能容纳大约20万人口。在人口规模进一步增加的情况下，通过把在适当距离内的小城镇纳入附近地区的计划来达到人口的分散（图2-12、图2-13，表2-1、表2-2）。

本次大同城市规划的建设范围东至肖家寨、东王庄、下泉庄村一带，南至高家寨、辛庄、高家窑村一带，西至云冈、口泉镇，北至吴家

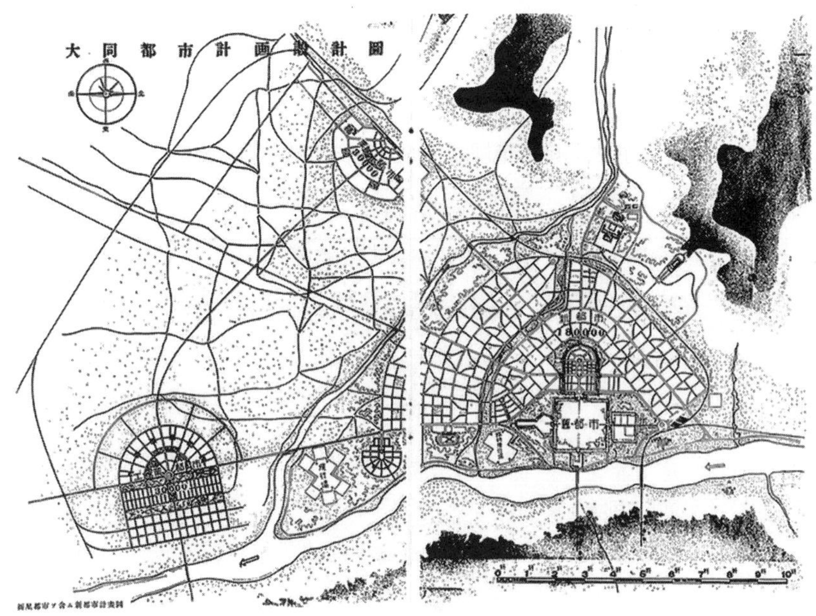

图2-12 《大同都市计画案》设计图

本设计图正上方为西，该方案对旧都市（明清府城）进行了完整的保护，在旧都市西门外建环形放射状的新都市，在旧都市西南建矿业都市，在旧都市南建工业都市。

图片来源：日本《现代建筑》1940年第1期。

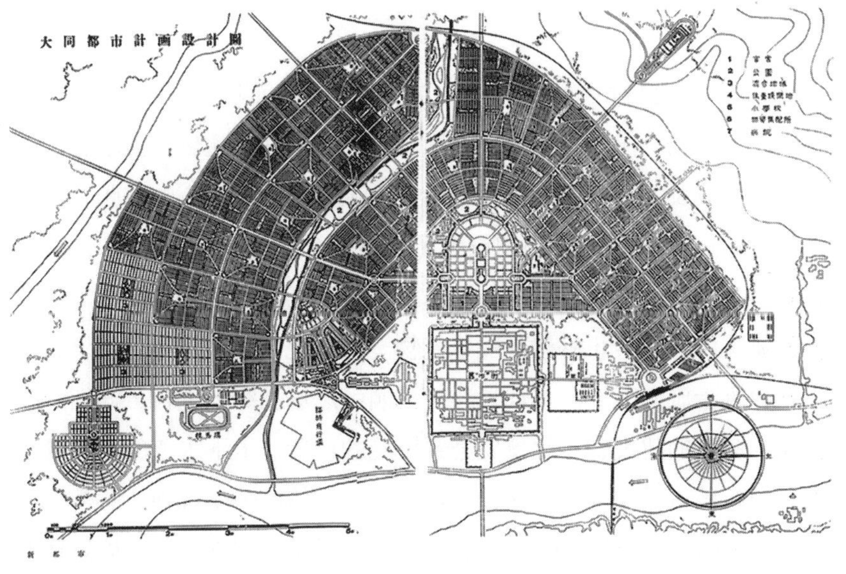

图2-13 《大同都市计画案》之新都市设计图

以旧都市西门外为中心建半月形放射环状的新都市。

图片来源：日本《现代建筑》1940年第1期。

大同实施城市规划概要（1938年）　　表2-1

用地规模	城市规划范围		480km²
	近郊卫星城等		400km²
	城市建设范围		80km²
	下一年度整治范围（城内及附近）		10km²
	实际建设范围		70km²
人口规模	旧城及新城	第1期（1939~1944年）	15.0万人
		第2期	18.0万人
	矿业城市		3.0万人
	工业城市		3.0万人

表格来源：李百浩．日本侵占时期的大同城市规划（1938~1945年）．中国近代建筑史国际研讨会论文集，1998，218-224。

新大同市城市规划用地类别一览表（1938年）　　表2-2

用地类别	特定用地	位置	备注
居住用地	居住专用地	邻里单位中	只限住宅及其设施
	政府官吏住宅用地	西城门与新市中心商业区之间	
商业用地	中心商业区	西城门以西的新市中心区	1.5km²，棋盘式划分
	休养慰安区	新市区南部	设置剧场、照相馆、餐饮等
	其他	新市区内主要道路两侧和居住区内	日常生活商业设施
工业用地	重工业用地	卫星城	矿业城市及重工业城市
	轻工业用地	新市区南端的混合用地内	设置于御河下游；棋盘式划分
混合用地		新市区南端	棋盘式划分

表格来源：同上。

屯、平井村、雷公村、小石子村一带。规划市区面积为35km²。宅地面积与道路、广场、小学校用地、附属小公园等的面积比例参照欧美城市的规划实例以及日本本土的设计经验。为了控制中心城市的扩张、创造田园型都市，在新城区的外围设置了宽度2km以上的“绿带”，作为公园、菜园、果园、神社、墓地、运动场、赛马场、飞机场、军事等特殊设施的建筑用地，禁止修建一般建筑物。并且把云冈石佛寺一带及其沿途规划为风景旅游区域。本规划还对公园、广场及绿地进行了详细的设计，对于道路的建设、各种重要公共设施的设置、上下水道的设置以及过渡时期新城市导向发展的途径等都进行了具体的考察规划。

在居住单位的规划上引进了美国建筑师佩利在编制纽约区域规划方

案时提出的“邻里单位（Neighborhood Unit）”概念以及斯特恩的雷德伯恩田园集合住宅区规划。邻里单位以设在社区中央的小学所服务的范围形成组织居住社区的基本单位，其中设有道路系统、绿化空间和公共服务设施。社区规模由小学的服务范围所决定，可以容纳1000户左右人口。整个社区周围被城市干道所包围，区内道路宽度仅满足区内交通的要求，儿童上学和区内居民日常出行不必穿越城市主干道。在社区的中央和靠近城市干道交叉口处分别设有社区中心和必要的商业设施[①]。“邻里单位”内部的单体住宅则由内田祥三根据大同传统的院落式住宅形式，并结合日本人的生活习惯与生活方式采用了经改良后的大同传统四合院空间模式[②]。住宅又按面积大小分为3个等级。在制定大同城市规划的同时，还制定了详细的《城市规划法案》、《建筑物法案》和《建筑物令案》等相关配套制度与方案。《大同都市计画案》是当时整个华北地区的一大亮点。可惜的是该规划方案由于所处的历史背景，在1945年之前只完成一小部分建设。

新中国成立后，为了改善城市东西方向道路通行能力，市政府先后拆除大西街中段的钟楼、西城楼、城门、瓮城，东城楼、城门、瓮城和位于古城中心的四牌楼。1954年7月大同市城市规划方案初步拟定。1952年成立大同市城市规划委员会，并正式制定了大同在新中国成立后第一个《大同市城市总体规划》（1955年）。本规划确立以旧城为中心向西南方向发展的构想，市中心区设置在旧城南门外，工业用地规划在旧城西及御河东两区域内。规划用地指标参照苏联模式，规划机车厂等工厂的位置，并按32万人口规划居民区。1955年7月大同市人民委员会制定出台《关于拆除城墙的方案》。大同府城城墙第一次因大规模的人口增加、道路建设、城市扩张而遭受严重的人为破坏，城门被拆毁，城墙被豁口，城砖被刨剥。1958年规划部门对1955年总体规划进行了修订，主要涉及城市道路框架、旧城城墙拆除、规划区变动等方面。修订后的规划方案计划将府城墙全部拆除，并在原城墙地基之上新建40m宽的环形道路。后因耗资太大未实施，改为在城墙上开8个豁口，方便城内外通行（图2-14～图2-16）。

① 谭纵波．城市规划[M]．北京：清华大学出版社，2005.11.

② 李百浩．日本侵占时期的大同城市规划（1938～1945年）[A]．中国近代建筑史国际研讨会论文集[C]，1998.218-224.

图2-14 20世纪50年代初小南街鸟瞰

街道两侧卷棚式的店铺林立，均为前店后坊。照片中央高耸的建筑物为鼓楼。从图中可看出直至此时大同依然保持了明初徐达大将军奠定的城市格局，在城市规划与建设上沿袭了数千年基本未变的古代城郭制度。

图片来源：大同市地方志办公室。

图2-15 20世纪50年代初大同城墙西南角

城墙下可见深深的城壕。敌台上方的碉堡为1946年大同集宁战役时傅作义部队修建。目之所及，望楼尽毁。远处仅见年久失修、破败不堪的永泰门城楼。

图片来源：大同市地方志办公室，云冈石窟研究院. 老大同（上）. 太原：北岳文艺出版社，2013。

图2-16　20世纪50年代后期大同城航拍图

新中国成立后在相对和平的大环境下，城市人口猛增，大同城发生了前所未有的巨变。1955年大同市制定了新中国成立后第一个总体规划。城墙因城市的发展遭到前所未有的严重破坏，大同城的形态发生了根本性的改变。此时在府城及三座小城之外已出现大面积、成片的居住区、工厂和公园。随着城外纵横道路网的形成，城外居住了大量的人口。这无形中给城内外的交通造成了非常大的压力。古老的城墙貌似成为连通城内外的屏障，掣肘了城市的建设和发展。于是在20世纪50年代中后期掀起了一场大拆城墙砖及城墙的风潮。政府、部队、单位、村民、个人都加入到这个堂而皇之的破坏之中。蓦然回首，痛心疾首啊！

图片来源：大同市地方志办公室，云冈石窟研究院．老大同（上）．太原：北岳文艺出版社，2013。

1964年，再次对大同城市总体规划进行修改，反对摊大，控制城市发展规模，规划将府城内的四条主街道（大北街、大东街、大南街、大西街）拓宽到25～30m。西门外新建路开通后一些企事业单位、居民区沿道路两侧而建，原规划建于南门外的市中心广场也调整于西门外，且随着市政府由大东街搬迁至西门外，西门外已成为新旧城交汇的节点，无形中也成为新的城市中心（图2-17）。

图2-17 20世纪60年代善化寺及大同府城东南隅

此时善化寺三大殿保存完整。三圣殿右侧是刚刚落架大修完工后的普贤阁，其结构精巧、形制古朴。目之所及是低矮的四合院民居，远处可见上下华严寺主殿及被刨了砖的西城墙土垣。20世纪50年代初政府为了缓解东西向的交通压力，拆除了西城楼、城门及瓮城。城外隐约可见工厂高耸的烟囱。远山为位于大同城西北距城15里之雷公山。

图片来源：大同市地方志办公室，云冈石窟研究院. 老大同（上）. 太原：北岳文艺出版社，2013。

1979年大同市城建局规划设计室制定了第二个版本的《大同市城市总体规划》其中还包括新开里、向阳里、迎春里3个居住区、大北街及新建路的规划。规划1985年的城区人口规模为35万人，至2000年为40万人，2000年城区地面积将达到40km^2。本规划亦对国家级重点古建筑制定单项规划。1980年本总体规划上报山西省省委，1982年在山西省建设厅论证时未被批准。

1985年大同市建筑规划设计院制定了第三个版本的《大同市城市总体规划》。规划城区人口1990年为40万，用地43km^2；2000年为50万，用地56km^2。未来城市发现方向为南部和西南部，沿大庆路向新平旺方向延伸，形成从城区到口泉的带状城市形态。在市区内规划两个新工业区：新建南路路西煤炭综合利用工业区和位于市区东南的重工业区。御河以东为城市的远期发展用地。确定旧城区四条主街道为主要商业区。本总体规划还将白登山列为森林公园，将文瀛湖建成风景旅游区。

因1982年大同被国务院确定为首批24座历史文化名城之一，所以在本次编制的城市总体规划中涉及历史文化名城保护规划，即在府城内设立分级保护区域。将重点文物古迹、具有代表性的传统街巷、民居院落列为一级保护区域，对区域内的文物古迹采取保持原有格局不变、定期维修的保护原则；旧城西南隅被列为二级保护区域，允许对破旧的民居危房进行改造，但新建筑物不宜太高，以1层为主、2层为辅，色彩不宜鲜艳、并与周围环境协调；北半城被列为三级保护区域，可以开发3～4层高的住宅区、安置一些对环境污染小的小型工业。对国家级和省级古建筑保护单位设立绝对保护区、环境影响区和环境协调区三个保护范围。其中确定的重点保护对象有：古长城、云冈石窟、华严寺、善化寺、九龙壁、鼓楼、兴国寺、五龙壁、清真大寺、皇城戏台、关帝庙大殿等（图2-18、图2-19）。

图2-18　20世纪70、80年代大西街

此十字路口处原建有钟楼一座，1951年被市政府拆毁。地平线右侧高耸的建筑为幸存下来的鼓楼，鼓楼再右侧可见清真大寺后窑殿圆顶亭。

图片来源：曹保义提供。

图2-19 20世纪80年代初大同鸟瞰图

照片中可见清远门城门、城楼、瓮城被毁后建起的展览馆和红旗广场。此时邮电大楼已经建成，后因增建东侧楼将红旗广场东侧被剥了城砖的西城墙土垣损毁。图中的大屋顶是上华严寺大雄宝殿；左侧偏下方位置正在维修的建筑为下华严寺薄伽教藏殿。画面右侧穿过红旗广场的街道为清远街及清远西街。从照片看，大同现代城市建设还未大规模展开，只是有一些政府建设的形象工程点缀在原生的、低矮的平房丛中。这其实也是20世纪80年代内陆城市典型的形态。

图片来源：李大光摄。

1998年8月大同市第十一届人大常委会第一次会议通过《大同市人大常委会关于保护大同古城的决议》。决议中明确要求，在古城保护规划未出台前，对古城内目前尚未批准实施的拆迁改造计划停止执行。本决议对大同府城的保护起了决定性的作用，如果没有本决议的及时出台，将会给十年后的古城保护与修复带来预想不到的困难。随后于2000年3月制定出台《大同古城保护管理条例》，对古城保护进行了更详细的规定。

2006年10月国务院批准《大同市城市总体规划（2006—2020年）》，明确提出“一主两副”的规划构想，即以大同古城为主体，以矿区和御东新区为两副的城市形态。这个总体规划还包括《大同历史文化名城

专题九

晋北镇守使——张树帜

张树帜（1881～1946年），字汉杰、汉捷，绰号三毛，山西崞县（今原平市）人（图2-20）。清末山西陆军测绘学堂毕业。1912年被阎锡山任命为晋军骑兵团团长，驻守大同。1916年晋北镇守使孔庚离职，张树帜代理，翌年8月正式被任命，驻守大同直至1926年撤销晋北镇守使署。张树帜任晋北镇守使十年间为大同做了一系列实事——创办学校、兴学育人；新修水利、开渠引水；开矿设厂，发展实业，推动大同经济发展。

1915年张树帜兴建大兴渠，有三条干支渠，可灌溉2.4万亩。于1920～1925年又兴建汉济渠，灌溉10个村庄近1万亩土地。

1918年张树帜创办云中女子中学，后改为省立第五女子中学；1919年张树帜出资7000元创办兰池小学，后附设育婴院与养老院；1920年张树帜倡导并筹资、创办兰池女子师范学校，1921年暑假更名云中女子师范学校。1922年更名为省立第五女子师范学校，1923年在城内西南隅小教场新建校舍，1956年更名为大同第五初级中学校（即大同五中）。1919～1924年间张树帜以私资培植大学生47名、留美学生3人。

1918年张树帜创办冀昌煤矿公司；1919年张树帜开办的义昌煤矿与公营裕晋煤矿合并成立公私合营——同宝煤矿公司。

1917年为了缓解交通压力，张树帜下令折毁位于武定街中段魁星楼。1917年张树帜拆毁残存的北门楼和零散望楼残屋用于修建自己的官邸，即兰池，内有假山、鱼池、花园。后来在北门楼原址之上修建了不伦不类的欧式城楼。1925年张树帜在自己的官邸——兰池内新建新民戏院，人称兰池戏院、北戏院。在建筑设计上有机房、放映孔和悬挂幕布的装置，是大同首家电影院，该戏院于1939年被大火焚毁。1926年4月“阎冯之战”开始后，张树帜以妨碍交通、妨碍出兵为借口折毁位于和阳街中段建于正德年间之太平楼。

图2-20 晋北镇守使——张树帜

专项保护规划》，本规划确定了四个重点保护区，并逐步向整体保护过渡，形成较完整的保护体系。2006年编制完成的《大同市城市空间发展战略规划（2008—2030年）》从大同城市空间发展需求出发，调整了城市规划区范围、城市规模和中心城区空间结构以及用地布局，对大同市的未来城市发展进行了前瞻性、战略性的规划。未来大同中心城区将形成“两河三城，带形延展”的城市空间格局。“三城”即老城、御东、口泉三个城市综合区，每个综合区构成完整的产业结构，在承担区域功能分工基础上，实现各自内部均衡发展。“两河”即御河文化生态带和十里河城市活力带，“两河”是三个城市综合区最重要的绿地系统，既起到分隔三城的作用，又是其有机联系的活跃区域。同时应强化“东西轴向”带形发展，建立与自然条件相适应的城市空间秩序。

由于近年城市建设提速，位于同煤集团和南郊区的“两区改造项目”（采煤沉陷区综合治理和工矿棚户区改造工程）、城市棚户区改造及工业园区建设等重大工程的实施，加快了城市的扩张，人口总量和用地增速均已超出2006年版总体规划的预计，本总体规划已不能适应大同城市发展的需要，为了有效引导、调控大同未来的城市建设，开展了总体规划的修订工作。本次修改结合城市现中心体系及未来城市发展趋势，对原有中心体系进行调整、完善和细化，提出“两主一副多中心”的中心体系。“两主”指以旧城区和御东新区为主中心；“一副”指以口泉区为副中心。所以在2014年经住房和城乡建设部同意，大同市政府着手对其进行修改。通过综合分析现状人口及增长速度等因素，修改后的总体规划预测：大同中心城区2020年人口规模为170万人，用地规模为170km^2，人均城市建设用地100m^2；2020年大同市域总人口规模将达到370万人，城镇化水平将达到68%。

因受限于周边山体和农田等自然条件的制约，适宜城市发展的空间呈东、西南向带状形态。本次规划将单中心圈层拓展的空间形态调整为强化东、西南轴向带状发展的布局形态，增强城市空间拓展的可持续性。所以制定了城区沿东向、西南向两个方向发展。本总体规划还在城市周边地区设置了制造工业园区、医药工业园区、循环经济园区和煤化工业等园区。优化产业布局，加快促进产业结构转型升级。构筑以城镇为依托、以园区为载体的产业空间格局，形成“一极两带，三板块、多园区”相对集聚的开放性产业布局框架。加快煤炭、能源等传统优势产业转型升级，延伸产业链，大力发展循环经济；积极培育发展装备制造、生物医药、新能源、新材料等新兴产业；积极发展旅游休闲、商贸物流、金融保险、信息技术等现代服务业。

2.2　一轴双城　新旧两利

2008年大同开始了全面的古城复兴与新城建设，并提出了“一轴双城，分开发展；古今兼顾，新旧两利；传承文脉，创造特色；不求最大，但求最佳”的名城保护与复兴宗旨。“一轴”是以御河为轴线，“双城”是指在御河西旧城区修复与保护3.28km²的传统古城，在御河东新建一座首期规划为42km²的现代新区（图2-21）。

在御河西的古城区重点修复的“十大工程”有：东城墙、华严寺、善化寺、府文庙、关帝庙、清真寺、纯阳宫、法华寺、帝君庙、华严寺广场。“十大工程”现已全部完工，给明清古城增添了历史的厚重感；同时还完整地修复了明清府城墙、城门、城楼、瓮城、月城、箭楼、望楼、角楼、乾楼、控军台等城防古建；并先后扩建云冈石窟，修复代王府、四牌楼、钟楼、魁星楼、太平楼、北魏明堂遗址公园，改造鼓楼东西历史街区、华严寺商业广场、清真寺商业广场、法华寺商业街区等工程。

御东新区80多公里的主道路网已建成，各种基础配套设施工程已基本完成；邀请世界顶级设计大师设计的大剧院、图书馆、美术馆、博物馆、体育中心等标志性工程，除博物馆于2014年底开馆，其余4项工程

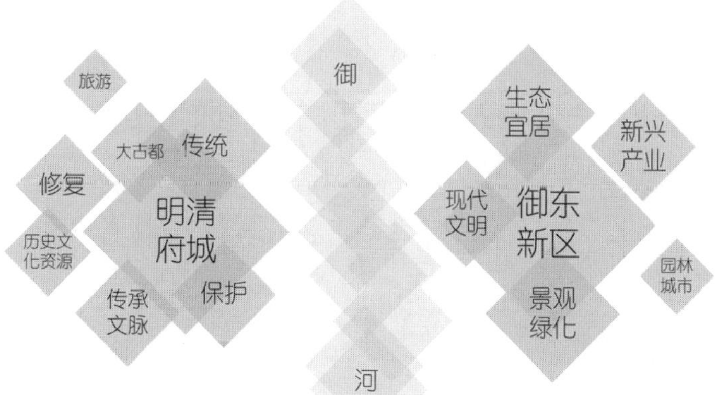

图2-21 大同一轴双城规划示意图

大同采取了“保护历史城区、另辟新区”的规划建设思路。以御河为南北轴线，在御河西旧城区修复与保护3.28km²的传统古城，在御河东新建一座首期规划为42km²的现代新区。只有将保护与发展置于不同的空间之下，这对矛盾才会得到有效的解决。其实这也是新中国成立初“梁陈方案”的精髓所在。

图片来源：作者绘制。

专题十
梁陈方案

1949年5月，北京都市计划委员会成立。9月邀请国内外专家制定新中国成立后北京市总体规划方案。同时邀请苏联专家协助规划。然而在首都规划的核心问题即新行政中心的选址上，形成了以苏联专家为代表的“城内派”和以梁思成为代表的“城外派”之间的尖锐争论。

1950年初，时任北京都市计划委员会副主任的梁思成与北京都市计划委员会成员、南京中央大学建筑系教授陈占祥一起向中央政府提出了新北京城规划方案——《关于中央人民政府行政中心位置的建议》。主张把北京新行政中心建在北京城外的西郊，即月坛至公主坟之间的区域；并建议按原貌整体、系统地保护旧北京城，使之成为一座完整的中国古代都城营造的典范、一座庞大的“历史建筑博物馆”。该方案史称“梁陈方案”。本方案把新北京划分为几个相对独立又相互联系的功能区，既保护了旧城，又促进各区域内的职能平衡，降低长距离的交通压力。形成一个多中心、多样化、新旧并存的“大北京”。同时通过分析、论证假设将新北京城建在旧城之内，必将破坏古都北京历史文化的完整性与延续性，随着城市人口的增长、城市的扩张会带来一系列不可调和的矛盾（图2-22）。

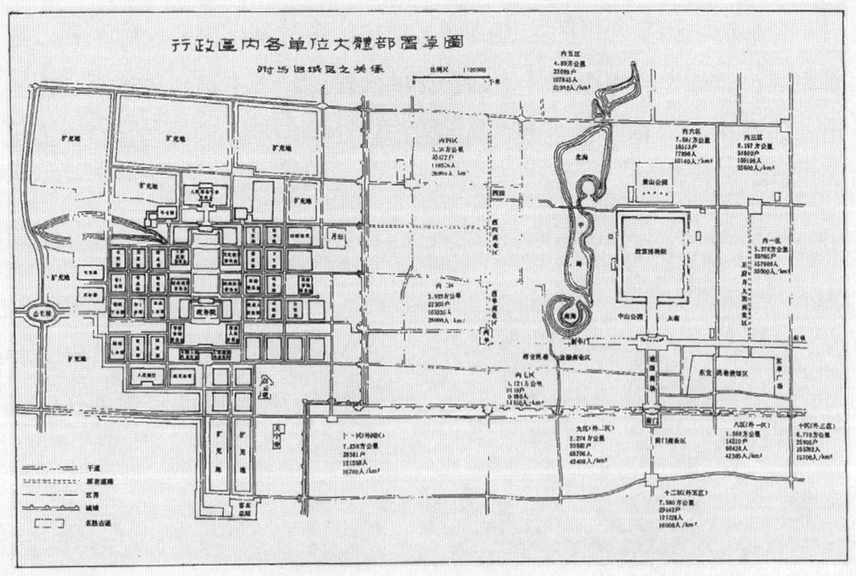

图2-22“梁陈方案”中北京市新行政中心与旧城的位置关系示意图

图片来源：梁思成．梁思成全集（第四卷）．北京：中国建筑工业出版社，1986。

在1951年初北京城建会议上，梁思成提供了北京城墙规划方案构想图。本构想图是以北京正阳门城楼、箭瓮、城楼为例而绘制的。梁老计划将北京旧城墙改造成一处供市民休闲、娱乐、游玩的公园。从城市规划的角度看，可利用城墙作为城市分区的隔离带，城墙上亦可绿化，供市民游憩。在城楼、城墙上可以俯视护城河、纵观紫禁城宫殿、放眼皇城内外，远眺西山美景。高大壮丽的城楼可改造成文化馆或小型图书馆、博物馆。护城河可引入永定河水，夏天放舟，冬日溜冰。这将是世界上最特殊的公园之一，一座长达39.75km的立体环城公园。这样一处环城的文娱圈在全世界也是独一无二的。本方案是一项既能完整的保护古城，又能充分利用古建的两全其美的规划（图2-23）。

可惜的是“梁陈方案”最终只停留在了图纸与构想阶段，成为梁老终身的遗憾。因受当时经济、政治条件制约、意识形态影响本方案被否定、未被采纳，最终成为一张“美丽的图纸”，留在国人的记忆中，搁置在尘封的档案袋中。使其成为中国近现代城市规划史上的一件憾事。梁老因此方案在“文革”中受尽牵连，最后抱憾而终。其实它又何尝不是我们每个中国人心中的遗憾呢？遗憾归遗憾我们还得向前看，我们不应该走前人走错的路。但在当下的中国又有多少城市正在重复着这种遗憾？

近年来的北京市总体规划试图摆脱这种“摊大饼”式的城市发展模式，回归半世纪前“梁陈方案”之初心。龚自珍有诗云：“五十年中言定验，苍茫六合此微官”，一语中的。

图2-23 梁思成绘制的北京城墙公园设想图

图片来源：梁思成. 梁思成全集（第四卷）. 北京：中国建筑工业出版社，1986。

这是在1951年初北京城建会议上，梁思成提供的北京城墙规划方案构想图。本构想图是以北京正阳门城楼、箭瓮、城楼为例而绘制的。

正在建设中。市政府大楼、市政务大厅、市妇幼医院、五医院、中医院、卫生学校、北师大大同附中、实验小学、高级技工学校等建设完成并投入使用。位于御东新区的文瀛湖景观绿化工程也已结束。

耿彦波高度认同“梁陈方案”，称它是中国城市规划史上最具历史远见、独一无二的杰作。大同很荣幸地成为中国目前唯一严格意义上遵循“梁陈方案”来进行设计规划的城市，梁思成先生所极力主张的新北京城的规划思想在大同得到了具体的实践。我们把对传统的记忆留在古城，把对现代的憧憬放在新区。古城是纯粹的传统，新区是纯粹的现代；传统与现代，古与新，两者产生强烈的对比，对比形成强烈的冲突，冲突产生强大的文化张力，张力形成城市独特的文化魅力①。实现传统文明与现代文化共存，历史建筑与现代景观共生，文化街区与现代城市共享。将古城保护与新城发展分开，在两个不同的空间内寻求两全其美、互利共赢的和谐发展之路（图2-24～图2-26）。

图2-24 梁思成纪念馆全景

位于大同府城东城墙外和阳门广场北侧的环城公园内。它是一处下沉式中式两进四合院。展厅就分布在这两进紧凑的小院内。

图片来源：作者2017年11月22日摄于大同府城东城墙外环城公园。

① 耿彦波．从旧城改造到古城保护——走出文化传承与经济发展的两难困境[J]．文化纵横，2013.4.

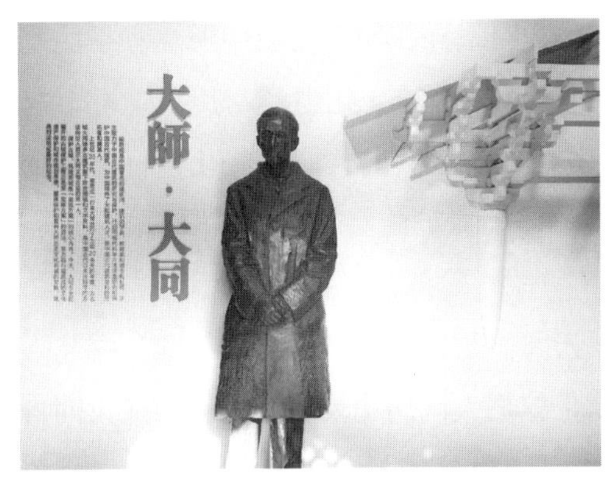

图2-25 梁思成雕塑

图片来源：作者2017年11月22日摄于大同府城东城墙外环城公园。

图2-26 梁思成纪念馆展示设计

馆内通过大量的模型、实物、书籍、图片展示了梁思成先生对中国古建筑的考查研究和保护工作。其中着重对梁老在20世纪30年代专程来大同考察古建筑进行了充分的展示。

图片来源：作者2017年11月22日摄于大同府城东城墙外环城公园。

我们在传承传统文化的同时，也要创造新文化。保护古城、另建新区是基本思路。新区是现代文明，不主张在新区内搞仿古建筑，新区应该是现代化的，是工业革命后的产物。从传统文化上能看到我们的根，看到厚重的历史，看到城市的发展史，它们与现代文化形成反差，有反差就会产生冲突，有冲突就会诞生张力，这种文化张力就是城市文化的美。所以在城市建设中，需要把传统文明和现代文化结合好，将大同建设成一个真正有历史、有文化、有魅力的城市①。

2.3　传承文脉　创造特色

城市文脉是指由城市地缘、环境、历史和传统等因素共同形成的城市文化脉络。这些珍贵的、无形的文化遗产构成了一座城市最直观的文化特征，同时也造就了城市丰富而独特的内涵。在全球化推动下的城市化导致了城市形态的趋同与文化缺失等现象。继承传统文脉与城市发展之间的矛盾在历史文化名城中也显得尤为突出。耿彦波认为，文化是城市的灵魂。特别是进入21世纪，城市以文化来论成败，一座拥有文化的城市才拥有未来。文化是一座城市曾经的辉煌、现在的财富、未来的

① 李可. 留住城市的文化记忆——对话太原市代市长耿彦波代表[N]. 光明日报，2013-3-7.

希望。[①]我们一直在思考和探讨，大同怎样在城市建设中避免和摆脱平庸化、同质化的历史命运。大同拥有深厚的文化遗产与历史遗存，从这些不可或缺珍贵而稀缺的文化资源中定位出大同的文化坐标，从而在大同开启了中国历史文化名城整体性保护的崭新历史阶段（图2-27～图2-29）。

大型原创音乐歌舞剧《天下云冈》是大同"转型发展、绿色崛起"战略中国家文化旅游重点项目，是挖掘大同历史文化资源，塑造大同自主文化品牌的一次前所未有的尝试；也是依托大同丰厚的历史文化资源，将资源优势转化为产业优势的一次大胆探索与创新。《天下云冈》给观众成功地展现出1800多年前的北魏拓跋鲜卑民族南迁、定都平城至鼎盛期开凿云冈石窟的历史，反映出北魏时期各民族的大团结、大融合

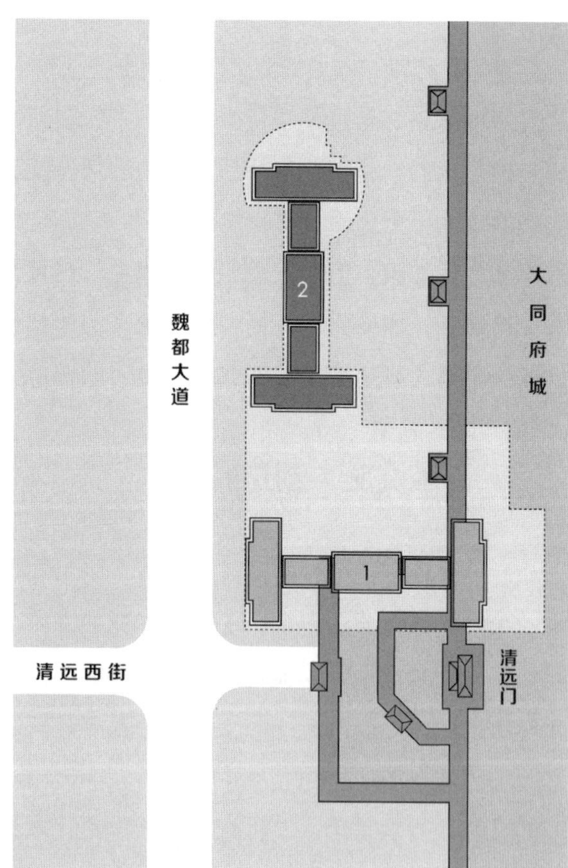

图2-27 大同展览馆平移工程示意图

在大同西城墙修复工程中，建于1969年的大同展览馆在西城墙与瓮城的修复范围之内，为了保护这一具有历史特征的地标性建筑，大同市政府广泛征集专家、市民意见，并进行充分论证，最终确定对展览馆进行保护性分体平移。平移工程于2012年6月启动，按照实施方案，将展览馆分为五部分进行分体、平移、旋转、拼接。这个迁移总重量（含托盘结构）约57768t的展览馆累计平移直线距离约为1402m。2014年12月历时两年半的展览馆平移工程顺利完工。平移后的展览馆完整保留了原结构与风貌，矗立于西城墙外侧。图中位置1为展览馆原位置，展览馆坐北朝南，主体建筑与府城城墙、瓮城相重合。图中位置2是平移后的位置，改为坐东朝西。图中虚线部分为平移施工区域。

图片来源：作者绘制。

① 李可．留住城市的文化记忆——对话太原市代市长耿彦波代表[N]．光明日报，2013-3-7.

图2-28 大同煤炭博物馆景观规划

晋华宫国家矿山公园位于云冈石窟东一公里处的晋华宫矿，占地面积36万m^2，由大同煤炭博物馆、工业遗址参观区、井下探秘游、晋阳潭、仰佛台、石头村、棚户区遗址七大景区组成。它是开发矿山旅游文化产业园、展示大同煤炭业发展、了解煤炭文化的重要窗口。同时也是集文化创意园、旅游观光园、转型示范园、采摘体验园、特色美食园、休闲度假园、生态示范园于一身的矿业文化园区。

图片来源：作者2016年6月26日摄于大同市晋华宫国家矿山公园。

图2-29 大同煤炭博物馆建筑设计

大同煤炭博物馆总建筑面积8000m^2，建筑造型灵感来源于煤块，外观呈深蓝色矿物晶体的形状。以“煤矿、地质、资源、人类、和谐”为展示主线，共建有五大展区：煤的形成、煤的开采、煤的广泛利用、源远流长的煤文化、百年同煤。其中应用了文字图片、实物标本、模拟造型、多媒体互动、声光电结合等展示手段，是一座集科学性、知识性、观赏性和趣味性于一体的大型地质矿山博物馆。

图片来源：作者2016年6月26日摄于大同市晋华宫国家矿山公园。

与大创新。2008年本剧开始创作阶段，2010年进驻云冈大景区演艺中心，已成为大同市最重要的文化旅游名片之一。

大型民俗歌舞组画《想亲亲》展现出大同地区浓郁的风俗文化，并将晋北民歌、二人台、唢呐曲、北路梆子、雁北要孩儿等艺术形式交融贯通于整部作品之中。《想亲亲》以一个感人的爱情故事为主线，把恋爱、娶亲、忙婚、出门儿、洞房、离别、团圆等极具地域特征和民俗特色的场景贯穿起来。全剧分为《打樱桃》、《挂红灯》、《蒸喜糕》、《拜天地》、《闹洞房》、《走西口》、《故乡情》、《尾声》共八个场次。每个场次都以一段柴氏兄弟的《大同数来宝》开场，展现出一幅幅生动、感人的晋北特色的风俗画卷①。大批艺术家以本土文化为题材创作了许多独具大同地域特色的作品，有大型新编历史剧《边城罢剑》，大型历史故事剧《琵琶声声》、大型新编历史剧《大清河帅》、大型音乐剧《云·冈》等经典艺术作品。

城市的魅力在于特色，而特色的根基在于文化。大同城市特色集中体现在大同悠久的历史文化上。其实古城本身就是文化，保护古城就是保护城市特色，就是构建属于大同的地域文化。大同古城作为两汉要塞、北魏京华、辽金陪都、明清重镇，是大同历史文化的重要载体，是弥足珍贵的历史文化遗产和不可再生、不可替代、不可估量的稀缺资源。②大同著名书法家、学者殷宪先生一生致力于大同本土文化的研究，他认为"总结归纳'大同精神'的依据不外乎大同的历史与现状以及区域性优秀人文精神两个方面。'大同精神'概括起来就是：游牧民族，草原文化；胡汉聚居，民族融合；京师帝里，国之重镇；能源基地，文化名城。"③

大同老字号品牌具有浓郁的地域文化特色，包含了独特的民俗风情、文化内涵、地缘特征、经营理念、价值观念。许多老字号都具有上百年的历史，每一个老字号、每一块金字招牌都是一份大同珍贵的历史文化遗产，是古都大同不可或缺的组成部分。对大同本土老字号的传承也是大同古城文化复兴的重要组成部分。试想一座没有老字号的古城仿佛就是一座没有灵魂的空城。大同在古城保护与修复中沿用了明清之

① 邓琳。想亲亲：生动唯美的民俗歌舞组画[DB/OL]。http://zt.dtnews.cn/xqq/，2010-08-05。
② 安大钧。大同对古城古建保护与修复的探索[J]。凤凰周刊·城市，2014（9）。
③ 殷宪。地域文化与大同精神[J]。大同职业技术学院学报，2002（3）：1-3。

格局，这无形中为大同老字号的恢复提供了配套的硬件条件和生存土壤①。目前大同老字号的传承与开发已取得一些进展，位于鼓楼西街创建于明朝正德年间有近500年历史的传统老店“凤临阁”②酒楼就是一个成功案例。传承二千余年的老字号客栈“琵琶老店”原址位于清远街，原名“东胜店”，因昭君出塞途经平城、借宿于此、夜弹琵琶，为了纪念王昭君遂将“东胜店”更名“琵琶老店”。20世纪60年代因城市改造而歇业，后大同政府将其用作普通住宅，直到20世纪90年代大西街改造时拆除。相传为唐代著名书法家柳公权亲笔所书“琵琶老店”牌匾现被大同市博物馆收藏。现新店已易址至鼓楼西街“凤临阁”东侧，装修已完成，开业在即。相信这两处老字号的成功再开发必定会给古城带来新的亮点，也给古城增添了文化韵味，是对发展文化产业最好的注脚。相信拥有许多老字号的古城必定是一座充满人气的繁荣之城、活力之城。同时传统老字号的再开发也是让古城活起来、火起来的具体实践。

大同在发掘本土文化资源的同时还积极邀请国内文化界的名人到大同。期间，冯骥才、单霁翔、余秋雨、于丹、纪连海等文化名人先后到来为古城的兴建出谋划策，这也让大同人感到欣慰与自豪。

政府应该把“城市经营”理念引入大同古城的保护与新城的发展之中。凭借名城的独特人文资源、历史文化为城市竞争力提供动力和内在支撑。按照俞思念教授对我国城市文化建设类型的分析，并结合大同城市文化的具体实际，可以明确大同城市文化建设的总体思路是“以继承性为主，以创造性为辅”。在城市建设中协调保护与发展之间的关系，以国家历史文化名城为城市定位，延续历史文脉，创造地域特色③。城市文脉的继承与创新是一个系统工程，不仅需要政府和文化部门的协调工作，更需要我们每位市民的积极参与城市公共文化服务体系建设。促进古城与创意产业相融合，延伸文化旅游产业链，加快构建以“传承文脉、创造特色”为核心的文化创意产业，将民俗、宗教、人文、地域等多元文化与古城相融合，让文化旅游资源转化为品牌优势。只有这样才

① 翟勇。大同老字号的振兴及恢复策略[J]。大同今古，2015（5）：28-31。

② 明清大同著名饭庄，原名“久盛楼”，明时坐落于府城内九楼巷。有百花稍麦、凤爬窝等名菜。

③ 麻进余. 哲学视野下的城市文化建设——兼谈大同城市文化建设[J]. 忻州师范学院学报，2013（4）：80-83.

能使大同建设成为一座有文脉、有特色的塞上名城。古城才能真正活起来，火起来。

2.4 整体保护　重点修复

2006年10月国务院批准的《大同历史文化名城专项保护规划》为大同保护、修复明清府城提供了法律保障。2008年是大同古城从重点保护走向整体保护的转折之年，是实现名城复兴的开局之年。同年做出了《大同市人民代表大会常务委员会关于大同古城保护和修复的决定》（下文简称《决定》），该《决定》是大同古城保护和修复的政策基础和依据。大同古城的整体保护和修复也成为大同"加快转型发展、实现绿色崛起"发展战略的重要举措之一。

古城保护与修复是一个有机的整体，如若仅仅注重保护文化遗产单体，势必会不可避免地割裂文化遗产的整体性、系统性和完整性。重点修复的历史建筑不应被孤立地修复，应划定合理的保护范围，包括历史建筑本体及周边必要的风貌协调区域。从2008年始，大同就废弃了"旧城改造"的陈旧提法，以"古城保护"的全新概念取而代之，坚持文化遗产的主体地位，一切以保护文化遗产为纲。同年，政府发布通告，古城保护范围内的60余处"旧城改造开发项目"被紧急叫停，古城保护工程全面启动。大同首批启动的保护项目有华严寺、善化寺、清真寺、法华寺、府文庙、关帝庙、纯阳宫、帝君庙、代王府、府城墙等古建筑群，对这些古建保护范围内的破坏性建筑全部拆除。经过五年的努力，古城的整体文化氛围得以重新的凝聚和升华，大同市民的荣誉感和归属感逐渐苏醒。古城保护和修复是文化自觉意识与文化自信意识的苏醒。修复后的古都以其独特的存在形态延续了整座城市的文化记忆，对蕴藏在大同历史中的文化优越感、认同感和归属感将会起到重新认识和重塑作用①。

大同古城保护与修复采取了分步实施、逐步完善的策略。第一步，完成华严寺、善化寺、府文庙、关帝庙、帝君庙修复工程及云冈石窟周边环境第二期治理工程；第二步，完成东城墙、东城门楼及瓮城、南城

① 耿彦波．从旧城改造到古城保护——走出文化传承与经济发展的两难困境[J]．文化纵横，2013.4.

墙、南城门楼及瓮城、北城墙、北城门楼及瓮城、代王府、东半城历史街区及其传统民居院落修复工程；第三步，完成西城墙、西城门楼、钟楼、府衙、总镇署、云中书院、鼓楼西街历史文化街区及其传统民居院落修复工程。在完成上述修复工程的同时，拆除其周边各类与古城风貌不协调的建筑物。总体上用3～5年时间修复东半城，其后再逐步修复西半城①（图2-30、图2-31）。

在古城的整体保护中，重点修复的古建项目是各历史时期具有代表性、标志性、特殊性的建（构）筑物，如北魏时期的云冈石窟；辽金时期的华严寺、善化寺；元明清时期的关帝庙、府文庙、府城墙、代王府、鼓楼东西历史街区等；近现代时期的赵承绶府邸、首善医院②等。此外，雷公山西麓上皇庄至白马城一线的北魏北苑墙、火车站北魏遗址、方山永固陵及其周边、云冈石窟及其周边区域也列入北魏平城遗存遗址保护范围。

大同的历史文化遗存特别丰富，古城内的历史街道格局基本完好，这给古城的保护与修复创造了先天条件。《决定》中划定的古城整体保护范围东起御河东岸一线，西至魏都大道一线，南起南环路一线，北至玄冬门一线以内，面积约为20.1km^{2}的区域。这个区域内有北魏、辽金、元明清等各个历史时期的建筑遗存、文化遗址。古城的核心保护范围是，东起御河西路一线，西至魏都大道一线，南起北都街一线，北至操场城街一线以内的区域。这一范围基本上与明清府城相吻合，面积约为5.7km^2。在这个范围内，设有建设控制地带、环境协调区，该区域全部划定为保护区域。该区域内对古城风貌造成严重破坏的建筑，全部列入拆除范围，已拆迁的违法建设近千万平方米。本区域内所有历史文化遗产全部划定为保护对象，尽最大可能保留其历史原真性，恢复大同府城的原始格局③（图2-32）。

大同旧民居以四合院为主，当地有“一壁二门三砖四瓦五脊六兽”之说。从大门的形制与装饰上可以彰显出主人的地位与财力。一般民居在大门正对的东厢房处设照壁，照壁一侧为二门，穿二门即为庭院。院

① 大同市人民代表大会常务委员会. 大同市人民代表大会常务委员会关于大同古城保护和修复的决定[N]. 大同日报，2008-6-20.

② 由中华圣公会捐款创办于操场城南门西侧的教会医院是大同市首家西医院。1922年动工，1924年竣工。医院有哥特式主楼1座及礼堂等房屋100多间，是大同市第二人民医院的前身。

③ 耿彦波. 历史文化名城保护发展的六个走向[J]. 传承，2012（12）：68-69.

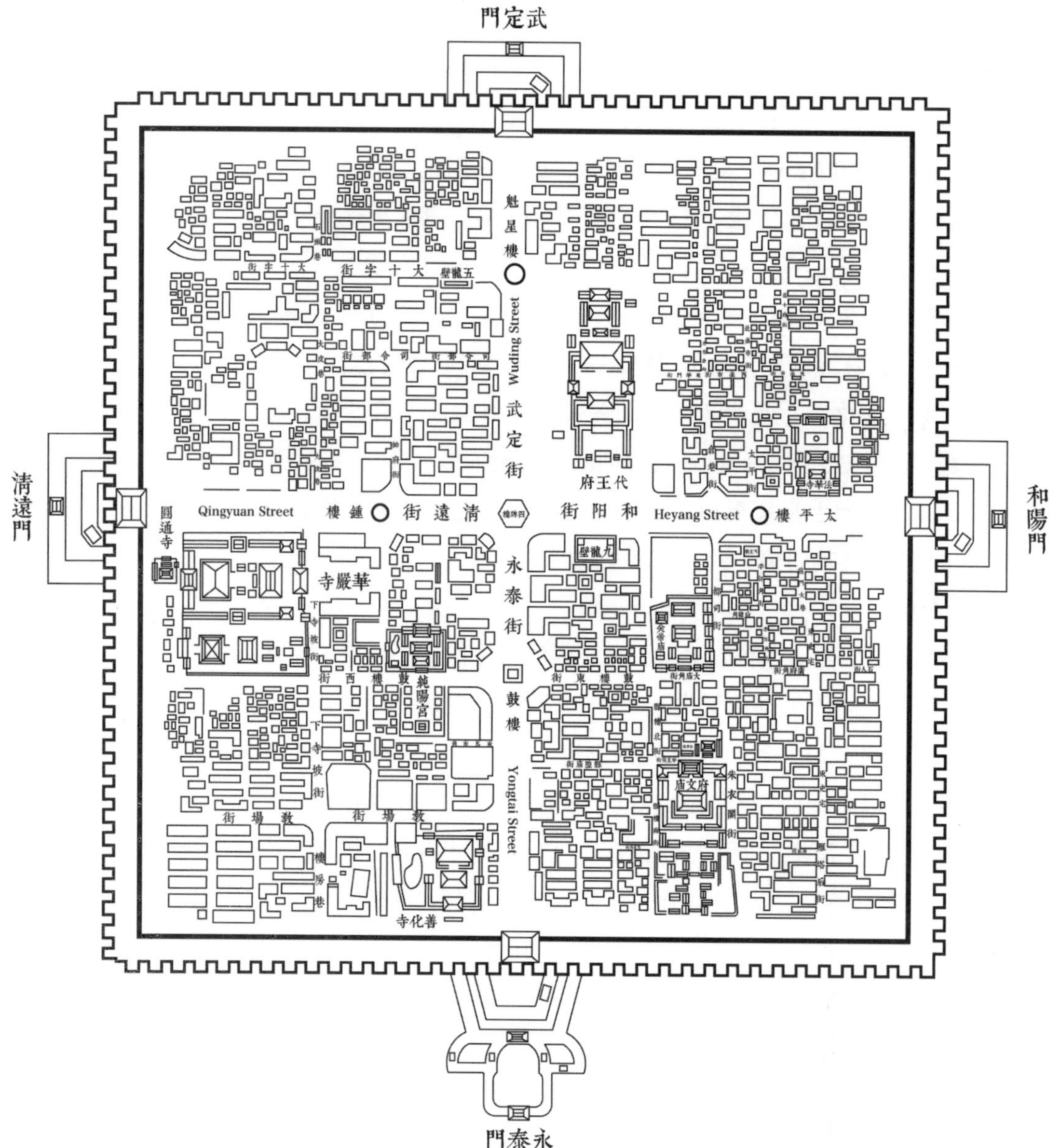

图2-30 修复后的大同明清府城平面图

本平面图系根据卫星地图绘制。2005年大同古城民居街巷调查数据显示，古城内街巷的占地面积约为古城总占地面积（3.28km^2）的49%，各类建筑约占总面积的51%。

图片来源：山西大同大学美术学院2012级视觉二班杨荻然绘制。

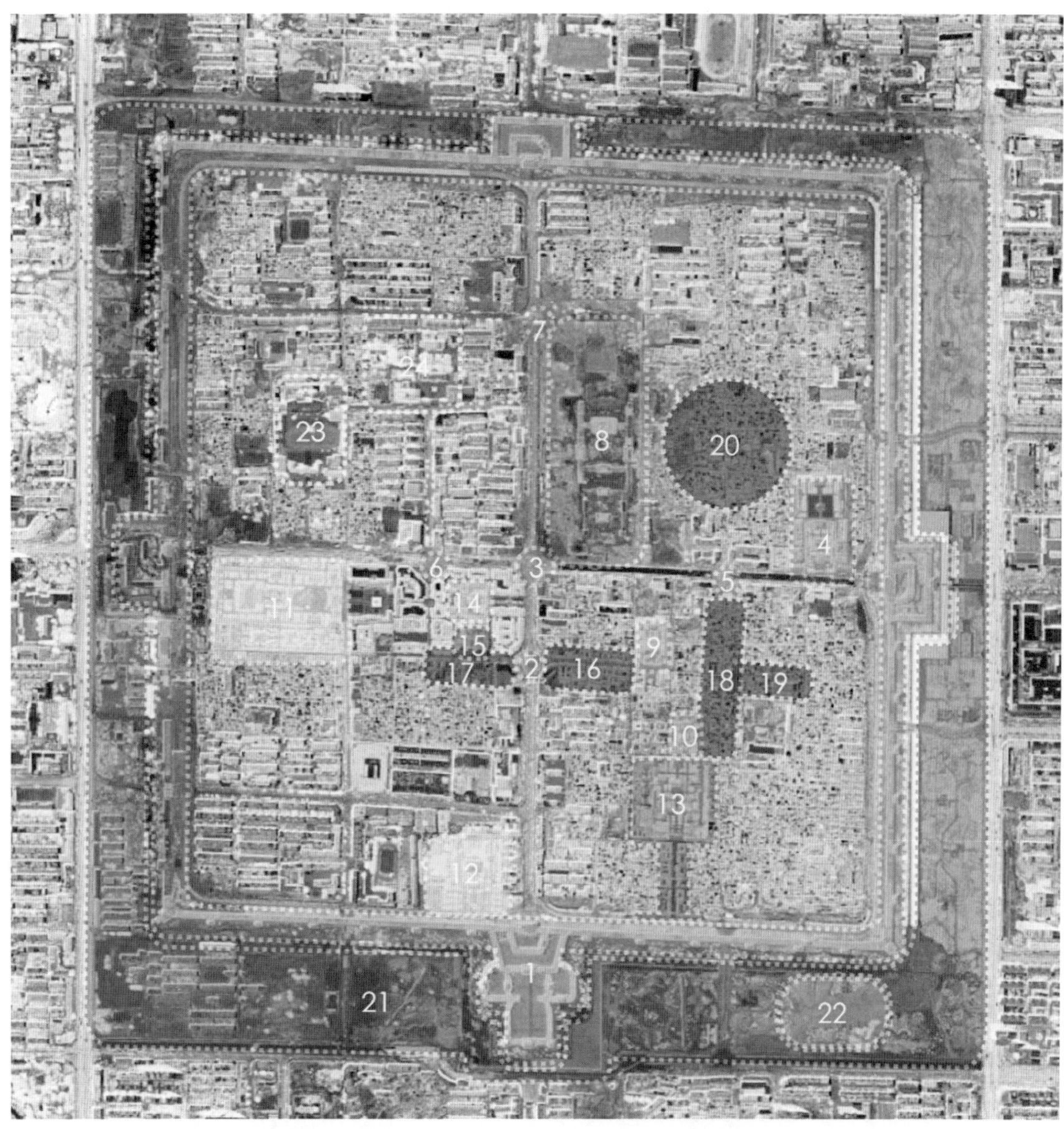

儒学文化区　环城公园休闲区　清真文化区　北魏文化创意产业区　辽金雕塑文化区
明清大同府主题文化区　道教文化区　待修复的区域　民居、民俗文化展示区

图2-31 大同明清府城功能分析图

1—明清府城墙；2—鼓楼；3—四牌楼；4—法华寺；5—太平楼；6—钟楼；7—魁星楼；8—代王府；9—关帝庙；10—帝君庙；11—华严寺；12—善化寺；13—府文庙；14—清真大寺；15—纯阳宫；16—鼓楼东街历史文化街区；17—鼓楼西街历史文化街区；18—李怀角传统四合院住宅区；19—广府角传统四合院住宅区；20—柴市角历史风貌区；21—环城公园；22—北魏文化创意产业区；23—府署衙（待修复）；24—总镇署（待修复）

明清大同府主题文化区：1～10；辽金雕塑文化区：11、12；儒学文化区：13；清真文化区：14；道教文化区：15；民居、民俗文化展示区：16～20；环城公园休闲区：21；北魏文化创意产业区：22；待修复区域：23、24。

图片来源：作者绘制。

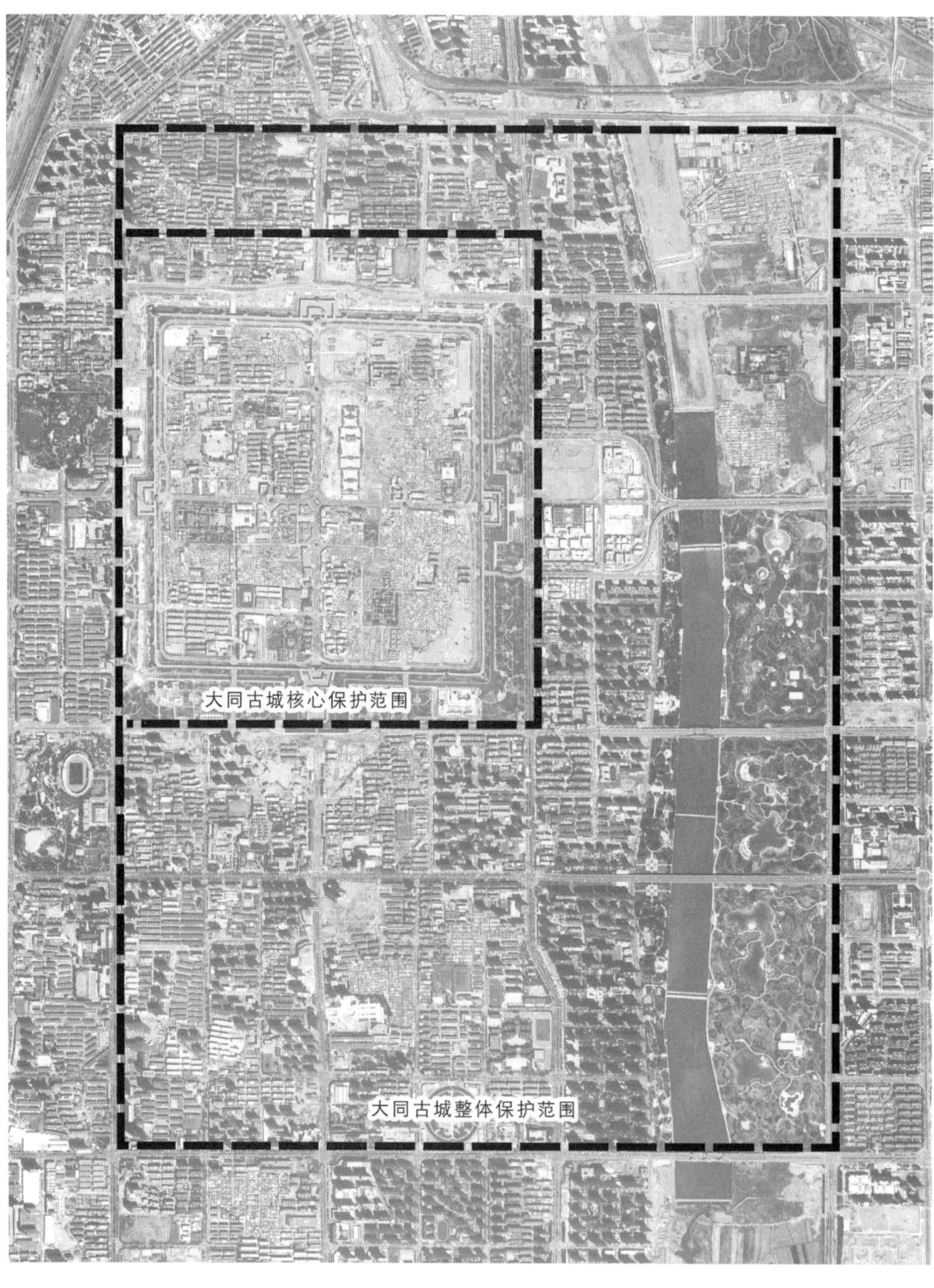

图2-32 大同古城整体保护范围和核心保护范围示意图

古城整体保护范围：东起御河东岸一线，西至魏都大道一线，南起南环路一线，北至玄冬门一线以内的区域。面积约20.1km^2。这个区域内有北魏、辽金、元明清等各个历史时期的建筑遗存、文化遗址。古城核心保护范围：东起御河西路一线，西至魏都大道一线，南起北都街一线，北至操场城街一线以内的区域。这一范围基本上与明清府城相吻合，面积约5.7km^2。

图片来源：作者绘制。

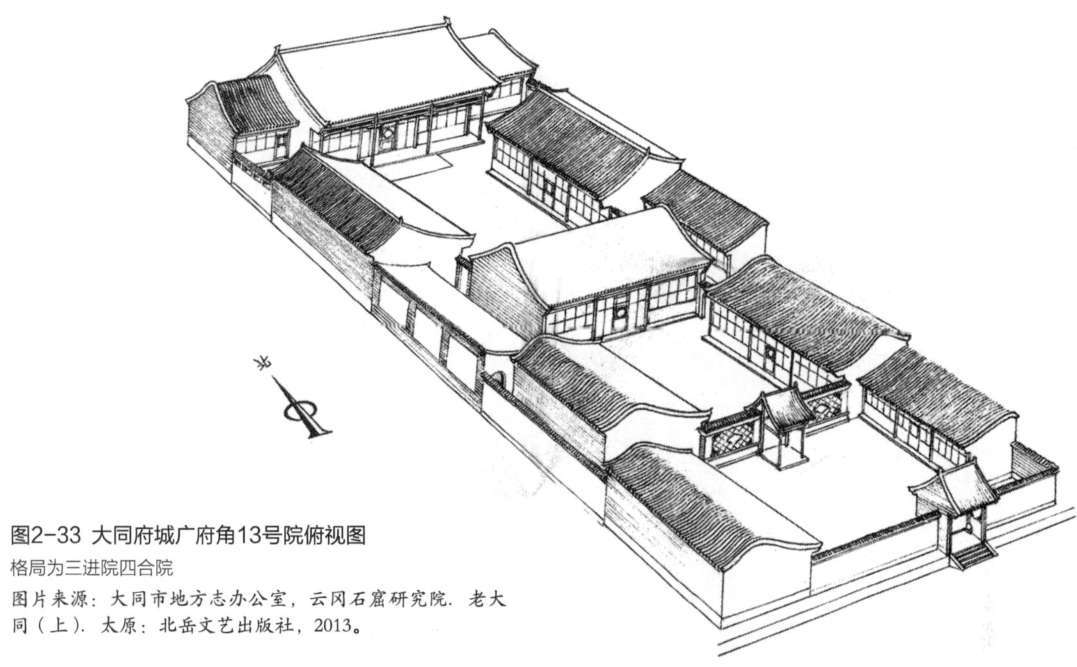

图2-33 大同府城广府角13号院俯视图

格局为三进院四合院

图片来源：大同市地方志办公室，云冈石窟研究院. 老大同（上）. 太原：北岳文艺出版社，2013。

内通常正房5间，东西厢房各3间，南房3间。正房多设脊安兽，即五脊六兽。中间的正房称堂屋，内有祖宗牌位。东西上房为长辈居住，耳房、厢房为晚辈住所①。这样的四合院大量的分布在鼓楼周边。由于这些老旧民居缺乏修缮，已破败不堪，如何成片地改造它们也成为一个难题，但经过多方论证，"大同市鼓楼东西街环境整治修复设计"改造方案最终出台（图2-33、图2-34）。

《大同历史文化名城保护规划》还在古城内划分了两个历史文化街区保护范围，分别为鼓楼东街历史文化街区和鼓楼西街历史文化街区。其中鼓楼东街历史文化街区占地总面积为69.77hm^2，其中核心保护范围面积为33.30hm^2，建设控制地带面积36.47hm^2。街区内呈现棋盘式格局，且具有鲜明的里坊制特征。街区传统格局和历史风貌保存较为完整，对研究大同府城的发展演变和晋北传统民居特色具有重要的价值。鼓楼东街历史文化街区根据功能又划分为三个子区域，即文化展示区、传统特色商业区（包括恢复传统鼓楼东商业街、老字号、特色小吃、传统手工艺制作等）、传统居住区。利用鼓楼、府文庙、关帝庙、帝君

① 大同市地方志办公室. 大同老照片[M]. 北京：方志出版社，2006.8：172.

图2-34 大同府城回春巷四合院民居鸟瞰

依稀可以想象出主人刚建成时的样子，代代相传，传承至今。可以想象在这个封闭的四合院内曾发生过多少耐人寻味的故事，曾上演过多少悲欢离合的跌宕剧情。府城内的民居以四合院为主，屋顶多为卷棚顶，且前坡长，后坡短。在漫长的冬季既可增加日照面积，也可使积雪易于消融。

图片来源：大同市地方志办公室，云冈石窟研究院. 老大同（上）. 太原：北岳文艺出版社，2013。

庙、东岳庙等文物古迹展示大同传统佛教文化；以四合院为主体的民居、民俗文化；逐步恢复鼓楼东街的传统商业功能，改善传统建筑的生存条件，保持历史街区的生活延续性。在保障街区传统生活体系的基础上，利用四合院适当开发商业和文化功能空间，注重服务业与文化产业的结合，以历史文化为资源来发展体验经济和创意经济，促进历史街区的功能提升。历史街区产业发展需引入文化创意产业、特色手工业及与旅游相关的服务业等，同时应适当保留为居民服务的医疗、文化、娱乐、康体、家政服务等公共服务业（图2-35）。

鼓楼西街历史文化街区总面积39.06hm^2，其中核心保护范围面积为28.58hm^2，建设控制地带面积10.48hm^2。街区内汇聚了华严寺、纯阳宫、清真大寺、基督教堂等四大宗教建筑，尤以建于辽金时期的华严寺最为著名。此街区充分体现了大同文化的包容性与多元性特征。街区内

图2-35 经RBD民俗旅游开发改造后的鼓楼东街历史文化街区

RBD是Recreational Business District的缩写，意为“游憩商业区”。RBD是指在城市中以原有商业区为基础，对旧商业区的空间结构和服务功能进行重新定位，并精心营造购物、娱乐、餐饮、小吃等用于吸引外来游客与本地居民的产业而形成的新型商业街区。RBD分四种类型：大型购物中心型、特色购物步行街型、旧城历史文化改造型、新城文化旅游型。旧城历史文化改造型是以传统步行街为基础，在旧城区深厚的文化底蕴、旅游资源的基础之上，通过更新改造，用旅游业来带动餐饮业，娱乐业等相关产业，使旧城区的经济得以发展、商业得以复苏，是旧城区、旧街区得以复兴的有效手段之一。

图片来源：作者2016年3月26日摄于大同府城鼓楼东街。

保留了一条具有代表性的传统商业街——鼓楼西街。按照规划鼓楼西街历史文化街区的功能分为：文化观光区、特色商业区和综合居住区。以华严寺、清真大寺、纯阳宫、基督教堂等为载体，加强多元宗教文化展示和文化旅游功能，鼓励鼓楼西街老字号和特色商业的发展，延续传统四合院式的居住功能[①]。历史街区在开发旅游景点、降低古城内人口密度的同时，要保持适量的常住人口，保留一定的传统居住功能。避免历史城区的居住功能衰退，防止出现白天游人如织，夜里空无一人的景象，使其沦为一个纯粹的商业化躯壳（图2-36、图2-37）。

柴市角位于府城东北部、代王府东侧。此处较好地保存了许多传统四合院，但历史文化价值高、风貌好的院落较少，达不到历史文化

① 王瑶．保护好历史文化街区风貌区[DB/OL]．http://www.dtnews.cn/2015/april/D26AD03C.html，2015-04-20.

图2-36 经RBD民俗旅游开发改造后的鼓楼西街历史文化街区

右侧为重点修复的十大古建工程——纯阳宫宫门，左侧为纯阳宫前广场建筑群。

图片来源：作者2016年2月28日摄于大同府城鼓楼西街。

图2-37 改造前的鼓楼西街

这里是大同古城保护的核心区，也是明清大同府城遗留下来较完整的成片历史文化街区之一。破旧的民居与现代建筑混搭，空中蜘蛛网般的各种电线与没有排水的泥泞街道呈现出一片杂乱无章的景象。远处高耸的殿顶为下华严寺薄伽教藏殿。

图片来源：大同市地方志办公室，云冈石窟研究院．老大同（下）．太原：北岳文艺出版社，2013。

街区设定标准，因此将其划定为历史风貌区，保护其街巷格局和整体风貌。柴市角历史风貌区的保护范围东至和阳门内街、南十府街，南至和阳街，西至代王府，北至西十府街以北约35m处建筑边界，面积24.82hm^2。风貌区内保存有清代所建的法华塔，该塔造型俊秀雅致，是市内现存唯一的白色空心喇嘛塔。区内的传统建筑整体风貌协调，街巷格局完整，柴市角、十府街等街巷名称体现了此区域在历史上的功能，为研究古城发展演变提供了证据。依托柴市角历史风貌区构建柴市角展示片区，功能以居住为主，兼具传统商业、旅游观光等功能。重点展示法华寺、历史街巷肌理及保存较好的传统民居古建，鼓励居民对建筑物进行保持原样前提下的自行改造（图2-38、图2-39）。

在古城保护范围内从事建设活动应当符合古城保护规划的要求，不得损害历史文化遗产的整体性与完整性，不得对其传统格局、历史风貌和空间尺度构成破坏性影响。在古城形态保护上，既要保护物质文化遗产，也要保护非物质文化遗产，尤其要注重保护48项非物质文化遗产，

图2-38 柴市角历史风貌区西洋风格民居街门

图片来源：作者2016年6月25日摄于大同府城北柴市角。

街门正上方为一款老式英国经典造型砖雕西洋自鸣钟，远处白色建筑为大同市基督教东堂。柴市角历史风貌区位于大同府城内东北部。以柴市角为中心分别称为东柴市角、西柴市角、南柴市角和北柴市角。柴市角过去是周边居民购买生活用品的小市场。从新中国成立后直到现在，柴市角的街巷格局基本没有发生大的变化，很好地保留了它的历史原貌。但分布在街巷内的四合院经过岁月的洗礼和人为无序的搭建，且由于产权的关系，得不到应有的修缮和保护，已显得非常破败和壅塞。期待着在古城保护与修复中焕发出新的生机。

图2-39 柴市角历史风貌区砖雕影壁

图片来源：作者于2016年6月25日摄于大同府城北柴市角。

其中包括1项人类非物质文化遗产——广灵剪纸、6项国家级非物质文化遗产、21项山西省级非物质文化遗产和20项大同市级非物质文化遗产。保护大同的老字号、老地名、名人居所等地域文化。同时，还应该保护与传统文化表现形式相关的实物和场所。古城整体保护还包括对历史文化、民俗文化的研究和挖掘，重点是对北魏文化、辽金文化、明清文化的研究以及对传统工艺、传统戏曲、传统饮食、传统作坊、民风民俗的挖掘整理，最大限度地弘扬大同历史上形成的古都文化、边塞文化、宗教文化、民俗文化和多民族融合所形成的本土文化（图2-40）。

“城市经营”是由西方发达国家所提出的一种城市管理的思想与理论。如果合理应用就可以改善城市环境、增强城市功能、提升城市综合实力。在大同城市建设中要树立城市经营的理念，把历史文化名城看作城市经营的重要资源，借助名城效应大力发展文化产业[①]。大同市政府将古城的保护与修复纳入地方经济和社会发展计划中，加大古城保护和修复的财政投入并进行详尽的财政预算；按照资源资本化、运作市场化的思路，制定相应的政策，鼓励、引导、支持、吸纳社会力量和社会资金积极参与到古城的保护和修复中来，并让他们能从中获得实实在在的利益与收益；加大古城执法力度，提前预防和严厉查处各类破坏古城建筑和古城整体格局的违章、违法行为；加大法律和政策宣传力度，让全体市民充分认识到古城保护和修复的重要性和紧迫性；积极扩大以大同古城、云冈石窟、北岳恒山为核心的旅游节影响。并加强品牌塑造的力度与强度，构建以“古都大同”为城市名片的品牌文化，让“古都大同”品牌闻名全国、走向世界；依法做好古城保护和修复的专家论证、文物调查和勘探工作；公开信息，透明行政，依法保障全市人民对古城保护和修复工作的知情权、表达权、参与权[②]。

大同开启了中国历史文化名城整体性保护的伟大先例，在大同如火如荼的城市建设过程中积累的经验与理论正在逐步形成“大同历史建筑保护模式”和“大同城市建设模式”，这种模式的形成必将对未来大同城市发展的方向与形态产生积极而深远的影响。大同正凭借独特的“大同城市建设模式”发生着翻天覆地的变化，走在城市转型、文化复兴的

① 麻进余．哲学视野下的城市文化建设——兼谈大同城市文化建设[J]．忻州师范学院学报，2013（4）：80-83.

② 大同市人民代表大会常务委员会．大同市人民代表大会常务委员会关于大同古城保护和修复的决定[N]．大同日报，2008-6-20.

图2-40 大同府城老街道名

可悲的是它们中的一部分在城市化的过程中正在永远的从人们的视野中消失。在保护可见古城的同时，这种非物质文化沉淀也应成为被保护的对象。希望城市规划者、决策者们给予一定的重视。

大道上，并引来世人的注目。“大同城市建设模式”必将成为历史文化名城进行城市建设有益的参照。

任何事物都应该一分为二地看，既要看到它的正面，也要看到它的不足。大同近年来在城市化的过程中虽然取得了诸多成就、并且形成了“大同历史建筑保护模式”及“大同城市建设模式”，得到了广大市民的认可，但同样也存在着一些由于认知上的不足而导致的失误，现总结如下：

其一：在古城保护与修复中资金投入渠道单一，主要以政府投资与施工方垫资为主，使古城保护与修复变为一种纯官方的行为，没有让大量的民间资本在古城保护与修复中发挥作用并从中获利。如2008～2012年的5年中，大同城建投入超过1000亿元，其中政府投入大约近700亿元，这给每年财政收入仅在100亿元左右的大同带来沉重的债务负担。

其二：新近修复的鼓楼东西街区、华严寺商业广场、清真寺商业广场、法华寺商业街区、云路古文化街、代王府等还未形成一个成熟的、良性的商业生态系统。以上商业广场、商业街区内的大量房产被长期闲置，资金无法得到回笼，严重影响后期工程的进展。

其三：在古城保护、修复中因时间紧、任务重而使修复重点不够突出。因资金不能及时到位而使历史街巷和传统民居修复进度缓慢。

其四：南环路以南、西环路以西新建城区面积过大，严重影响了御东新区的快速发展。因御东新区建设规模过大而使政府、施工方负债较多。

其五：在短时期内大规模的拆迁中，存在一些强拆、强迁、补偿不合理的现象。为了保证工程进度、统筹整座城市的建设，必须在有限的时间内完成拆迁，所以损害了一少部分人的利益。由于拆迁进度超过了安置房建设进度，所以在古城建设前期，安置房迟迟不能交付使用，古城内的拆迁户只能租房居住，短期内影响了部分拆迁户的生活质量。

其六：“云冈石窟周边环境综合治理工程”在履行审批程序上不合法。2009年8月“云冈石窟周边环境综合治理工程”未批先修，被国家文物局紧急叫停，并确认该工程违法。国家文物局认为人工湖、仿古商业一条街、窟前道路和广场等项目均在云冈石窟保护范围和建设控制地带内，未依法履行审批程序，违反了《中华人民共和国文物保护法》的规定，属于违法建设工程。

其七：在以耿彦波为首的2008届领导集体第一届任期（2008～2013年）期满后即更换主要领导对大同古城保护与修复及新城建设是非常不利的。一届任期5年对一座城市的建设来说太短暂了。由于地方政府的行政领导人无力决定自己的留任与调离，这也是对耿彦波紧迫的时间观念、果断的办事风格、忙碌的工作的最好注解。

其八：耿彦波通过极具魅力的个人能力给大同的城市建设带来巨大改变，但遗憾的是在这五年中没有建立起一套完善的运行有序、行之有效的古城修复与运行机制。这使得耿彦波卸任大同后的头几年中，大同古城的修复与新城建设进度明显放缓，给大同城市建设的未来增添了一些不确定性因素。

用耿彦波的一句原话来作为本章的结语：“对于一位主政者来说，这条保护文化古迹之路充满了艰辛，充满了风险，充满了争议。”话语中也透出些许的无奈。

第3章

大同历史建筑保护模式

3.1 考证充分
3.2 遗产本位
3.3 四原保存
3.4 浑然一体

大同市现拥有各级文物保护单位共计425处，其中世界文化遗产2处，全国重点文物保护单位27处，省级文物保护单位17处，市级文物保护单位98处，县区级文物保护单位283处。大同市文保单位类型全，以古建筑和古遗址为主，历史序列完整，以明清为最多①。2010年“中国古都学会年会”暨“古都大同城市文化建设学术研讨会”在大同召开，会议正式将大同确定为“中国第九大古都”。这说明近年来大同在城市的建设与发展和历史文化的传承与保护等方面均得到学术界的认可与肯定（图3-1）。

对于像大同这样拥有诸多文物古迹的古都，普遍存在着“保护与发展”这一对矛盾，而且随着城市化的加速，这对矛盾越来越尖锐，甚至有时候达到不可调和的程度。从表象上看，历史文化名城保护与高速城市化之间矛盾重重；事实上，这对矛盾是人为捆绑在一起的；如果将这两者置于不同空间下发展，矛盾就会变得异常的简单。大同则采取了“保护历史城区另辟新区”的规划建设思路。建设新区对于城市发展来说既节省资金，又有相对较大的自由度，可以避免陷入与原有旧城的复杂矛盾与冲突之中。大同城市建设的实践证明，当这对矛盾体松绑之

图3-1 云路街府文庙

从府城南城墙上俯瞰重建后的云路街与府文庙。中部远处覆黄色琉璃瓦大殿为文庙核心建筑——大成殿。大成殿后高耸的建筑为尊经阁。

图片来源：作者2016年5月11日摄于大同府城南城墙。

① 王瑶. 保护规划好文物保护单位［DB/OL］. http：//www.dtnews.cn/2015/april/6349150B.html，2015-04-22.

后，两者可以实现互利共赢的发展[①]。这也是大同城市建设模式中“一轴双城、新旧两利”的精髓所在。

大同古城的保护和修复是传承历史文化、提高城市知名度、开发旅游资源的需要；也是产业结构调整、城市转型、可持续发展、科学发展的需要；更是提升大同文化软实力和城市竞争力、塑造旅游型城市和大古都品牌的需要。大同古城的整体保护和修复必将对大同经济、城市发展产生极大的推动作用和深远的影响。将宗教、人文、民俗、地域等多元文化与古城相融合，让大同文化旅游资源转化为大古都的品牌优势。

大同建立了历史城区保护、历史街区保护及历史建筑保护三个层次的保护体系。在时间上，保护历史上各时期所形成的文化遗产；在空间上，既要保护中心城区的文化遗产，也要保护市域范围内的文化遗产；在形态上，既要保护物质文化遗产，也要保护非物质文化遗产，尤其要注重保护与传统文化表现形式相关的实物和场所。历史城区重点保护其传统格局与历史风貌，历史街区保护其真实性、完整性和生活延续性，历史建筑应保护其本体及周边环境。

历史文化名城保护是一项整体的系统工程。城墙、衙署、庙宇、寺院、历史街区、古街道、民居、民俗、技艺等是其中重要的组成要素。在将整座古城作为一个完整的系统进行保护的前提下，一个似复杂的问题自动裂变为两个子问题：一个是如何理顺历史文化名城的保护与城市化之间矛盾的问题；另一个是如何理顺历史文化名城在自身传统体系内完成有机更新的问题[②]。大同在积极探索历史文化名城的保护模式，从旧城改造走向古城保护，从单体保护走向整体保护，从两相对立走向两全其美，从文物造假走向修旧如旧，从个性泯灭走向特色张扬，从文化包袱走向产业创新，在文化遗产保护道路上不断探索、继续前行，创造出历史文化名城保护的“大同模式”。

① 耿彦波．从旧城改造到古城保护——走出文化传承与经济发展的两难困境［J］．文化纵横，2013.4.

② 耿彦波．从旧城改造到古城保护——走出文化传承与经济发展的两难困境［J］．文化纵横，2013.4.

专题十一

鼓楼功臣——王民选

王民选（1910—1984年），原名韩荣陛，大同灵丘人，出身于农民家庭。1929年被聘为小学教员。新中国成立后，出任口泉区委副书记、书记。1952年担任一区区委书记。1953年担任大同市委统战部副部长、部长。在“文化大革命”中被反对派扣上帽子，最先被批斗。

1972年王民选出任大同市文化局副局长。1973年9月周总理陪同法国总统蓬皮杜参观云冈石窟时对石窟的维修工作做重要指示：“三年修好云冈石窟”。年近花甲王民选参与修缮云冈石窟的方案设计与施工。

1974年和1979年市政府曾两次以影响市内交通为由提议将已有500余年历史的鼓楼拆除，王民选凭职务之便据理力争，最终使鼓楼得以保留，这一事件也成为大同民间广为流传的一段佳话。他曾在公园发现一通清顺治十三年（1656年）《重修大同镇城碑记》石碑被作为石桌使用，遂通知博物馆将其运回保管。1978年他还在大同府署衙郡斋（古代郡守起居之处）与总镇署址发现一小一大两通李白“壮观碑”，并运回博物馆妥存（图3-2）。

1981年他担任市政协副主席，直到1983年离休。离休后他坚持写作，1984年离世，群众赠予“与鼓楼长存”之挽幛。

图3-2 大同府城鼓楼之一

始建于明朝天顺年间，距今已有500余年历史

图片来源：作者2016年2月28日摄于大同府城鼓楼。

3.1　考证充分

古建筑修缮的目的就是要以科学的方法与技术防止其损毁，尽可能地延长其寿命，并且最大限度地保存其历史、艺术、科学价值。所以在古建筑修缮前，应对其现状进行充分的勘查。对建筑物的历史特征、结构特征和构造特征进行勘查；对建筑物的承重构件的受力、变形及损坏、残缺程度与原因进行勘查。然后根据勘查结果绘制出现状图，并论证维修工程的具体实施方案。

古建筑的维护与加固必须遵守不改变古建筑物原状的原则。此原状系指个体古建筑或群体古建筑中一切有历史价值的遗存状况。如果确定需要将古建恢复到创建时的面貌或恢复到特定历史时期的状况时，必须在可靠的历史考证和充分的技术论证的基础之上来动工。在按原样恢复已残损的建筑结构，或改正历代修缮中有损原状的部分，或恢复不合理增添或去除的部分等古建筑局部复原工程亦应以可靠的考证资料为依据。

在考古发掘、资料收集、调查研究、专家论证的基础上，坚持前期规划设计和后期开工建造必须在充分的历史依据和专家论证的前提下进行。加强对修复和重建古建筑的考证工作，要充分论证史料记载的真实性、考古依据的科学性和修复重建的可行性。对没有历史依据、需要新增的建筑，也应该有充分、合理、正当的理由。确定原建筑的形式应考证历史记载，必要时还应按照与该建筑物同时代创建的同类建筑的特征来推断其形制。

3.2　遗产本位

保护有历史文化价值的古迹要尊重文化多样性和遗产多样性原则，即在其原生文化背景下对遗产项目加以考证和评判。耿彦波说："城市建设不能把文化简单地标签化、娱乐化，甚至庸俗化，要做的是文物保护而不是文物造假。"文化遗产修缮和复建必须严格遵循遗产所属朝代的营造法式，不能张冠李戴（图3-3 ~ 图3-9）。

图3-3 法华寺

图片来源：山西大同大学美术学院2015级环境艺术设计二班索玮丽创作于2016年4月的建筑素描。

法华寺位于府城内和阳街东段、东距和阳门约150m。

图3-4 大同府城四牌楼

图片来源：山西大同大学美术学院2015级环境艺术设计二班师艺萌创作于2016年4月的建筑素描。

四牌楼为四柱三间三楼木构冲天柱牌楼，系明初徐达筑城后为表功而建。通高10m，通面阔16m。四牌楼位于府城中心的十字街口，是府城内四条最主要、最繁华的商业街道交汇之处。"城内以四牌楼十字街为适中之地，街口四连建坊，东曰和阳街，西曰清远街，南曰永泰街，北曰武定街，大书坊额"。原牌楼于1954年人为拆毁，2013年原址原形制修复。

图3-5 大同府文庙尊经阁

图片来源：山西大同大学美术学院2015级环境艺术设计二班刘静创作于2016年4月的建筑素描。

大同府文庙在府城东南隅，因位于府城东北隅的原府学于明洪武二十五年被改建为代王府，故于明洪武二十九年（1396年）将位于府城东南隅的原云中驿改建为大同府学，坐北朝南，共有三进院落。嘉靖十二年（1533年）大同镇兵哗变，文庙、府学“毁无寸遗”。嘉靖十六年（1537年）重建。2008年底修复时，占用府文庙的大同六中迁出，原址仅剩大成殿保存较完好，其余建筑尽毁。经过约两年的修复，大同府文庙已成为府城内一处规模宏大、殿宇壮丽的宫殿式建筑群。进了棂星门是文庙的第一进院落，自南向北依次为仪门、泮池。仪门为一座石质牌坊，正面书“文圣尼父”，背面书“道洽大同”，显示出孔子至高的文化地位和美好的政治理想。泮池是学宫前水池的称谓。过了大成门，即到达第二进院落，中为文庙主殿——大成殿（由“集古圣先贤之大成”而称名）。大成殿后是府文庙的第三进院落，前面是一尊3m多高的汉白玉孔子雕像，雕像后面是重楼飞檐、雕饰精美的尊经阁，亦即贮藏儒家经典的藏书楼。

图3-6 大同云路街“大成坊”牌坊

图片来源：山西大同大学美术学院2015级环境艺术设计二班郭婷创作于2016年4月的建筑素描。

云路古文化街位于明清府城内府学门街南侧，古云路街是状元金榜题名去文庙朝拜孔子的必经之地，取“平步青云”之美好寓意。云路街南北街口均有牌坊一座，名曰“云路坊”与“大成坊”。“大成”取自“孔子之谓集大成”。原牌坊于20世纪六、七十年代拆除。2011年又重新修复牌楼，现已成为“儒学文化旅游区”的著名商业步行街。

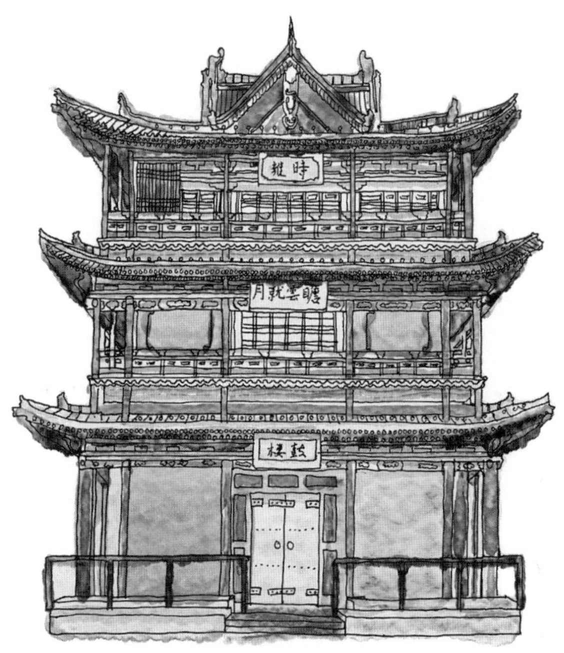

图3-7 大同府城鼓楼之二

鼓楼位于府城内永泰街、四牌楼南约200m处。创建于明朝天顺年间，形制为十字歇山顶三层楼阁式建筑，高18.9m。底层中开洞门、十字穿心，方便通行。鼓楼以北的永泰街人称大南街，以南为小南街。鼓楼东西分别是历史文化街区——鼓楼东街和鼓楼西街。提起鼓楼我们必须铭记一位保护大同文物的英雄——王民选。

图片来源：山西大同大学美术学院2015级视觉传达设计一班段建创作于2018年10月的建筑素描。

图3-8 华严宝塔

华严寺宝塔是根据《辽史・地理志》中的记载复建的。木塔呈方形，为三层四檐纯木榫卯结构，通高43.5m，已成为大同古城内标志性建筑，也是继应县木塔（通高67.31m）之后的第二大纯木塔。木塔由山西杨氏古建第六代传人非物质文化遗产继承人杨贵廷负责施工，按辽代建筑手法营造。各层内设塔心室一间，分层供奉着香檀木雕刻的释迦牟尼佛、观世音菩萨、交脚菩萨像。塔基塔刹均为须弥座，底层设周围廊。整座木塔造型精美壮观，古朴雄健。

图片来源：山西大同大学美术学院2015级环境艺术设计二班刘璐创作于2016年4月的建筑素描。

图3-9 2013年复建中的魁星楼

原魁星楼建于万历三十四年，位于武定街中段，1917年被晋北镇守使张树帜以缓解交通压力为由拆毁。

图片来源：大同市地方志办公室，云冈石窟研究院. 老大同（下）. 太原：北岳文艺出版社，2013。

3.3 四原保存

大同保护古建筑的思路是继承、遵循近当代致力于中国古代建筑的研究和保护的建筑历史学家、建筑教育家和建筑师梁思成所提倡的“四原原则”，即原形制、原结构、原材料、原工艺。历史建筑是特定时代的产物，反映的是当时的情况，只有保持它的原状才能再现历史的真实，才最有价值。所以在对不可移动的文物进行修缮、保养、迁移时，必须遵守不改变文物原状的原则，最大限度地保存其历史、艺术、科学价值。

1）保存原建筑形制

古建筑的形制包括原建筑的平面布局、造型、艺术风格等。每朝每代的建筑都有其时代特征，能反映出当时的建筑形制、特点、工艺。如果在古建筑保护与修缮中轻易改变建筑物的原状，或者张冠李戴，对古建筑科学价值的损害是不可挽回的。

2）保存原建筑结构

古建筑的结构间接地反映出科学技术的发展。随着社会的发展，人类对建筑物的需要也在变化，要求也在不断提高，最终导致在建筑发展的各个时期内建筑物式样、结构产生了差异。这些仅存的人类文明的遗构也成为建筑发展进程中的物证与标志。尤其是对一些仅存的特殊价值的结构进行维修、加固时要完全保留其原结构。对一些特殊价值的建筑结构，在维修工程中是不能轻易改变的。

3）保存原建筑材料

建筑材料的选取和运用是进行建筑活动的重要环节，许多前人的经验值得吸取，而这些前人的经验都可以从古建筑物身上得到直接的反映。随着建筑材料的发展，也推动了建筑技术、建筑工艺的发展。但反之建筑材料又反映出建筑技术、工艺的发展。所以如果我们随便使用现代的材料来代替古建筑原来的材料，那么将会使古建筑的价值蒙受巨大的损失。即使把古建筑的形式、构件、外观、结构等模仿得非常之相像，但这座古建筑也已失去了价值，只剩下一个赝品的外壳。所以在修缮古建筑时一定要保存建筑原有的构件与材料，原构件必须更换时也要用原材料。尤其不应用现代的水泥来代替古建筑原来的砖石和木材，水泥是现代最常用的建筑材料，在古建筑维修中应慎用之，因此水泥是古建筑维修的大敌。

4）保存原建筑工艺技术

保存古建筑的原状除了保存其形制、结构与材料之外，还要保存原来的传统工艺技术。中国古代的工匠创造了东方木建筑构造独特的“斗栱”，并产生了“梁柱式”与“穿斗式”两大木结构体系。我们应对这些工艺技术进步推广和传承，在历史建筑的修缮、重修、复建工程中务必做到保持原样、修旧如旧。一直从事中国古代建筑维修保护和调查研究工作的中国古建筑学家罗哲文①先生曾经指出，中国现存的古建筑90%以上都是经过维修加固，或重大修缮，或重修复建的。如果没有历代的修缮、复建，就没有中国传统建筑的传承。因此，在进行古建筑的修复过程中严格按照“修旧如旧”的传统方法来尽量使古建保持它原来的风貌。

在遵循“四原保存”的前提之下在古建筑的修缮与维护过程中应积极探索与运用新材料和新技术。其实新材料与新技术只要使用得当，不仅与“四原原则”不矛盾，而且还能更好地传承古建筑，也更有利于古建筑的保护。但新材料的使用要注意以下三点：①使用新材料不是替换原材料，而是为了加固或增强原材料、原结构；②新技术的应用要有利于保持原状，有利于施工，有利于对古建维修加固②；③新材料与新技术应先在小范围内试用，如果合乎操作规程及质量检测标准再逐步扩大其使用范围。

建筑结构、建筑材料与建筑工艺技术的关系是不可分割的。“四原原则”中又以原建筑材料为核心。中国的传统建筑大都为砖木构架，砖木结构的原材料和传统营造法式即为修旧如旧，钢筋混凝土的材料和现代建造手段即为文化造假。“四原原则”是鉴别文化造假与修旧如旧的试金石③。

3.4 浑然一体

我们所做的古城修复和保护就是为了留下这座城市的文化记忆。文

---

① 罗哲文，原中国文物研究所所长。1940年考入中国营造学社，师从著名古建筑学家梁思成、刘敦桢等。

② 罗哲文．罗哲文历史文化名城与古建筑保护文集［M］．北京：中国建筑工业出版社，2002.

③ 耿彦波．从旧城改造到古城保护——走出文化传承与经济发展的两难困境［J］．文化纵横，2013.4.

物保护和城市建设有其自身的规律和特色，不能离开本土实际抽象谈论，这有害无益。就中国古建筑来说，大都是土木结构，这与西方的石头建筑不同，土木结构容易遭受水火等自然灾害破坏，容易腐朽，大都需要不断地进行修复，这符合中国建筑的客观实际。中国传统建筑讲究浑然一体的整体美、神韵美，所以我们的修复也必须是整体性的[①]。所以代表民族艺术与文化特征的传统建筑不能脱离周围环境而单独存在。中国古建筑多为庭院式群体性建筑，它们体现着传统礼制，体现着传统艺术，体现着中华传统文化，所以在保护与修复中必须注重其整体的完整性。

基于中国传统建筑的独特形制与审美价值，梁思成先生指出："古建筑维修要有古意"，"把一座古文物建筑修得焕然一新，犹如把一些周鼎汉镜用桐油擦得油光晶亮一样，将严重损害到它的历史、艺术价值"。历史建筑修补部分务必要与原貌相协调，新旧浑然一体。坚持修旧如旧，原汁原味，保持传统建筑群的真实性、完整性、传承性，让其能如实地传承中国传统建筑独特的审美特征和美学价值。

文化遗产应该得到合理的利用，可持续性的使用是其保存的最好方式。世界上不乏以文化遗产转化为文化资源型的城市，例如日本京都、奈良，意大利佛罗伦萨，都是依靠珍贵丰富的文化资源成为世界上著名的文化旅游名城。大同也在名城古都的保护中孕育着一个文化旅游大产业的宏伟战略，在保护中发展，在发展中保护。经由这样的良性循环，历史文化名城才能完成有机更新，持续不断地发展，持续不断地创造社会价值[②]。

① 李可. 留住城市的文化记忆——对话太原市代市长耿彦波代表［N］. 光明日报，2013-3-7.

② 耿彦波. 从旧城改造到古城保护——走出文化传承与经济发展的两难困境［J］. 文化纵横，2013.4.

专题十二

百年的轮回

一百多年前一位外国人给我们留下了一张珍贵的大同府城太平楼照片。他就是法国汉学家爱德华·沙畹。

1907年3月～1908年2月，沙畹第二次来到中国，对华北古迹进行了考察。10月22日至30日，沙畹在大同考察，最早用相机记录下大同府城的古迹与云冈石窟影像。沙畹回国后整理出版了《华北考古考察图谱》一书。这些古老建筑在历史的变迁中已经消逝，他的照片成了研究这些文物古迹唯一的历史影像，所以他在晚清拍摄的这些照片也成为研究城市历史变迁的重要资料（图3-10）。

百年间中华大地上发生了翻天覆地的变化，经历若干运动、破旧立新后的千年古城少了四旧、多了四新，建筑少了传承、多了功利。该楼位于和阳街中段，建于明正德年间。1926 年被晋北镇守使张树帜以妨碍通行为由拆毁，2016年由市民昝宝石捐资1000万重修（图3-11）。

正所谓诗云：依稀景相似，分明时不同。古城今安在，何苦累耿公。一座太平楼见证了大同城百年的轮回。

图3-10 1907年太平楼

图片来源：（法）爱德华·沙畹于1907年10月22日或23日摄于大同府城和阳街中段。

图3-11 2016年重建后的太平楼

图片来源：作者于2016年12月16日摄于大同府城和阳街中段。

第4章
未来大同

4.1 古城怀旧
4.2 御东展望

余秋雨曾言：保护文化就是保护历史，因为只有回到历史才能创造未来。大文化熏陶着大古都，大古都承载着大文化；大文化塑造着大古都，大古都传承着大文化。今日大同争取“大古都”的地位不是追求历史认同而是恢复自身的文化身份，这也将给未来大同带来更多的责任，也让大同这个“大古都”能重新回到我们面前，并走向世界。

4.1 古城怀旧

大同城墙为明代府城垣，1372年由徐达大将军及历任大同都卫指挥使、山西行都指挥使、大同巡抚建造、扩建后历经沧桑，时至今日已有640多个春秋。在漫长的历史岁月中，大同古城墙人为损毁严重，已是千疮百孔。但大同古城墙虽历经岁月沧桑，朝代更迭，仍旧保存了比较完整的基础结构。

据大同市文物局古建所2004～2005年实地调查、测量，截至2005年底，大同古城东城墙原长1839m，现存1429.4m；南城墙原长1776m，现存1253.2m；西城墙原长1842m，现存1095.5m；北城墙原长1783m，现存1325.6m；主城墙原周长7240m，现还保留5103.7m城墙夯土；占城墙总长度的70%以上；主城的西北角、西南角、东北角、东南角的保存较为完整。北小城城墙原周长3600m，现存2357.5m；其中东段与西段保存相对完整。操场城也基本保留了较完整的轮廓。南小城城墙损毁最严重，原周长3684m，现仅存900m[①]。东小城城墙毁无寸遗。另外，北城墙存完整马面[②]4座、残缺马面2座，东城墙存完整马面6座、残缺马面3个，南城墙存完整马面2个、残缺马面2个、严重损毁马面1座，西城墙仅存完整马面1座、残缺马面1座（图4-1）。

在2008年古城修复之前，大同历史街区的格局基本完整，并具有明显“坊”的特征，有历史街巷156条，传统四合院1500多座。现存比较完整的“坊”共计14个，其中，以狮子街坊及云路街坊最为典型。每个完整坊内院落数量一般在45～60处之间。古城内有全国及省、市级重点文物保护单位29处；大同古城的传统风貌基本完好。这在全国同类型、

① 解玉保. 大同古城核心区保护与利用［J］. 文物世界，2009（3）：44-46.

② 古代城堡上的一种墩台形城防设施。为了加强防御，城墙上每隔一定的间距，就会有突出城墙的矩形墩台，以利守城者从侧面攻击敌人。这种墩台称敌台，俗称马面。

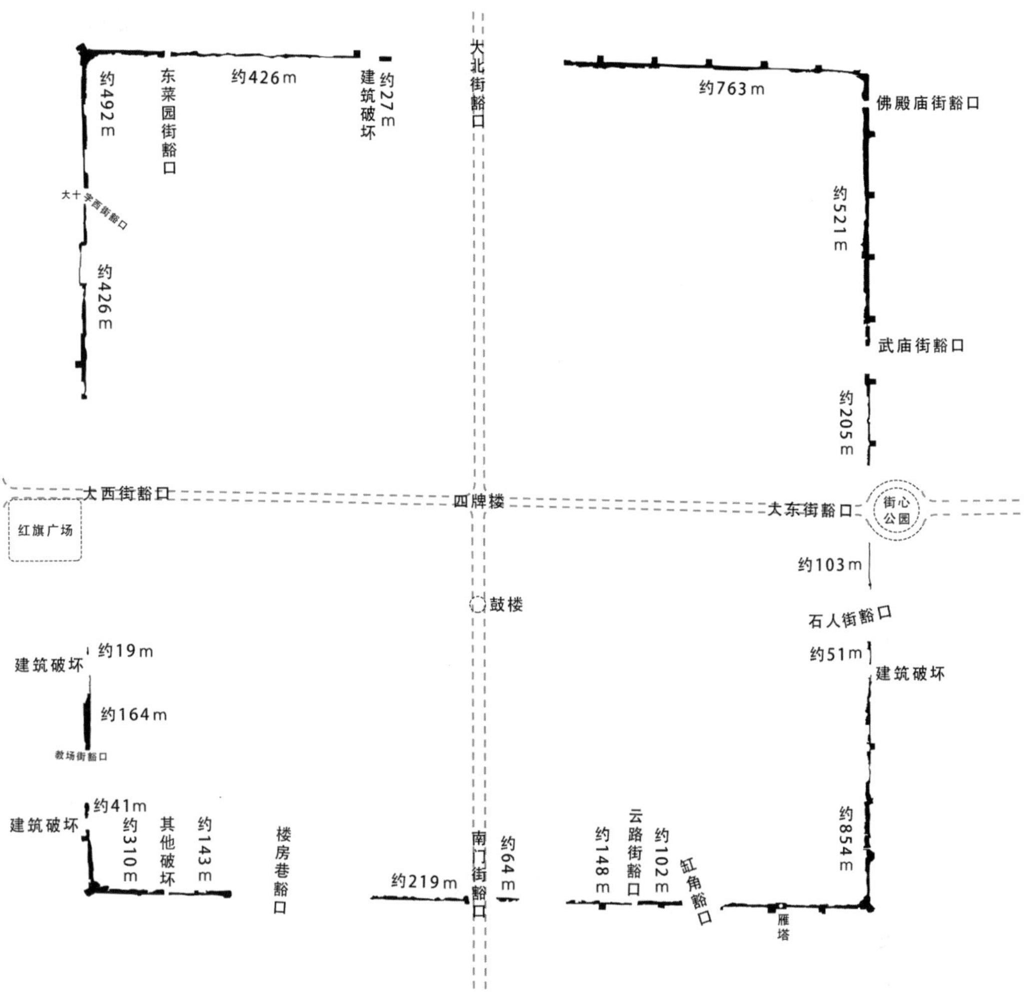

图4-1　修复前大同明清府城城墙平面图

从本平面图中可见大同明清府城的城门、城楼、望楼、角楼无一幸存，府城墙西南段与东南段损毁最为严重，城墙成了残垣断壁。相比较东北段、西北段保存较完整。城墙砖于20世纪50年代中后期被全部刨剥，曾经“铜墙铁壁”般的坚固城池轮为一垅黄土。经著者对照古城修复前后近六年的高清卫星影像测算出以下数据：截至2009年4月原周长7240m的明清大同府城城墙还剩约5078m的夯土墙，占原城墙长度的70%，其中南城墙存1359m、北城墙存1330m、东城墙存1289m、西城墙存1100m。还有完整或较完整马面13座，残存马面8座，严重损毁马面1座，其中北城墙存较完整马面4座、残缺马面2座，东城墙存较完整马面6座、残缺马面3个，南城墙存较完整马面2个、残缺马面2个、严重损毁马面1座，西城墙仅存较完整马面1座、残缺马面1座。整体来看大同明朝府城城墙的保护在国家历史文化名城中相对较好。中国历史上数千座城市中城墙保存比较完整的城市已经凤毛麟角了，根据与现代城市重叠沿用而非城市遗址的初步调查，城墙尚存的都城级城市仅有：西安、南京、开封；城墙保存相对完整的府级城市有：大同、荆州、宣化、榆林、正定、襄阳、苏州、大理、永年、衢州；城墙保存完整的州县级仅剩：寿县、平遥、松潘、兴城、临海。

图片来源：作者绘制。

同规模城市中极为罕见[①]。上述情况充分说明大同古城主体较完整，很好地保留了明清格局，完全具有整体保护、修复的价值。

2008年5月大同市人民政府决定实施历史文化名城复兴工程，对原

① 安大钧. 大同对古城古建保护与修复的探索［J］. 凤凰周刊·城市，2014（9）.

大同府城垣采取整体保护、分段修复的规划，决定分步骤修复东、南、北、西四面城墙。2009年5月大同府城东城墙正式动工，10月基本完工，历时6个月；2010年5月南城墙动工，2011年9月竣工，历时1年零5个月；2011年5月北城墙正式开工修复，2012年9月底竣工，历时1年零5个月；2012年7月西城墙启动修复，2016年11月18日竣工，历时4年零5个月。大同古城修复总投资约50亿元，搬迁居民23888户。城墙修复共用砖1508万块，石材6630m^3，木材35290m^3，瓦110万件。在大同市新一届领导集体的努力推进下古城已于2016年11月18日顺利合拢，一座完整、恢宏的明代府城呈现在世人面前。古城将在整座城市中承担区域高端服务职能，在以旅游、文化创意、商贸等第三产业为主的基础上，逐步形成优势产业，继续改善旅游环境，加快修复进度，形成一个能充分展现大同城市历史文化特色与风貌的核心区（图4-2～图4-4）。

图4-2 雄浑精致的大同府城望楼

图片来源：作者2010年9月22日摄于大同府城东城墙。

图4-3 现代与传统的对话

照片左侧是大同府城古老的望楼，而画面的右侧是极具现代色彩的建筑，两种时代不同、功能各异的建筑群在这里发生了激烈的碰撞。这也从侧面诠释了住在从西方诞生的现代建筑中的国人在传统建筑中寻求精神慰藉的矛盾心理。

图片来源：作者2010年9月22日摄于大同府城东城墙。

图4-4 和阳门月城

图片来源：作者2010年9月22日摄于大同府城和阳门月城内。

站在月城中，我陷入沉思。耳畔仿佛传来阵阵将士的厮杀声。试想，从大同建城到最近的解放战争，它经历了多少次战争的洗礼？在这座月城中又有多少热血之躯为了某种理想或信念而永远的倒下？在一次次的改朝换代中为什么要经过一次次血腥的暴力来完成？在历史的长河中为什么要上演一幕幕集体的杀戮？历史的进步为什么要由这种无休止的暴力来推动？回答这个问题也许要回到人性的本质与人类社会存在的基础上来。我没有答案，只有无穷的疑问与无尽的感伤。

大同市委书记张吉福就古城保护与修复现场办公时强调：作为大同建设的接棒人，我们有责任、有义务完成未竟的事业。市委、市政府将继续加快古城棚户区改造，改善古城内居民住房条件，让大同人民共同受益，共享大同古城保护和建设的成果。古城保护要坚持整体保护、重点修复、科学规划、分步实施的原则，充分体现历史深度、文化脉络、古都灵魂。要正确把握古城保护和建设中留、修、建的关系。“留”就是指有文物价值、文化标志和历史记忆的要留，能在大同人民心中留下深刻记忆的包括民国的、20世纪五六十年代的都要适当保留，要多留遗产，少留遗憾；“修”就是修旧如旧，补缺添失；“建”是要考虑旅游、居住等功能要求，并结合古城旅游开发，新建一些附建工程。政府将继续推动古城保护和建设，大力解决“卡脖子”工程，加快“半拉子”工程，尽力做好事关改善群众居住条件的民生工程，用经济思维和市场意识，重振古都雄风，焕发名城活力。让古城形象塑起来，让古城魅力活起来，让古城市场火起来，让古城成为撬动大同产业转型的重要动力，让古城保护与建设能够带给大同百姓实实在在的利益。

在谈到古城旅游开发时，张吉福指出，古城保护和建设不仅是个形象问题、产业发展问题，同时也是一个民生问题。大同古城寺庙林立、历史遗存丰富，是我国保存最为完好的府城之一，具有得天独厚的历史、文化、旅游价值。在加大古城保护与修复的同时，必须要做到保护、修复、管理、开发和统筹规划，要深入挖掘古城的历史、文化、旅游等综合价值，用经济思维和市场意识深入挖掘，把文化效益、社会效益和经济效益发挥出来。同时要扭转外界对“煤都”的单一印象，强化历史文化名城符号，加大城市形象的宣传，让外界深入了解大同，感受古城魅力。通过市场化运作加大古城旅游开发，真正让古城活起来、火起来，让大同古城成为继煤炭资源之后的又一大资源“富矿”①（图4-5～图4-9）。

图4-5 大同明清府城出入口分布图
图片来源：作者绘制。

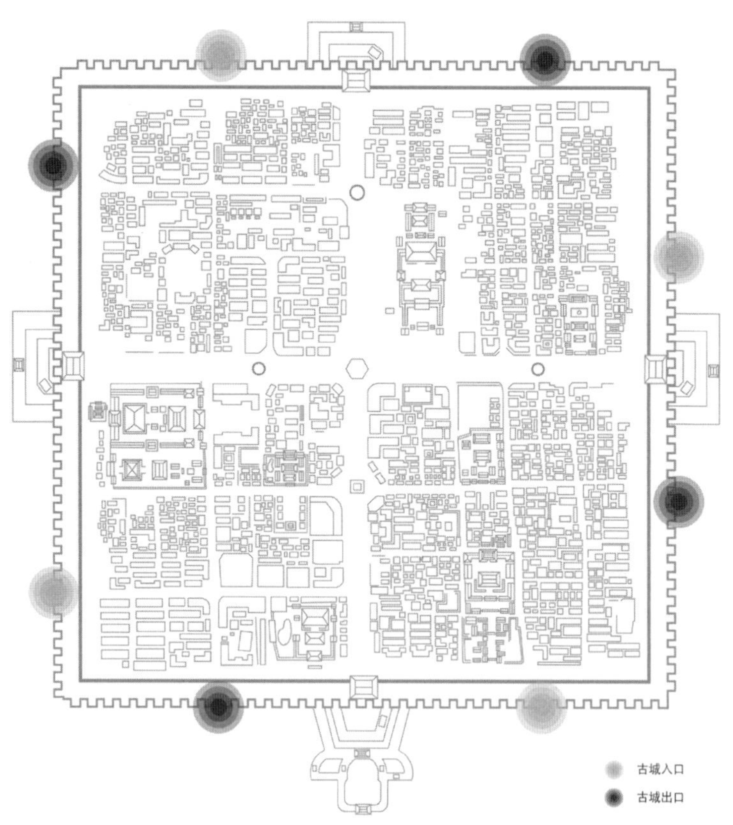

整座府城共有入口4个，出口4个。东城墙入口：和阳北门，出口：和阳南门；南城墙入口：永泰东门，出口：永泰西门；西城墙入口：清远南门，出口：清远北门；北城墙入口：武定西门，出口：武定东门。

① 王瑶. 张吉福在古城现场办公时强调坚定不移推进古城保护修复［N］. 大同日报，2015-8-22.

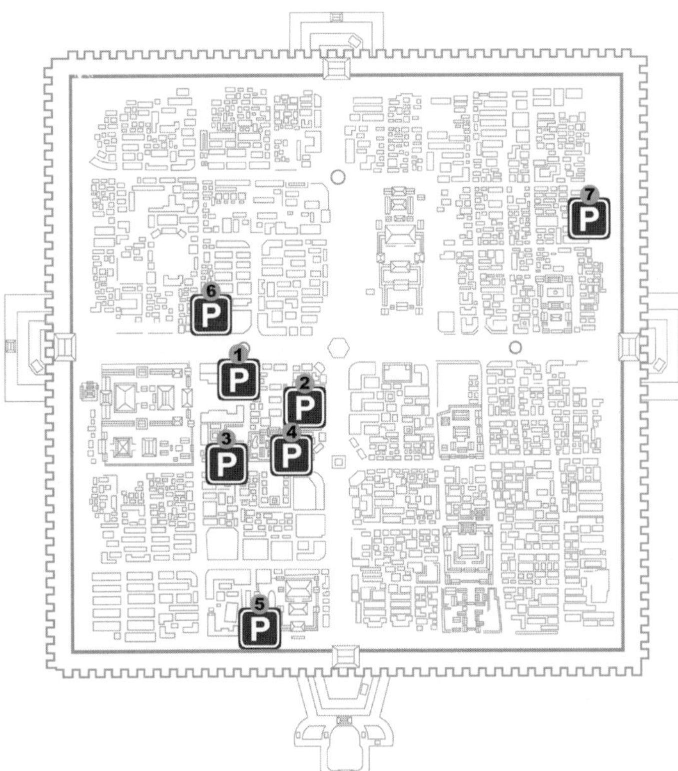

图4-6 大同明清府城停车场分布图

已建成并投入使用的停车场共7个。

图片来源：作者绘制。

1—华严寺地下停车场
2—清真大寺停车场
3—凤临阁停车场
4—鼓楼西街地下停车场
5—善化寺停车场
6—云冈国际酒店停车场
7—和阳北门停车场

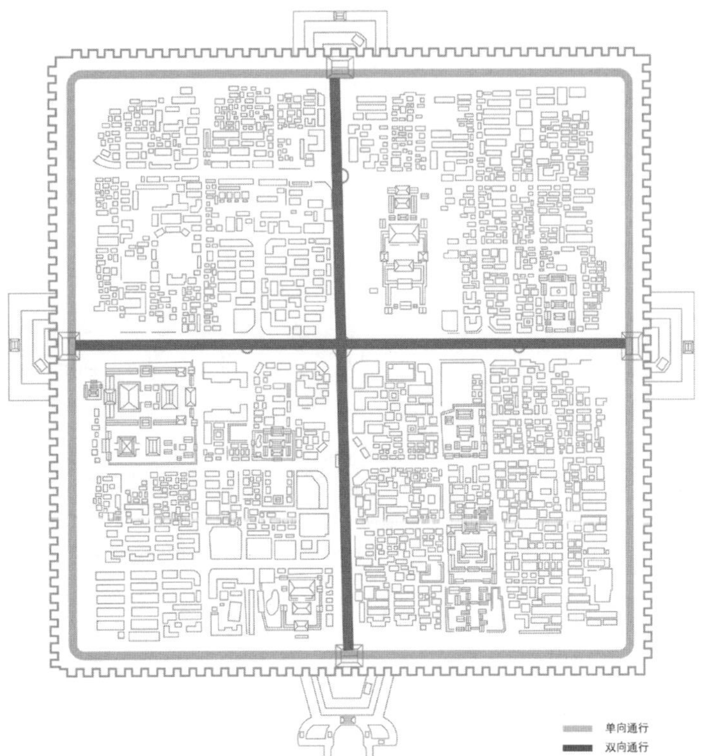

图4-7 大同明清府城一级路网分布图

一级路网由沿城墙环形单向道路（顺时针通行）和以四牌楼为中心的“十”字道路构成的“田”字形路网。

图片来源：作者绘制。

图4-8 大同明清府城二级路网分布图

二级路网由经改造、拓宽的街道和原生小巷构成的“井”字形的道路格局。

图片来源：作者绘制。

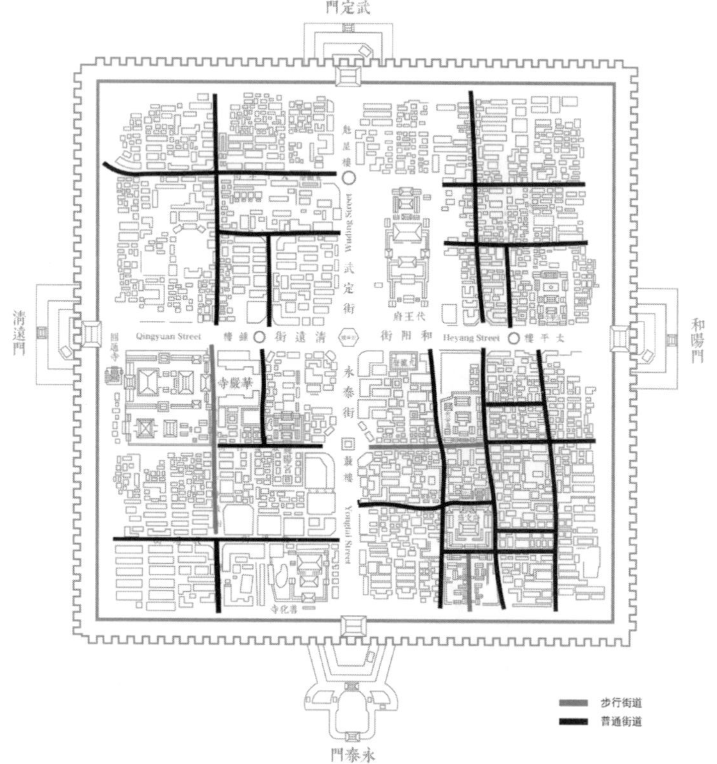

图4-9 大同明清府城游客密度分布图

图中象征游客的黑色圆点越密、越大代表游客人数越多，反之则少。大同府城主要游览区域可以分为两部分：府城墙和府城内游览点。府城墙是一个环形封闭的游览区域，在府城墙上可以俯瞰府城内外。从图中明显看出游客主要集中在南半城。西南城以辽金寺庙为主要游览点；东南城则以文庙、关帝庙及民居古巷为主要游览点；东北城以代王府、九龙壁、法华寺为主要游览点；西北城被近现代城市建设破坏严重，在府署衙、总镇署未被修复之前基本没有游览点。

图片来源：作者绘制。

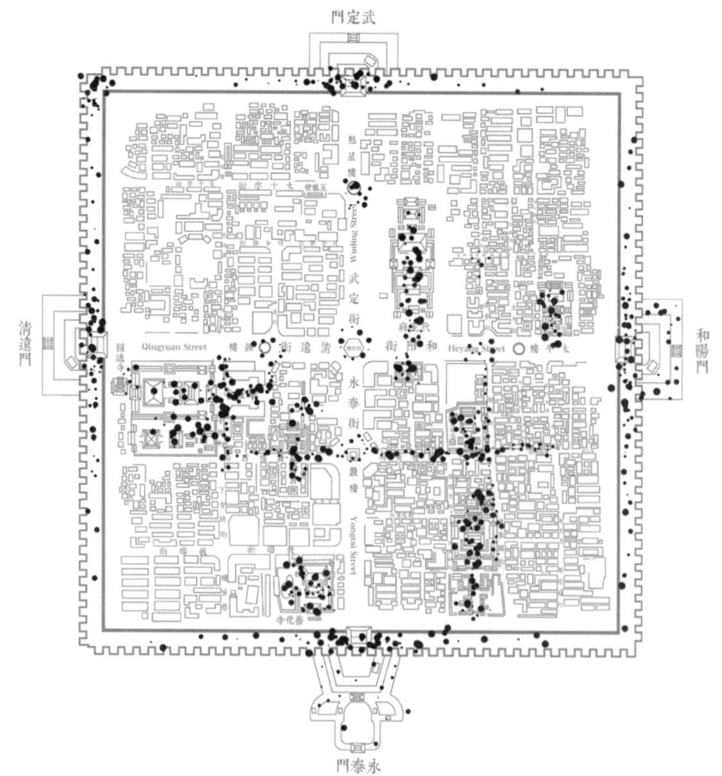

专题十三

大同体育中心

大同体育中心位于大同市御东新区。由POPULOUS事务所（澳大利亚）和中建国际设计顾问有限公司（已于2012年正式更名为CCDI悉地国际有限公司）联合设计。设计创意灵感来源于黄土高原的典型自然地貌。体育中心“一场三馆”由体育场、体院馆、游泳馆及综合训练馆4个主要单体建筑物组成。工程总用地43.03hm^2，总建筑面积约10.17万m^2，总投资约12.5亿。体育场面积约为39740m^2，可容纳3万名观众，看台为混凝土框架结构，钢结构罩棚为单层折面网络结构，罩棚由51片大小、形态各异的“叶片”构成。体育场分四层：地下层为室内训练场和射击场等室内赛场，设施、设备区；第一层为平台层，是观众主入口层及下层看台层；第二层为体育教育层，亦有体育教室；第三层是上层看台层。主要用于举办区域性和全国性单项赛事，还将兼顾大型文艺演出、大型庆典、健身等多种功能于一体。体育中心同时拥有1.3万m^{2}的地下停车场（图4-10）。

体育馆建筑外形融入象征力量和动感的优美曲线，外轮廓呈矩形，长110m，宽85m。地上3层，局部设地下一层，可容纳约7890名观众；游泳馆地上 3 层、地下一层，可容纳1500个固定座席和1000个临时座席；训练馆共地上2层，训练场地位于地面层。场地除供体校学生训练外，还可供市民进行各类体育健身运动（图4-11）。

项目名称：大同体育中心

设计机构：POPULOUS事务所、中建国际设计顾问有限公司

项目规模：总占地面积43.03hm^2，总建筑面积10.17万m^2

开工时间：2010年9月

项目位置：大同市御东新区城市广场

图4-10 大同体育场外观设计效果图
图右后侧建筑为体育馆
图片来源：POPULOUS事务所。

图4-11 大同游泳馆、训练馆、体育馆外观设计效果图
从左至右分别为游泳馆、训练馆、体育馆
图片来源：POPULOUS事务所。

专题十四

大同美术馆

大同美术馆由世界著名的英国福斯特建筑事务所设计，主体为全地下结构，项目分地上一层，地下3层，总建筑面积32239m²，地上主体采用钢结构空间桁架体系。其最独特的设计元素就是金字塔式几何外形，建筑主体由4个24～36m体量不等的三角锥体以富有动感、韵律的方式排列、叠压而成的锥体组合，使室内形成宽敞开阔的展示空间。从北向进入展厅的天光既避免了阳光直射对艺术作品造成的损坏，又使室内光线更柔和。美术馆共划分为4个区域：开放式主展厅、小型展厅、公共空间、管理区。一层为大型主展厅，它的展示空间是高度灵活的，可以按需分隔为若干个子展区，适应于各种不同类型、不同大小的展览（图4-12、图4-13）。

儿童展厅、艺术教室、美术图书馆、多功能厅、咖啡厅、商店和休息区等都被布置于南侧下沉式庭院内，参观者可以在此充分享受阳光，在自然惬意中感受艺术之美。

项目名称：大同美术馆

设计机构：福斯特建筑事务所（英国）

项目规模：总占地面积77亩，总建筑面积32239m²

开工时间：2011年11月

项目位置：大同市御东新区城市广场

图4-12 大同美术馆外观设计效果图

图4-13 大同美术馆实景照片

图片来源：作者2016年11月13日摄于大同市御东新区城市广场。

专题十五

大同大剧院

大同大剧院是由日本后现代主义建筑设计大师矶崎新与上海现代设计集团合作设计。大剧院的外观是一具巨大的、粗糙的、呈不规则起伏状的曲面壳体。这个最具特征的大屋顶造型是设计师通过对云冈石窟、云、连绵山脉产生联想而得到的灵感。远远望去，就像一座连绵起伏的山丘，又像一处古朴沧桑的石窟，与大同的恢弘名胜和谐相应（图4-14、图4-15）。

在这个粗糙的曲面下面是两个分别可容纳1500人和800人同时观看演出的剧场。大剧院在内部结构上独具匠心，将观众席呈梯段式布置，既满足了观众视觉上的观赏要求，同时又拉近了观众和表演者的距离，使表演与观赏融为一体（图4-16）。

项目名称：大同大剧院

设计机构：矶崎新+胡倩工作室（上海）、上海现代设计集团

项目规模：总占地面积51557m^2，总建筑面积47376m^2

设计时间：2009年

开工时间：2010年9月

项目位置：大同市御东新区城市广场

图4-14 主体完工的大同大剧院

图片来源：作者2016年11月7日摄于大同市御东新区城市广场。

图4-15 大同大剧院正面
图片来源：作者2016年11月13日摄于大同市御东新区城市广场。

图4-16 大同大剧院主出入口大厅内部结构
图片来源：作者2016年11月13日摄于大同市御东新区城市广场。

专题十六

大同图书馆

大同图书馆御东新馆项目由美国哈佛大学设计学院研究生院建筑系原系主任科恩与北京市建筑设计研究院合作设计。图书馆外立面是9个利用主体钢架与幕墙装饰物相结合的手法营造出的凹凸立面，立面表面为乳白色夹胶彩釉幕墙构成的玻璃三角。这些不规则的三角形在阳光的照耀下熠熠生辉，远眺图书馆宛如镶嵌在文瀛湖畔的一颗巨大的钻石。立面透明的玻璃幕墙让室内阅读空间充斥着阳光（图4-17、图4-18）。

主阅览室是一个由林立回旋的书籍构筑而成的螺旋环绕的开放空间。沿圆形坡道内侧布设近60万册藏书。当读者漫步回廊沉浸于广博的馆藏之中时，既能博览群书，同时也能体验引人入胜的室内景观空间。主阅览室开放式空间还可以满足教育、社会等文化活动的需求。主阅览室一侧的花园庭院又为小憩、私人交流提供了一处僻静之地。

图书馆设计藏书约为100万册，可以同时容纳5000名读者进行阅读。馆内空间划分为八大区域：借阅区、书籍收藏储存区、咨询服务区、公共及辅助区、技术区、书本加工区、行政办公区、后勤区（图4-19、图4-20）。

大同图书馆御东新馆将实现由文献信息的收集、整理、传播功能到社区大文化和图书馆社会功能的延伸，成为工作会议、学术报告、社会活动、文化展示、文化活动的重要场所，是图书馆在职能、功能上的全新突破和崭新亮点。

项目名称：大同图书馆御东新馆

设计机构：普雷斯顿·斯科特·科恩建筑事务所（美国）、北京市建筑设计研究院

项目规模：总占地面积8733m^2，总建筑面积22198m^2

设计时间：2008年

开工时间：2010年9月

项目位置：大同市御东新区城市广场

图4-17 大同图书馆御东新馆外观设计效果图

图4-18 大同图书馆御东新馆阅读空间设计效果图

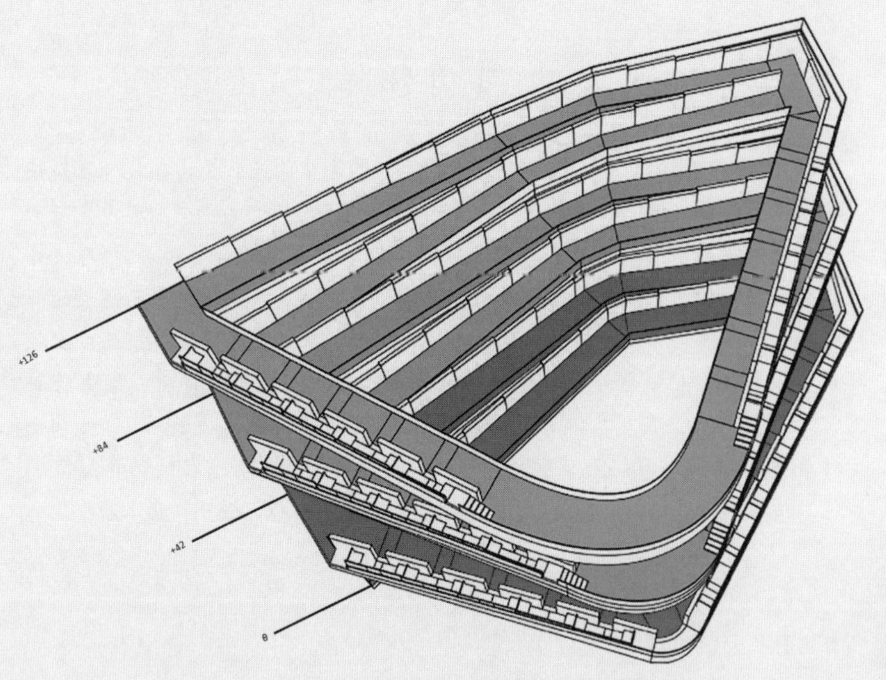

图4-19 大同图书馆御东新馆主阅览室各层流线图

图4-20 大同图书馆御东新馆主阅览室空间设计效果图

专题十七

大同博物馆

博物馆是一座城市历史的缩影。大同博物馆由中国当代杰出建筑师崔愷设计。分地下一层、地上三层。建筑设计力图将大同的历史文化融入其中，努力体现大同典型地貌特征元素。建筑主体为两个旋转体组合而成的反S形螺旋结构，其造型犹如两条巨龙在地面盘旋，体现了多民族、多文化交融而形成的大同地域文化。博物馆分为文物展览区、多功能厅、公共服务区、办公区、文物库区、设备区、地下停车区。公共服务区包括活动区、多媒体室、图书资料室、5D影院、公共餐厅、休息区。近1万m^2的展览区又分为1个基本展厅、4个专题展厅、1个临展厅。地下厅还特别开设了儿童互动区和可容纳40余人的5D影院。博物馆于2010年5月开工建设，2014年12月31日投入使用（图4-21）。

项目名称：大同博物馆
设计机构：中国建筑设计研究院崔愷工作室
项目规模：总占地面积51556m^2，总建筑面积32821m^2
设计时间：2009年
建设周期：2010年5月～2014年年底
项目位置：大同市御东新区城市广场

图4-21 大同博物馆正面

图片来源：作者于2018年10月13日拍摄于大同市御东新区城市广场。

4.2　御东展望

过去十几年间，中国年均城市化速度为3.2%，即城市人口比例每年增长3.2%。按照国际标准中国已经成为全世界城市化速度最快的国家。2014年中国城市化率已达到54.8%。伴随着城市的高速发展，一座座新城在一片片质疑声中迅速崛起。1980年中国人口超过50万的城市只有51座，而从1980～2010年的30年间，已有185座城市跨入50万人口门槛。2010年11月1日第六次全国人口普查公布大同市域人口为331.8万人（其中城区72.3万、矿区50万、南郊区40.6万），2010年大同市城镇化率为54.9%。

随着我国城市化进程的迅速推进，城区经济在社会经济体中的地位日益重要。每座城市在发展中都会遇到同样的问题：原有中心城区规模过小，城市发展空间受限，于是新区应运而生。新区开发与建设已成为大多数城市扩张与促进城区经济增长的主要方式之一。新区建设对于一座城市的规划与发展具有里程碑式的意义。大同御东新区将承担对接区域高端生产服务职能。产业发展突出商务金融、行政办公、教育科研、文化娱乐、创意产业、新型加工业和流通产业，发挥面向机场与高铁的交通枢纽功能优势，增加就业，吸引老城区疏解人口。构建生态宜居的生活环境，创建花园式的新城区（图4-22）。

图4-22 御东新区实景照片

图片来源：作者2015年9月11日摄于大同大学行知苑。

照片左侧为大同市第五人民医院，右下方为行知苑（原大同大学专家公寓），右前方为亲水湾·龙园。由照片可见整个新区的规划十分现代，高层建筑林立，在各规划单元之间有大面积的绿化缓冲带。新区道路宽阔，空气清新，营造出一个宜人、宜居的人居环境。

从2008年开始，大同市政府践行“转型发展、绿色崛起”发展战略，加快建设魅力型城市的步伐，实施名城复兴工程。全市先后投入50多亿元，新建了2000多万m^2的绿化工程，营造170多处街头绿地，建设十余处园林绿化景观，主要包括：文瀛湖景观、采凉山森林公园、御河蓄水绿化景观、环古城带状公园、十里河森林公园、智家堡森林公园、两河湿地公园、云冈峪绿化等。在新城区轴线位置上新建南北长3000m、东西宽600m的城市广场。世界顶级设计公司法国夏邦杰对御东新区进行了概念性总体规划设计，一期工程占地42km^2，其中绿色生态面积达到15m^2。未来大同市的行政中心、文化中心、会展中心、体育中心等都将陆续从御河西侧的老城区转移至御东新城区。

2014年城市建成区绿化覆盖率、绿化率、人均公共绿地面积分别达到38.3%、34.18%和14.65m^2/人。2016年，新增建成区绿化面积116万m^2，城市绿化率达40.96%，绿化工程的实施极大地美化了环境、改善了生态。从山西省环保厅发布数据显示：2014年大同市区二级以上优良天数达300天，2016年达314天，二级以上的优良天数和空气质量综合指数连续4年在山西省11个地市中均排第一。2014年，大同被住房和城乡建设部授予“国家园林城市”称号。

文瀛湖位于御东新区的中心，它坐落于大同府城东5km白登山南麓的地势低洼之处。自北魏始就成为垂钓游玩之处，清代时称小东海。1957年经人工改造后形成一座水库，水源主要来自御河。记得上大学时我和同学们经常来这里划船，那时的文瀛湖湖水很多，岸边还有许多小型的养鱼场，湖边偶尔也可见垂钓者。当时文瀛湖还未被开发，所以也很少见游人来此。后来因湖底渗漏、御河断流最终导致湖水干涸。2009年大同启动了以“一河三库一湖”的城市地表水供水配置体系建设。经过防渗改造后的文瀛湖水面面积达到43.3万m^2。2009年大同市政府委托国际知名景观设计事务所美国AECOM（艾奕康环境规划设计有限公司）对文瀛湖重新进行了整体设计规划。2010年政府投入了9.6亿元巨资并委托北京东方园林股份有限公司承建被称为“城市绿肺”的文瀛湖生态建设工程。该工程是省、市级重点景观项目，工程占地约686万m^2，水面面积为393万m^2，绿化面积约244万m^2，环湖道路约9.43km。本项目的建设极大地改善了文瀛湖及周边的生态环境。

2011年10月山西省渔业局与大同市水务局向文瀛湖投放鲤、鲫、草、鲢、鳙鱼的鱼苗，并在湖内种植了荷花、芦苇等水生观赏植物。文瀛湖变得更具魅力、观赏与休闲价值。先后有白天鹅、野鸭、海鸥等飞禽栖息于此，再现了文瀛湖历史上“波澄一镜、滨簇千家、文浪粼粼、鸥波上下”的美景。

文瀛湖景观工程根据周边用地性质及与湖岸的关系，将整个景区分为七个功能区，即城市广场、时尚商业街、城市时尚公园、文化长廊、森林公园、城市休闲公园、社区公园。AECOM（艾奕康）在设计层面上将湖岸环境一分为二：西侧是城市面，约占总面积三分之一；东、北、南侧为自然面，约占总面积的三分之二。其中湖西岸靠近城市核心，功能上以动态活动为主，强调景观的参与性、人文性；湖的东、北、南岸以静态为主，强调景观的生态性、自然性、观赏性。靠近城市广场西侧的道路、广场与城市空间紧密结合，从城市来的游客穿过植栽区后可以很快到达湖边。湖边则建有亲水平台、入水台阶、高架观景平台与滨水步道等景观设施，游人可以在此进行各种亲水活动①（图4-23 ~ 图4-26）。

文瀛湖西侧的城市广场是未来城市的中心。博物馆、美术馆、图书馆、大剧院等公共活动场所的设置势必会带来大量的人流，于是在规划之初就将文瀛湖最主要的入口设置在这里。此处视野开阔，从城市面到湖边一览无遗。在主入口广场的东南端设置了一处高架观光平台，顺着湖岸的地形缓缓抬升，然后挑出堤岸，直抵离湖面12m高处②。站在平台顶端向东南方眺望是水天相接，往西南方远眺则是高低错落的城市天际线，为游客提供一种独一无二的空间视觉体验，游客的精神也会为之一振，心灵得到净化，蓦然有一种胸襟开阔的感觉。

位于城市轴线上的城市广场则更多体现的是现代都市的景观，靠近文化中心、会展中心的城市时尚公园则更多体现都市多彩的生活及时尚气息，而北侧以雕塑公园为主题的文化长廊主要体现都市的文化内涵。湖畔设置了总长大约为12km的滨水步道，它是园内最主要的观赏

① 朱世人．大同文瀛湖：一个湖泊的重生［DB/OL］．http://blog.sina.com.cn/s/blog_7657decb0101h48q.html.

② 朱世人．大同文瀛湖：一个湖泊的重生［DB/OL］．http://blog.sina.com.cn/s/blog_7657decb0101h48q.html.

图4-23 文瀛湖景观设计平面效果图

图片来源：AECOM景观设计事务所。

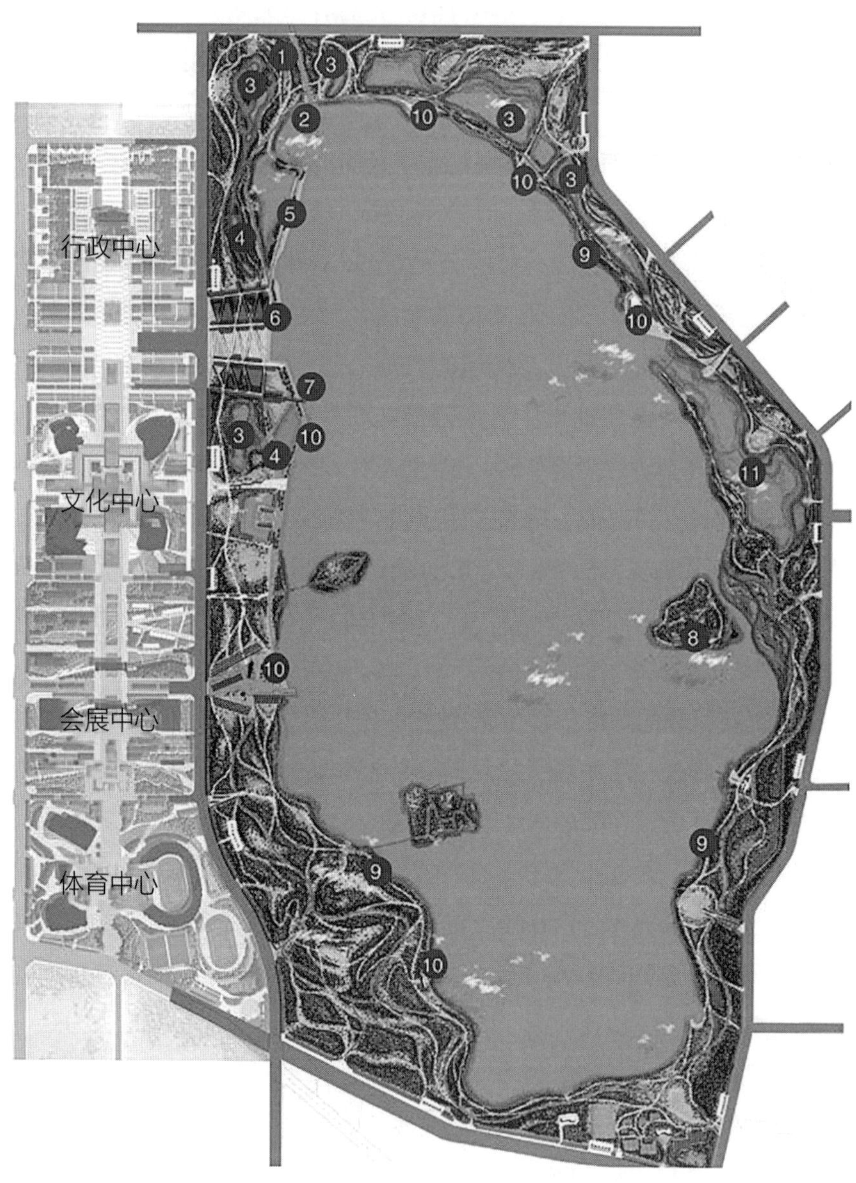

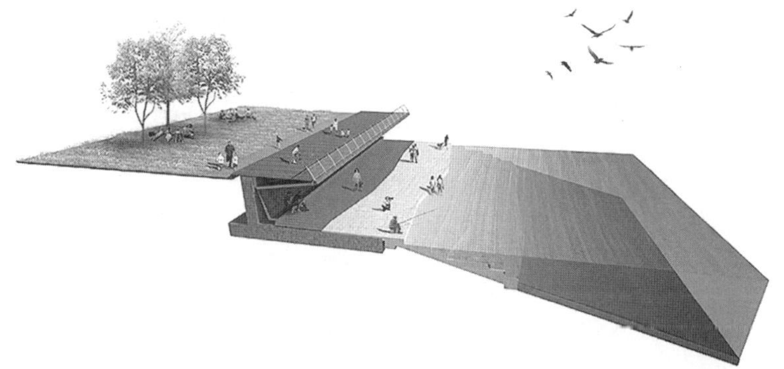

图4-24 文瀛湖"双层结构通道"剖面效果图

此景观位于图4-23中位置5处

图片来源：AECOM景观设计事务所。

图4-25 文瀛湖景观设计项目实景照片之一

图中景观位于图4-23中位置6处

图片来源：作者2014年6月8日摄于文瀛湖。

图4-26 文瀛湖景观设计项目实景照片之二

图中景观位于图4-23中位置10处

图片来源：作者2014年6月8日摄于文瀛湖。

大同市政府在2009年启动了文瀛湖景观规划设计项目，该项目由国际知名景观事务所、世界500强AECOM公司设计。景观面积：686hm^2。设计时间：2009年。建设周期：2010年5月～2012年年底。本项目获英国风景园林协会大奖。

步道，它将景区内各主要观赏点串联起来，漫步文瀛湖一周可尽赏区内美景[①]本项目将文瀛湖营造成一处生物多样性、可持续发展的生态系统；一处城市中的自然、人文景观形态；一处可供游人休闲、嬉戏的水岸空间。文瀛湖的重生给区域性生态系统带来巨大的价值，也给御东新城区的发展增添了自然与人文色彩。

文瀛湖景观设计新颖、独特，设计师大胆地应用了许多新的设计元素与材料，如景区主入口广场内锥形几何块面的应用，不规则的石质与木质设施小品对景观的点缀，木材与其他材质的综合应用。整个景观设计体现了一种回归与亲近自然的设计理念，让游人于游玩、观赏之中品味到设计的惊人魅力。市民在这个城市中享受着自然，也在其中享受着文化与艺术所带来的品质生活。

① 高雅敏. 文瀛湖景观工程打造“城市绿肺”[N]. 大同日报，2011-5-6.

结束语

从云冈石窟到雕塑之都

附录5.1 从吴良镛“菊儿胡同”看中国旧城改造

附录5.2 城市如人——关于中国城市化的思考

世界文化遗产大同云冈石窟是我国三大石窟群之一，也是全人类共同拥有的文化遗产。其规模宏大、技艺精湛的雕刻艺术融合了西域文化、鲜卑文化等多种风格，在中国佛教造像史上占有异常重要的地位。2001年云冈石窟被联合国教科文组织列入《世界文化遗产名录》，掀开了云冈石窟走向世界的崭新一页。

2007年云冈石窟成为国家首批5A级旅游景区。2008年起大同市人民政府斥17.1亿元巨资对云冈石窟进行了扩建并对周边环境进行了综合治理——引入水体，增加绿化。其中核心景区建设面积为67万m^2，绿化面积为42万m^2，工程建筑总面积6816m^2。凡此种种，均将形成以云冈石窟为主的“云冈石窟大景区”，完美再现北魏地理学家郦道元在《水经注》中所描绘的“山堂水殿，烟寺相望”皇家园林的盛况。未来大同将以名城保护为主体，以云冈石窟和北岳恒山为两翼来立体构筑地域特色的旅游文化产业。

大同在2010年成功获得了“中国雕塑之都”的美称。这个称号是由中国民间文艺家协会和全国城市雕塑建设指导委员会艺术委员会联合命名的。大同也成为中国雕塑研究基地，正式发行了汇集大同雕塑精品的《中国大同雕塑全集》(第一卷《云冈石窟雕刻卷》、第二卷《寺观雕塑卷》)。2011年举办了“大同·国际雕塑双年展”和“曾竹韵雕塑艺术奖学金”2011年度获奖与入围作品展，成为大同构建“中国雕塑之都”的重要组成部分之一。其中，“大同·国际雕塑双年展”是我国首次以雕塑命名的大型展览活动。这次双年展由中国美术家协会、中央美术学院和大同市政府共同举办，本次双年展的主题是：开·悟。展出来自美国、挪威、印度、澳大利亚等9个国家的88位雕塑家选送的330件参展作品。与“双年展”同时举行的“曾竹韶雕塑艺术奖学金”毕业生优秀作品展览由中央美术学院、中国雕塑学会和中国美术家协会雕塑艺术委员会共同主办，是一项高水平的年度优秀青年雕塑作品提名展，深受美术院校师生和广大青年雕塑家青睐。“2011曾竹韶雕塑艺术奖学金”毕业生优秀作品展览共有全国17所美术学院和地方艺术院校参加，作品各具特色，集中体现了本年度中国雕塑艺术高等教育的最新成果。

大同被国家正式命名为“中国优秀旅游城市”。大同的城市文化主题也次第清晰：以恒山、云冈佛教文化为主题的旅游节；以云冈石窟、华严寺泥塑为主题的古代雕塑艺术；以古城墙及古城内若干古建筑为主体的“明清大同府”主题文化。2015年大同市旅游业总收入达到281.2亿元，同比增长17.8%。在大同的转型发展中“文化旅游业”已成为龙头产业。大同市委书记张吉福表示要紧密结合大同实际，积极推动大同旅游从“景点旅游”向“全域旅游”转变；从“观光旅游”向“休闲度假”转变；从“传统旅游”向“智慧旅游”转变。大同这座近代的典型资源型城市，伴随着中华民族的复兴走在转型发展的道路上，其中“将文化旅游业作为产业转型龙头”的提出与定位彰显出大同在下一个五年规划到来的时候，将会以一个全新的城市面貌展现在我们面前。

从云冈石窟的“一支独秀”到“中国雕塑之都”全方位、立体式发展战略的提出，彰显了市政府对大同城市定位的转变与构建“大古都”思路的成熟。大同拥有数量众多的古代雕塑精品，以云冈石窟为代表的北魏佛教造像，以华严寺、善化寺为代表的辽、金泥塑珍品，它们是研究中国古代雕塑发展必不可少的艺术品。大同在传承古代雕塑艺术的同时，为现代雕塑艺术提供了舞台和空间，将传统与现代汇聚于大同，并完美地结合起来。“中国雕塑之都”是对大同城市文脉的认可，也是对大同城市文化、城市特征、历史基因的肯定；“中国雕塑之都”是对大同文化积淀的历史认证，也是对大同文化身份的重新定位。大同要将古代雕塑精品保护好、继承好，为中国现代雕塑艺术的传承和创新做出更大的贡献，并让传统雕塑艺术融入城市、走进生活，创造出更多具有现代特色的雕塑精品。

余秋雨曾言：大同是中国的一个重要穴位，也是中国文化的一个穴位。诚如斯言！

附录5.1 从吴良镛“菊儿胡同”看中国旧城改造

早就想写一篇关于中国现代城市改造的文章，只是一直没有动笔的契机。一次偶然的机会，看了王受之先生《传统现代——中国设计何去何从》的文章，当初写作的初衷又开始强烈地萌动了，觉得不写出来有种不快之感，于是走笔疾书成此下文。

旧城是过去式、是过去的东西。是为了满足当时人们的生活需要和生活习惯而建造的。让现代人去居住使用当然会觉得不习惯、不自在，改造是顺理成章的事。但如何改造却困扰了几代人：是原封不动的保护，还是有选择性的保护，抑或是像中国古代的改朝换代一般全盘否定？

旧城改造涉及两类建筑：一类是皇宫、宗庙建筑等官方或公众性的建筑；一类是以居住为主的建筑，包括名人故居和民居。现在好多城市在旧城改造中对前一类是采取保护或有选择性的保护措施，而对于后者，就不可相提并论了。对名人故居还是适当地保护，但是对待民居却是"拆你没商量"。所以在现代中国的城市中出现了这样一种怪现象：在满是现代建筑的夹缝里突然出现几栋极不协调的旧式建筑，就像在满是白子的棋盘中出现了一粒黑子。所以一些激进派认为这种不和谐是旧式建筑惹的祸，于是几间仅存的旧式建筑也从视野中消失了。这下清静了，到处都成了现代主义建筑的天下，无论走到哪里都是相同的方盒子，都是相同的钢筋水泥混凝土，好似统一了，但城市却变得没有了个性，也失去了它独特的魅力。这还是原来的城市吗？这还可以用原来的名称来称呼它吗？用陈丹青的话来说："现在的上海已不是当年的上海，但悲哀的是它还叫上海。"

中国的城市将向何处去？这成为高速城市化的中国面临的一个问题。但解决这一问题的人不仅仅是建筑设计师、城市规划者，还应该包括城市建设决策者。如何协调这几方的观点是困难的，除了一些比较超前的城市外，现在中国大部分的城市建设还呈现出一片混乱的局面。

一些以商业开发、牟取暴利为目的的旧城改造是破坏历史文化名城最锐利的武器。历史城区是整座城市文化积淀最深厚的地方，是文化名城保护的核心范畴，但是由于地理位置、交通状况、人员密度等原因，旧城往往又成为房地产开发商争夺的黄金地段。在市场经济下，衰落的历史古城远远不是强势的商业开发的对手，伴随着"轰隆隆"的推土机声，一片片积淀丰富人文信息的历史街区被夷为平地，一座座具有地域文化特色的传统民居被无情摧毁①。

如何保护和改造这些历史上遗留下来的文化街区与古代建筑，在中

① 耿彦波. 从旧城改造到古城保护——走出文化传承与经济发展的两难困境［J］. 文化纵横，2013.4.

国极速城市化的当下，已成为一个舆论关注的焦点，有破坏的教训也有成功的借鉴。曾记否？1992年拆除的济南火车站是由德国著名建筑师赫尔曼菲舍尔设计，建成于1911年，被誉为“远东地区最著名火车站”。建筑师赫尔曼菲舍尔的儿子，每年都会带一批德国专家来免费为济南老站提供维修和养护。当听到老火车站被彻底拆毁的消息后，菲舍尔气得老泪纵横。这个火车站的拆毁也引发了对如何拯救和保护历史建筑的一场全国性的大讨论。

北京四合院属于文物建筑，一些年久失修的四合院应该按照修旧如旧的原则加以修缮；如果破旧到必须成片拆除的危房，折后重修也应当与原有的城市肌理保持协调。通过小改小修可使旧城常改常新，城市的传统也就得以传承。20世纪80年代，菊儿胡同是危旧房较为集中的街区。这条普通的胡同被列为北京危旧房改造项目。后来清华大学吴良镛教授接手了这一危房重建的“菊儿胡同”项目。吴良镛采用“新四合院”体系成功地对古老里坊内建筑单体四合院进行了改造。重新修建的菊儿胡同新四合院住宅按照“类四合院”模式进行设计，维持了原有的胡同院落体系，同时兼收了单元楼和四合院的优点，既合理安排了每一户的室内空间，保障居民对现代生活的需要，又通过院落形成相对独立的邻里结构，提供居民交往的公共空间。功能完善、设施齐备的单元式公寓组成了“基本院落”，即新四合院体系（附图5-1、附图5-2）。

经改造后，这条深438m菊儿胡同里住着200多户居民，两条南北通道和东西开口解决了院落群间的交通问题。新的院落构成了良好的“户外公共客厅”。菊儿胡同“新四合院”在保证私密性的同时，利用连接体和小跨院与传统四合院形成群体，保留了中国传统住宅重视邻里情谊的精神内核，保留了中国传统住宅所包含的邻里之情。“菊儿胡同”里也有一个共用的院落，里面仍然住着多户人家，但人们相处在一起不显得拥挤。齐全的基础设施，青瓦白墙的色彩，高低错落的楼群形成了安静、舒适、方便、宜人、和谐的人居氛围。

吴教授说，现在独门独户地居住四合院的人少了，传统的四合院通常都是“独院”，而实际上，现在多数“独院”早已变成为“杂院”，许多人家挤在一个小院里，没有煤气，没有卫生间，有的甚至还没有厕所。显然，这样的四合院居住质量是并不高的。既要满足老北京对居住

附图5-1、附图5-2 北京菊儿胡同新四合院住宅工程

20世纪90年代初清华大学吴良镛院士应用“有机更新”的设计理念对北京“菊儿胡同”进行危房改造，使之形成了一种“新四合院体系”。

四合院的喜好，又要让他们住得舒服，这就是设计“菊儿胡同”的宗旨。可以说“菊儿胡同”就是专门为普通老百姓设计的。在营造“菊儿胡同”时吴良镛始终坚持了以下三条原则：第一，尽量采用普通材料，造价低廉；第二，使用面积不宜过大，每户分别为45、70、90m^2，能让广大中产阶层住得起；第三，胡同中的院子都围绕老树设计，尽量营造出传统的院落环境。胡同内原有树木尽量得到保留，并新增绿化与小品。

吴良镛设计“菊儿胡同”就是对传统四合院的一种“有机更新”。它不是简单地抄袭过去已有的建筑模式，而是前所未有地创造了一种既适应于北京老城原有的肌理，又适合于现代人居住的一种新的场所。这种“有机更新”主张“按照城市内在的发展规律，顺应城市之肌理，在可持续发展的基础上，探求城市的更新和发展。”这一理论在菊儿胡同住宅改造工程中得到成功实践，并构建了“新四合院”体系。

“菊儿胡同新四合院住宅工程”曾获联合国1992年“世界人居奖”、“亚洲建协优秀建筑设计金奖”。这也标志着世界对“新四合院”及其“有机更新”理论的认可。吴良镛在设计之余也在思考一些深层次的问题。他曾说，“今天盖房子数量特别多，规模很大，所以现在不是盖房子，实际上是在盖城市。”因此，他认为建筑师应当认真研究城市环境，否则，给城市风貌带来的破坏，不是局部的，而是整体的。1999年他在国际建筑家协会第20届建筑大会上，郑重向中外建筑师提出了“我们将把一个什么样的世界交给我们的子孙后代”这个发人深省的问题。

文化是历史的积淀，它存留于建筑间，融会在生活里，对城市的营造和城市的行为起着潜移默化的影响，是城市和建筑的灵魂。要保护好城市风貌，关键就在于保护好城市的肌理与文化。而城市的肌理与文化就在街道、胡同、四合院这些与居民生活息息相关的场所里，这些场所就像细胞、像纵横交错的血脉一样，构成了城市的肌理与文化。他认为一个城市总是需要新陈代谢的，但是，这种代谢应当像新老细胞更新一样，是一种“有机”的更新，而不是生硬的替换。只有这样才能维护好古城的整体风格与肌理。他认为，不同的文化名城具有不同的地域文化内涵，其城市风格与肌理也各不相同，譬如苏州的城市肌理就和北京不一样，但是，都可以运用“有机更新”的思路，来保护好古城的肌理和灵魂。

现代化与机械化是一柄双刃剑，它虽然有能够带来生活条件改善的一面，但也有着毁灭性破坏的另一面。一些国家历史文化名城随着城市规模的扩张，大批传统建筑与街区被拆毁，传统城市的格局被打破，名城丧失了它应有的历史风貌。可悲的是，近代中国的城市建设史是一部"拆"的历史。传统建筑、古代民居被成片成片地拆除了，拔地而起的是一座座隔断了传统文脉、舶来的方盒子。而城市建设应该是有继承性的，没有继承，没有传统，也就没有东方建筑的未来。好在已有像吴良镛先生这样对中国式现代住宅的探索者，但这刚刚是个开始，未来的路还很漫长。

附录5.2　城市如人——关于中国城市化的思考

城市是我们共同的宿命，城市的发展和我们的生活息息相关。每一天，都有一片土地由乡村变为城市；每一天，都有一群人从乡村涌向城市。中国的城市化正如火如荼的进行着，每一个国人都能切身的感受到这种变化。我们的房子越来越大，我们的街道越来越宽，我们的生活越来越便捷。

如果从生物形态学的角度将城市看作生命有机体时，城市其实很像人，城市的各个功能区就好像生命体中的各种器官，担负着维持生命体存在与进化的不同职能：城市的决策部门相当于人体的大脑，四通八达的城市干道像人体的血管，一片片的社区与街区像人体的组织与器官，它们共同构成了整个生命体的形态。因此，在城市总体布局与结构的分析研究和确定过程中，不但要注意到各个构成要素与系统的合理性，更重要的是要实现各个构成要素与系统之间的协调与统一，实现整体最优的目标①。城市同样也有吸纳与排放，同时它也在不断地生长。我们每个人的心中都有关于过去和成长的记忆，城市也一样，也有从出生、童年、青年到成熟的完整的生命历程，这些丰富而独特的记忆全都默默保存在它巨大的肌体里。城市对于我们，不仅是可供居住和工作的场所，

① 谭纵波. 城市规划［M］. 北京：清华大学出版社，2005.11.

而且是有个性特征和文化意义的[①]。

随着城市的边缘慢慢外延，城市的人口逐渐增加，城市在发展过程中出现了一系列的问题。目前我国正处于城市发展的加速期，在极速城市化的过程中城市规划的决策者与设计者中出现了一些认知误区，使得我们的城市失去特色、生存空间恶化、割裂历史文脉等现象发生。但值得庆幸的是有些城市已经意识到在城市化过程中所产生的这一系列问题，并提出了自己的应对之策，如旅游之城、生态之城、文化之城等相继崛起就是发掘城市地域文化、城市特色的有力尝试。

人类要进步、城市要发展、自然要保护，如何在这几个因素中找到一个动态的平衡是笔者写本书的目的。笔者尝试从以下几个方面分析、思考当前中国城市化进程中的不足，以期对我国未来城市的发展提供有益的参考。

1．城市有性格

人有性格，城市亦有性格。如北京城具有皇家的霸气与威严，而江南水乡苏州透出秀气与小巧，拉萨则散发着神秘的宗教气氛。城市性格的形成是在历史中由人文积淀、地理特征、周边环境、生活习性和文化碰撞等因素共同作用的结果。这种性格也成为一个城市无形的文化遗产。但在现代主义大潮的冲刷下，这种性格正在渐渐地变得淡化、模糊。城市化的发展冲击了传统的生活与工作方式，也正在渐渐地改变着整座城市。城市个性的缺失最终导致了地缘文化的消失，这对许多具有悠久历史的文化名城来说是一个无形而又巨大的损失。

古老的街区被毫不犹豫地拆除，新建的楼宇千篇一律。都市失去特色，千城一面，城市变成水泥钢筋混凝土的灰色区域；清一色方盒子的现代主义住宅，高大炫目的玻璃幕墙，无形中抹杀了城市的地域特色。这也验证了陈丹青对现代上海的印象："这还是上海吗？悲哀的是，它还叫作上海！"这种现象仅仅出现在上海吗？我们现在就把头伸向窗外，举目四望吧，眼前这座城市还是你记忆中的那个城市吗？它是变得更亲和了还是更陌生了呢？这种现象在飞速扩张的城市中并不少见，以至于我们到了一座新的城市，当走出火车站就怅然若失，有种似曾相识的感觉。相似的建筑物，甚至有相似的街道名称。城市的极速扩张与地

① 冯骥才．城市为什么需要记忆［J］．艺苑美文，2009.7.

域文化的边缘化已经成为一个不争的事实，城市在相互模仿中失去自我，地域文化在城市化中渐渐逝去，城市化的初衷与结果大相径庭。

2．城市有尊严

我们在与自然和谐相处时也应该学会尊重城市，善待城市。城市建设要有规划，要有章可循，不能盲目甚至粗暴地对待。反之城市必将是由若干建筑混乱堆积起来的堆砌物。给生活于其中的人带来的只有低劣的生活与浮躁的情绪，污染、犯罪等丑恶现象频频发生。只有我们在建设城市时尊重城市自身的发展规律，尊重城市自身的地域特色，才能达到人与城市的和谐共存。

对城市的尊重可以体现在以下几点：

（1）要尊重城市的发展规律，切忌好大喜功。不能为了个人的政绩而去人为地加快城市化。这样产生的直接后果就是仓促的建设与失败的规划，这给整个城市带来的损失是巨大且无法弥补的。

（2）城市是一个由人口密集聚合的共同体。它的基础设施、公共绿地、医疗、卫生、教育、交通都是按一定的人口规模来设计运行的。如果给它加负的话，势必会造成城市运转的不通畅和工作效率的低下，生活质量的下降。所以城市建设应遵循基础设施先行的步骤。良好的基础设施往往又是城市建设开发的重要前提。

（3）城市规划要立法，一切按法定的程序来建设。这样可以避免许多重复建设和前任建、后任拆的劳民伤财的做法。一座城市的建设是需要几代人来努力的，并不是一朝一夕就可以完成的事，所以必须要有打持久战的心理准备，切忌急功近利、急于求成。

（4）在城市的地标性建筑设计上要避免平庸作品和舶来品。所谓的平庸作品就是像库哈斯所言，在中国一幢四十层的建筑物可以用苹果计算机一周的时间内设计出来。这种没有经过充分论证与反复修改的设计作品能体现本地的特征吗？所谓的舶来品大多是指从未了解中国或者只是了解点皮毛的外国设计师的作品。这些作品的确很现代、很西方。但是将其放在中国某一个文化古城中协调吗？所以著名建筑师吴良镛批评说，中国的一些城市成了外国建筑大师或准大师标新立异的试验场。

3．城市有文化

城市是人类文明的承载器，是人类文明创造和传承的主要场所。一座没有文脉的城市是一座浅薄的城市。城市是一本“凝固的书”，任何一座城市都有属于自己的历史与文化。历史上重大的活动和事件都曾在这座“舞台”上演出过，同时相应的历史人物也留下了活动的痕迹，所有这些就构成了城市的人文历史资源。由于城市是在不同时期建造的，所以它本身也体现着当时的经济、技术、文化和艺术的特点。这对于今人和后人来说都是一笔无价的文化遗产，也是这座城市未来发展的参照与精神之源[①]。所以维持城市的文脉性与连贯性具有很重要的意义。城市的文化比较集中地体现在两个方面：第一，有历史与人文价值的街区；第二，历史人文建筑。在城市建设的过程中对第一种文化街区应该采取成片保护与定期维修的策略。对第二种人文建筑采取单独定向的保护，不光要保护建筑对象本身还要适当地保护它赖以存在的周边环境，并且在保护的基础上进行合理的开发利用。城市文化更多地体现在建筑风格的延续和人文精神的传承上。从法国诺曼底登陆地与中国上海外滩的变迁这两个事例中可看出中外对城市及建筑保护上存在着明显的差距（附图5-3 ~ 附图5-7）。

附图5-3 诺曼底登陆地旧貌与新颜

图左为1944年盟军在法国诺曼底成功实施登陆作战时的街道，图右为70年后的新貌。从两张相隔70年的照片可以看出，诺曼底对古建筑保护的非常好，只是依原风格重建了被战争破坏的建筑物，整条街道很完整的保留了原来的风貌与格局。

图片来源：英国《每日邮报》，2014-7-29。

---

① 邹德慈．城市设计概论：理念·思考·方法·实践［M］．北京：中国建筑工业出版社，2003.5.

附图5-4 1849年上海外滩

1842年上海被列为第一批“五口通商”口岸之一，1843年正式开埠。从1845年开始相继在外滩设立英、法、美租界。当时的租界是经济最发达、文化最先进、城市建设水平最高的地区。从图中可见当初租界内低矮的、西式风格的行政、银行、商业建筑物沿江而建，形成了最早的西洋风格外滩建筑群。

附图5-5 20世纪20年代上海外滩老照片

外滩是旧上海金融、外贸机构的集中地，沿黄浦江一带的租界地区最早发展形成银行林立的外滩“金融区”。历经近百年的历史积淀与变迁，外滩逐步形成了错落有致、韵律跌宕的天际线，这也成为上海近代城市风貌的标志性区域。沿中山东一路矗立着22座折衷主义风格的古典式建筑，有哥特式尖顶、古希腊式穹窿、巴洛克式廊柱等风格的大厦，它们被誉为“万国建筑博览群”。

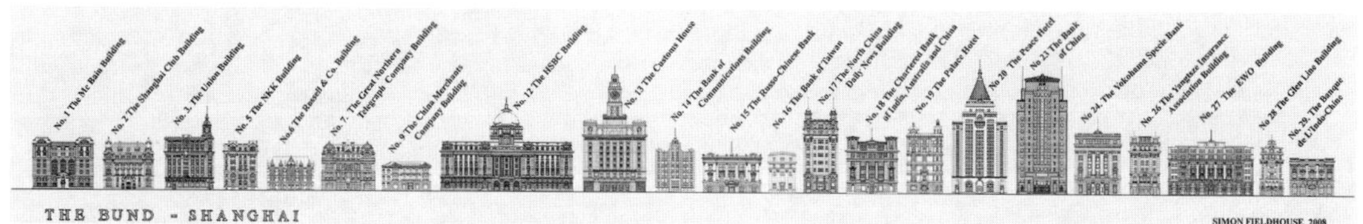

附图5-6 上海外滩中山东一路二十二座折衷主义风格建筑物正立面图

图片来源：Simon Fieldhouse 2008年5月绘制。

附图5-7 21世纪上海外滩照片

对比相隔90多年的照片可以看出，上海对外滩历史建筑保护做得很好，但好多现代主义风格的超高层玻璃幕墙式建筑无序建设、缺乏协调，并将低矮的历史建筑淹没在高矗的摩天大楼之间，使外滩的天际线变得错综凌乱。

每一座城市都有自己独特的存在价值和存在理由，都应该能够给居民强烈的身份归属感。但事实上，在全球化的冲击下，中国大部分城市都迅速地落入相同的发展模式和相似的城市面貌中，最终导致了严重的特色危机。城市化进程陷入如此境地，已经成为并非经济发展所能解决和治愈的问题，剥开城市特色消失的表象，裸露出问题的根源——城市文化多样性的消失，因此还应回归到地域文化上来寻找问题解决的路径[①]。

加拿大城市学家杰布・布鲁格曼认为，“文化是城市战略中最微妙的一个方面”。城市的魅力在于特色，而特色的基础又在于文化。文化既是城市极具活力的特征要素，又是构建城市形象的关键。中国历史文化名城大多经历了上千年的历史积淀，形成了独特的文化优势，这也是城市的价值所在。许多物质的与非物质的文化遗产诉说着城市的历史和变迁，承载着城市丰富的文化记忆和厚重的历史印迹，赋予城市独特的文化面孔和文化价值，给人以深刻的印象和震撼。正如冯骥才先生文中所言，城市中的物质文化遗产纵向地记忆着城市的文脉与传承，横向地展示着城市宽广深厚的阅历，并在这纵横之间交织出每个城市独特的个性。我们总说要打造城市“名片”，其实最响亮和夺目的“名片”就是不同的城市所具有的不同历史文化特征[②]。文化点亮城市面孔，特色造就城市品牌，思想决定城市高度，文化的独特价值和优势将成为历史文化名城真正的魅力和核心竞争力[③]。

在城市建设中如何将中国传统建筑与现代人居住、生活需求有机地结合起来，这是摆在中国现代建筑设计师面前的一大难题。这种探索在新现代主义的建筑中有所体现。著名美籍华人建筑设计师贝聿铭成功地设计了许多具有中国民族特色的建筑物，如北京香山饭店、苏州博物馆新馆等。这些都是将中国传统建筑与现代设计手法融合在一起的成功实例。贝聿铭先生希望苏州博物馆新馆的设计能激发当前正在大兴土木的中国，使中国既不沦为过去建筑风格的奴隶，也不致成为西方建筑风格的糟糕模仿者。他还希望中国尽早找到属于自己的建筑道路。日本建筑师安藤忠雄曾说，创造性的建筑设计可以再现因岁月流逝而失去的东

① 耿彦波．从旧城改造到古城保护——走出文化传承与经济发展的两难困境［J］．文化纵横，2013.4.
② 冯骥才．城市为什么需要记忆［J］．艺苑美文，2009.7.
③ 耿彦波．从旧城改造到古城保护——走出文化传承与经济发展的两难困境［J］．文化纵横，2013.4.

西，这就是人们所说的文脉传承。对这些大师成功探索的借鉴，有助于解决在城市设计中如何将传统文脉继续传承之难题。

文化部原部长孙家正曾说：“当历史的尘埃落定，一切归于沉寂之时，唯有文化以物质的和非物质的形态留存下来，它不仅是一个民族自己认定的历史凭证，也是这个民族得以延续并满怀自信走向未来的根基与力量之源”。

4．城市有情感

城市不是冰冷的钢筋与水泥混凝土的聚合物，也不仅仅是居住和工作的场所，它还要具备休闲、娱乐的功能。首先绿地的配备是必须的。绿地有成片的整体规划也有零星的点缀，成片的规划包括公园、生态园、植物园、森林公园等大型绿色区域，大部分散落在城市的不同区域，而且有的远离城市。零星的绿地包括广场绿化、路口绿化、庭院绿化、道路两侧绿化等。城市的空间环境要使人感到亲切，使生活于其中的人能得到享受和满足。在一些公共空间还要考虑必备的设施，如座椅、公厕、公共交通等等。要为一些弱势群体提供“无障碍设计”；要有清晰的指示导向系统。尽量给生活在城市中的人提供一种舒适、宜人的生活和工作环境①。城市与人的关系不是对立或独立的，而是交流互动的。这样有人情味的城市与当前所倡导的和谐发展之主题也是相统一的。

5．城市亦有病

（1）空心病

城市空心化是一种发生在西方发达国家的一些大型和特大型城市的现象，目前在我国还未出现。发达国家的一些国际大都市中心区的无人化是在两个原因影响下发生的：第一，由于获利极多的公共建筑以及大型跨国公司、集团总部和商务会所把城市中心区无利可图的居住建筑挤了出去，使城市中心区丧失居住功能。第二，大多富裕的居民从过于稠密的中心区域自愿搬迁到阳光充裕的郊区或一些远离城市中心且环境更适宜的社区居住②。因此，20世纪初，一些西方特大城市的中心已几乎无人居住了。这些中心区治安环境差，犯罪率上升，夜晚几乎无人敢出门，引起许多社会问题。

① 高毅存．城市规划与城市化［M］．北京：机械工业出版社，2004.6.

② A．B．布宁，T．萨瓦连斯卡娅著，黄海华译．城市建设艺术史——20世纪资本主义国家的城市建设［M］．北京：中国建筑工业出版社，1992.6.

城市空心化是由于城市规模太大而引起的，任何事物都有两面性，城市化也不例外。当一座现代化的大都市无限扩张达到它的临界点时，它的消极作用就会成为主导城市发展的首要因素，城市空心化也就应运而生了[①]。这种城市过分扩张而导致的空心病在城市发展的早期是可以预防和避免的。如在一些大型城市的周边建若干卫星城。这样即可以与中心城市达到资源共享又可以在一定程度上缓解中心城市的人口过剩、交通拥挤、地价高昂等不利因素。同时我们还要改变以往以点发展的思路，要建立以点带线，以线带面的区域化成片发展的新思路。如我国的珠三角和长三角地区的区域发展的新格局，这可以在一定程度上缓解中心城市的各种压力，最终达到共同和谐发展的目标。

（2）皮肤病

人类的活动总是沿着线而进行的，城市中的街道担负着特别重要的任务，是城市中最富有活力的“器官”，是最主要的公共场所，也是城市中主要的视觉“发生器”[②]。当我们走在街道、广场上静静地观察这座城市的肌肤时我们会发现一些极不协调但又习以为常的景象：与整幢建筑极不相称的巨幅广告牌；在目光所及处粘贴着花花绿绿的广告；无处不在的中国特色的证件加工厂——“办证”。市场化的今天让人们的商业意识觉醒了，广告无处不在，无时不有。但广告的发布应该控制在一个适度的范围之内，超过这个度就会给人带来烦躁与不安，甚至是排斥与反抗。

深圳市在城市设计政策中已明确提出：应当对户外广告牌的大小、设计与安放地点以及照明等有所规定并制定一套全面的管理办法[③]。希望在政府制定相应的法规后，这种有碍城市观瞻的商业行为有望得到一定的遏制与改善，还市民一个清洁、健康的城市空间。

结语

近代中国的城市建设史是一部“拆”的历史。古代建筑、传统街区被成片地拆除，拔地而起的只是一座座割裂了传统文脉、舶来的方盒

① 张良．城市空心化：我国特大城市该警觉了［J］．中国国情国力，2002．10：13.

② 王建国．城市设计［M］．修订2版．南京：东南大学出版社，2004.8.

③ 王建国．城市设计［M］．修订2版．南京：东南大学出版社，2004.8.

子。城市发展是有继承性的，没了传统、丢了文化、也就没有了东方建筑的未来。好在已有像吴良镛先生这样对中国式现代住宅的探索者，但这刚刚是个开始，未来的路还很长。除了一些在城市规划上比较超前的城市外，其余城市的建设还是杂乱无章的，呈现出一片混乱的局面。中国的城市将向何处去，成为极速城市化的中国面临的一个问题。但解决这一问题的不仅仅是建筑设计师、城市规划者，还应该包括城市建设决策者的参与，共同使城市建设有质有序、有根有脉。

附录1　大同城市建设大事记

1. 赵武灵王十九年（公元前307年）赵武灵王北破林胡、楼烦，开地千里，筑长城，置云中、雁门、代郡，北与匈奴为界，平城成为赵国边陲要地，是大同设置行政管辖之始，至今已有2300多年建置史。
2. 秦始皇帝二十六年（公元前221年）设雁门郡平城县。
3. 秦始皇帝三十三年（公元前214年）筑长城；筑城武州塞[①]内，以备胡。
4. 汉高帝七年（公元前200年）冬十月，汉高祖刘邦率三十二万大军北击匈奴、中计被匈奴冒顿纵精骑三十余万困于平城东北十余里之白登山[②]七日，后采用陈平之计脱险，遂和亲。史称“白登之围”或“白登之战”。
5. 汉元帝竟宁元年（公元前33年）王昭君远嫁匈奴呼韩单于，传说路经平城夜宿东胜店，后改名为“琵琶老店”。
6. 东汉建武十四年（38年）汉光武帝在平城建通光寺[③]。
7. 东汉灵帝中和六年（189年）匈奴侵边，平城毁。
8. 东汉建安二十年（215年）曹操讨伐乌桓，平定代地。另于句注陉[④]南今代县东五里处置平城县，属新兴郡[⑤]。
9. 晋永嘉四年（310年）封拓跋猗卢为代王，平城被鲜卑所据。
10. 晋建兴元年（穆帝六年）（313年）代王拓跋猗卢城盛乐以为北都，修故平城以为南都；又作新平城于灅水之阳，使右贤王六修镇之，统领南部。
11. 北魏登国元年（386年）夏四月，改称魏王。
12. 天兴元年（398年）六月，诏有司议定国号，以为魏焉；

① 位于平城西武州川谷地内，在今云冈附近。《魏土地记》曰，平城西三十里武周塞口。
② 纥真山（今采凉山）余脉，汉曰白登山，元改马铺山，沿用至今。
③ 今北寺。
④ 亦名雁门道，乃古代雁北与中原往来主要通道。
⑤ 今忻州市。

秋七月，道武帝拓跋珪迁都平城，始营宫室，建宗庙，立社稷。改国号为魏；

七月之后，于平城始作五级浮图、耆阇崛山及须弥山殿，加以缋饰，其神图像，皆合青石为之，加以金银火齐，众彩之上，炜炜有精光。别构讲堂、禅堂及沙门座；

冬十月，起天文殿。

13. 天兴二年（399年）春二月，拓跋珪以所获高车众起鹿苑，南因台[①]阴[②]，北距长城，东包白登，属之西山，广轮数十里，凿渠引武（州）川水注之（鹿）苑中，疏为三沟，分流宫城内外。又穿鸿雁池；

秋七月，起天华殿；

八月，增启京师十二门。作西武库；

冬十月，平文、昭成、献明庙成。置太社、太稷、帝社于宗庙之右，为方坛四陛。立祖神。又立神元、思帝、平文、昭成、献明五帝庙于宫中。宫中立星神；

十有二月，天华殿成。

14. 天兴三年（400年）二月，帝始躬耕籍田；

三月，穿城南渠通于城内，作东西鱼池；

秋七月，起中天殿及云母堂、金华堂。

15. 天兴四年（401年）五月，起紫极殿、玄武楼、凉风观、石池、鹿苑台。

16. 天兴六年（403年）冬十月，起西昭阳殿。

17. 天赐元年（404年）冬十月，筑西宫。

18. 天赐三年（406年）六月，发八部五百里内男丁筑灅[③]南宫，门阙高十馀丈；引沟穿池，广苑囿；规立外城，方二十里，分置市里，经涂洞达。三十日罢。

19. 天赐四年（407年）秋七月，筑北宫垣，三旬而罢。

20. 永兴元年（409年）十二月，帝始居西宫，御天文殿。

21. 永兴四年（412年）立太祖庙[④]于白登山。又立太祖别庙于宫中。

---

① 魏晋称宫为台。

② 台阴即宫城之北墙。

③ "灅"当作"漯"。灅、漯皆音lěi。

④ 又号东庙，三重围墙、四面开门。

22. 永兴五年（413年）春二月，穿鱼池于北苑。
23. 神瑞元年（414年）春二月，起丰宫于平城东北。
24. 神瑞二年（415年）春二月，于白登西，太祖旧游之处，立昭成、献文、太祖庙。
25. 神瑞三年（416年）四月之前建白楼，楼甚高竦，加观榭于其上，表里饰以石粉，皜曜建素，赭白绮分，故世谓之白楼也。
26. 泰常元年（416年）十有[illegible]月，筑蓬台于北苑。
27. 泰常二年（417年）秋七月，作白台①于城南②，高二十丈。
28. 泰常三年（418年）冬十月，筑宫于西苑。
29. 泰常四年（419年）三月，筑宫于蓬台北；
    九月，筑宫于白登山。
30. 泰常五年（420年）夏四月，起灅南宫。
31. 泰常六年（421年）春三月，发京师六千人筑苑，起自旧苑，东包白登，周回三十馀里。
32. 泰常七年（422年）秋九月，筑平城外郭，周回三十二里。
33. 泰常八年（423年）冬十月，广西宫，起外垣墙，周回二十里；
34. 始光二年（425年）世祖太武帝拓跋焘崇奉嵩岳道士寇谦之，遂起天师道场（即大道坛庙）于京城之东南③，重坛五层，遵其新经之制；
    三月，营故东宫为万寿宫，起永安、安乐二殿，临望观、九华堂；
    秋九月，永安、安乐二殿成。
35. 始光三年（426年）二月，起太学于城东。
36. 神䴥（音jiā）四年（431年）道士寇谦之在平城东、水之左、大道坛庙东北主持建造“其高不闻鸡鸣犬吠之声，欲上与天神交接”的大道坛庙配套建筑“静轮宫”。功役万计，经年不成。太平真君十一年（450年），太武帝迫于压力，下令拆毁。

---

① 《水经·㶟水》：“台甚高广，台基四周列壁，阁道（又称‘飞陛’，木构）自内而升，国之图箓秘籍，悉积其下。”

② 城南指宫城内南部，白台位于西宫内东南。

③ 大道坛庙位于平城郭城内东南，如浑水左无忧坡上。现仅存部分夯土遗迹。

37. 延和元年（432年）秋七月，筑东宫[①]。

38. 延和三年（434年）秋七月，东宫成，备置屯卫，三分西宫之一。

39. 太平真君五年（444年）改作虎圈。

40. 太平真君七年（446年）三月，北魏第一次灭佛，诸有佛图形像及胡经，尽皆击破焚烧，沙门无少长悉坑之。诏诸州坑沙门，毁诸佛像，境内佛寺多毁；徙长安城工巧二千家于京师。

41. 太平真君十一年（450年）拆毁静轮宫；
二月，（平城）大治宫室，皇太子居于北宫。

42. 兴安一年（452年）文成帝下诏复法、佛教重兴。往时所毁图寺，仍还修矣。佛像经论，皆复得显；诏有司为石像，令如帝身。

43. 兴安二年（453年）二月，发京师五千人穿天渊池；
秋七月，筑马射台于南郊。

44. 兴光元年（454年）秋，敕有司于五级大寺内，为太祖已下五帝，铸释迦立像五，各长一丈六尺，都用赤金二十五万斤。

45. 太安四年（458年）三月，由郭善明主持兴造太华殿；
秋九月，太华殿成。

46. 文成帝和平元年（460年）始至孝明帝正光六年（525年）止，北魏开凿武州塞石窟寺[②]，前后持续近66年。

47. 天安元年（466年）五月初五日，平城宫宦官曹天度着工匠始凿九层千佛石塔[③]，仿木构、九级，分底座、塔身、塔刹三部分，通高约204厘米，三年而成。

48. 献文帝皇兴元年（467年）起永宁寺，构七级佛图，高三百馀尺，其制甚妙，工在寡双，基架博敞，为天下第一；又于天宫寺造释迦立像，高四十三尺，用赤铜十万斤，黄金六百斤。

49. 皇兴中，构三级石佛图，榱栋楣楹，上下重结，大小皆石，高十丈。真容鹫架，悉结石也。装制丽质，亦尽美善也。镇固巧密，为京华壮观。

50. 皇兴四年（470年）建鹿野佛图（鹿野苑石窟）于（北）苑中之西山，

---

① 此东宫非建都平城前期之东宫，乃指建于东郊的太子宫，工期三年，面积为西宫三分之一，且建有仓库依晋例东宫为太子宫，西宫为皇宫。《南齐·魏虏传》载："太子宫在城东，亦开四门，瓦屋，四角起楼。……太子别有仓库。"经著者考证其位于今明府城东之古城村，即北齐、北周、隋之恒安镇址，唐、辽谓之东城。

② 今云冈石窟。

③ 佛塔原供奉于朔州市崇福寺弥陀殿，由于历史原因塔身现存台北历史博物馆，塔刹存朔州市博物馆。

去崇光右十里，岩房禅堂，禅僧居其中焉。

51. 孝文帝延兴三年（473年）正月，改（北苑）崇光宫为宁光宫。

52. 孝文帝延兴四年（474年）六月，于平城西郭外立郊天坛、郊天碑。

53. 孝文帝承明元年（476年）冬十月，起七宝永安行殿；
是年，冯太后复临朝听政。

54. 孝文帝太和元年（477年）春正月，起太和、安昌二殿；
秋七月，太和、安昌二殿成。起朱明、思贤门；
秋九月，起永乐游观殿于北苑，穿神渊池；北魏全境有佛寺6478座，僧尼77288人。京师平城有佛寺百所，僧尼2000余人。

55. 太和三年（479年）春正月，坤德六合殿成；
二月，乾象六合殿成；
六月，起文石室、灵泉殿于方山。"墓寺合一"的方山冯太后永固陵工程①启动。
秋八月，起思远佛寺。

56. 太和四年（480年）正月，乾象六合殿成；
秋七月，改作东明观；
九月，思义殿、东明观成。

57. 太和五年（481年）四月，建永固石室于（方）山上，立碑于石室之庭，又起鉴玄殿、永固陵、方山石窟寺、御路②。

58. 太和六年（482年）三月，废虎圈。

59. 太和七年（483年）十月，皇信堂③建成。

60. 太和八年（484年）方山永固陵竣工。

61. 太和九年（485年）六月，穿灵泉池于方山下；
七月，（平城）新作诸门。

62. 太和十年（486年）如浑水平城城区段砌造石护岸，并绿化两岸；
秋九月，起明堂、辟雍。

63. 太和十二年（488年）立孔庙于平城；
九月，起宣文堂、经武殿；

①《魏书·阉官·王遇传》："北都方山灵泉，道俗居宇及文明太后陵、庙，皆遇监作。"
② 指专供魏天子上方山之路。《水经注·漯水》："斩山累结御路。"
③ 孝文帝处理政务之宫殿，太和十六年始为中寝。

闰九月，帝亲筑圆丘于南郊（用于"禘"[①]），始用汉仪祭天。

64. 太和十五年（491年）春正月，帝始听政于皇信堂东室；
夏四月，经始明堂，改营太庙；
七月，建万年堂；
秋八月，孝文帝移大道坛庙于都南桑乾之阴[②]，岳山之阳，改曰崇虚寺，永置其所；
冬十月，明堂、太庙成。孝文帝在平城南建成明堂，上有灵台，中有机轮和绘有星辰的缥碧，下则引水为辟雍，是祀祖、布政和演示天象之场所；
十有一月，迁七庙神主于新庙；诏假通直散骑常侍李彪、假散骑侍郎蒋少游使萧赜（齐武帝）；
十有二月，迁社于内城之西。

65. 太和十六年（492年）二月，帝移御永乐宫，坏太华殿，经始太极；平城依汉制改建宫室，蒋少游被任命为主持人，亲自指挥拆主殿太华殿，设计、建造太极殿及其东西堂；
冬十月，太极殿成；
十有一月，依古六寝，权制三室，以安昌殿为内寝，皇信堂为中寝，四下为外寝。

66. 太和十七年（493年）三月，改作后宫；
冬十月，诏征司空穆亮与尚书李冲、将作大匠董爵经始洛京。

67. 太和十八年（494年）三月，帝临太极殿，谕在代群臣以迁移之略；
十一月，孝文帝拓跋宏迁都洛阳，在原京畿地置恒州、治平城。

68. 太和十九年（495年）是岁，始凿龙门石窟；
八月，（洛京）金墉宫成；
九月，六宫及文武尽迁洛阳，迁都完成。

69. 世宗延昌三年（514年）秋，恒州上言，白登山有银矿，八石得银七两、锡三百馀斤，其色洁白，有逾上品。诏并置银官，常令采铸。

---

① 天子诸侯行大祭之礼禘，圜丘、宗庙大祭俱称禘。古制又有三年祫，五年一禘。

② 这是阴阳学说在地理方位上的应用，山南曰阳，山北曰阴；水北曰阳，水南曰阴。为什么要迁于桑乾之阴，与孝文帝时道教地位的式微有关，也契合了"阳尊阴卑"。

70. 孝昌二年（526年）秋七月，“六镇之乱”[①]恒州（平城）陷废。
71. 唐贞观二年（628年）在恒安镇（今大同）城内修建清真大寺[②]。
72. 唐开元年间（713～741年）在云州创建开元寺（今善化寺），规模宏大，为唐朝国寺，因建于开元年间而得名。
73. 唐开元二十一年（733年）在北魏明堂遗址上（今柳航里）置孝文帝祠堂，有司以时享祭。
74. 唐天宝年间（742～755年）在城西南建禅房寺。
75. 后晋天福元年（后唐清泰三年）（936年）河东节度使石敬瑭割燕云十六州以与契丹。
76. 辽兴宗重熙六年（1037年）在云州（今大同）城西建观音堂，并在北崖刻“佛”字，遂名佛字湾。
77. 辽重熙七年（1038年）建下华严寺薄伽教藏殿。
78. 辽重熙十三年（1044年）十一月，改云州为西京，设西京道大同府，为辽之陪都。
79. 辽道宗清宁五年（1059年）在城内东北置西京国子监。
80. 辽道宗清宁八年（1062年）辽建大华严寺，奉安诸帝石像、铜像。
81. 辽天祚帝保大二年（1122年）金人攻克辽西京大同府，华严寺、善化寺被焚。金仍以大同为西京，改西京道为西京路，府治、县治未变。
82. 金天会六年至皇统三年间（1128～1143年）寺僧圆满主持重修西京大普恩寺[③]，历时15载，寺院整修一新。
83. 金天眷三年（1140年）闰六月至皇统九年（1149年）僧人通悟大师主持旧址重建华严寺，“仍其旧址而特建九间、七间之殿，又构成慈氏、观音、降魔之阁及会经、钟楼、三门、垛殿……其左右洞房，四面廊庑，尚阙如也”。同时，慈慧大师集诸徒众经过三年将失散《契丹藏》补葺完备，“卷轴式样，新旧不殊；字号诠题，后先如一”，华严巨刹再度复兴。
84. 金贞元二年（1154年）重修善化寺普贤阁。
85. 金大定五年（1165年）金在西京建宫室，宫殿有保安殿、御容殿

① 亦称“六镇之变”、“六镇暴动”。
② 位于明府城九楼巷。
③ 今善化寺。

等。并设置阁门使、西京宫苑使。

86. 元至元元年（1264年）在大同府治东，即北魏国子学、辽金西京国子监址创办大同县学。

87. 至元年间（1264～1294年）全真道丘处机毁西京天城夫子庙，侵占佛教寺院482所。

88. 至元十四年（1277年）威尼斯旅行家马可·波罗奉元世祖忽必烈之命，出使南洋诸国，途经大同。游记记载：大同商业相当发达，武器与军需品十分出名。

89. 至元二十五年（1288年）二月，改西京路为大同路，治所大同县。

90. 至大年间（1308～1311年）慧明大师重修、复兴华严寺。"大殿、方丈、厨库、堂寮，朽者新之，废者兴之，残者成之……金铺佛焰，丹漆门楹……钟鼓一新"。

91. 泰定元年（1324年）河东连帅图绵重建兴云桥，以24根石柱为桥架，桥上植有栏杆，桥头树立门阙，上题"兴云之桥"，并建有神祠、官舍等。

92. 明洪武二年（1369年）二月，改元大同路为大同府，隶属山西行中书省（洪武九年改为山西承宣布政使司），大同府辖浑源、应、朔、蔚四州及大同（宣宁县并入大同县）、怀仁、马邑、山阴、广灵、灵丘、广昌（河北涞源县）七县。

93. 洪武三年（1370年）改华严寺大雄宝殿为大有仓；在大同始行商屯，为全国实行商屯最早者。

94. 洪武五年（1372年）十二月，大将军徐达在辽、金、元旧土城南半城的基础之上增筑大同城，石砌砖包，城高4丈2尺，周回13里。共有城楼4座、角楼4座、望楼54座、窝铺96座，城门有吊桥、城外有壕堑。

95. 洪武八年（1375年）在元大同县学的基础上创建大同府学，县学居前，府学居后。位于府城东北隅（即后代王府址）。

96. 洪武九年（1376年）在府城西北隅创建大同府治，即大同府署衙。

97. 洪武中重修华严寺。

98. 洪武二十五年（1392年）三月初九日朱元璋为了加强北方防卫改封十三子豫王桂为代王驻守大同。是年八月初四日就藩大同；
三月在府城内东北隅大同府学址开始营建代王府，将府学及县学移至府城内东南隅云中驿。

99. 洪武二十九年（1396年）三月五日，奉代王桂之命重修城东二里许东塘坡玄帝庙（后称真武庙、玄都观）。

100. 洪武三十年（1397年）四月，燕王棣督筑大同城。

101. 永乐七年（1409年）始建大同总镇署。

102. 明英宗正统年间（1436～1449年）在府城南水泉湾建柳港寺，内建宝塔，为明代“云中八景”之“宝塔凝烟”与清代“云中八景”之“柳港泛舟”之由来。

103. 正统十年（1445年）僧大用奏请藏经，又为整饰，为多官司仪之所，复更其名曰善化寺。

104. 景泰二年（1451年）大同巡抚年富于城北筑北小城（即操场城）。

105. 天顺四年（1460年）大同巡抚韩雍筑东小城、南小城。

106. 天顺七年至八年（1463～1464年）始建大同鼓楼。

107. 成化元年（1465年）代府修华严寺。

108. 成化十三年（1477年）巡抚李敏重修玉河（今御河）大桥、府城东真武庙。

109. 弘治八年（1495年）广灵王之子镇国将军朱仕玳务学翁在府城西南隅为代府宗室子弟专门创办“务学书院”；巡抚侯恂重修府城东真武庙。

110. 弘治九年（1496年）重建府城南门城楼。

111. 正德十年（1515年）由工部左侍郎张钦纂修《大同府志》木刻本刊刻印行，全志凡18卷40目。

112. 正德十三年（1518年）七月，明武宗巡北边，于大同府城内九楼巷著名老饭庄“久盛楼”发生“游龙戏凤”的故事，后“久盛楼”更名“凤临阁”。

113. 嘉靖三年（1524年）八月，大同镇兵哗变，烧毁府城城门、都御史府门及镇守总兵公署。

114. 嘉靖十二年（1533年）十月，大同镇兵哗变，烧毁总兵府、文庙、府学及府城东真武庙。

115. 嘉靖十六年（1537年）重建府学、县学，文庙居中，左府右县。
是年，在西门外西城墙边置地建回族公墓，后称“大人坟”。

116. 嘉靖三十九年（1560年）巡抚李文进将南小城城垣加高八尺（约

2.6m）。

117. 嘉靖四十年（1561年）创建云中书院，原址位于大同府署东。

118. 隆庆年间（1567～1572年）巡抚刘应箕将南小城城墙增高一丈（约3.3m），增厚八尺（约2.6m），石砌砖包，并建门楼四。

119. 隆庆二年（1568年）九月，大同连降雨40日，民房倒塌1000余间，城墙、望楼、窝铺毁坏严重。

120. 万历年间（1573～1619年），华严寺分隔为上华严寺、下华严寺。

121. 万历三年（1575年）巡道冯子履在城内西北隅另建县学、县文庙；
万历三年至十一年（1575～1583年）总兵郭琥整修善化寺，“新其庑壁，甃其台基。增二亭於台上以蔽钟鼓。易石栏於四周，以壮观瞻，廊内及台下之地，悉以砖石砌之。……至於改易其墙垣，则体制益峻。开广其山门则气慨愈宏。……又树坊於通衢之外，俾见者咸知所仰焉”，“九年而造成矣”。

122. 万历八年（1580年）增修大同城，城墙高4丈2尺，周十三里有奇；重修御河桥，改石柱桥为拱形桥，全桥共19个拱洞。

123. 万历十年（1582年）二月，大同发生5级地震，崩坏庐舍牌坊。

124. 万历二十年（1592年）改建南小城北门楼为文昌阁。

125. 万历二十三年（1595年）于府城外西南建兴国寺。

126. 万历二十八年（1600年）四月，总兵郭琥修建操场城女墙。

127. 万历三十年（1602年）巡抚房守士重建。

128. 万历三十四年（1606年）始建武定街中段之魁星楼（亦称奎星楼或奎楼）；补修御河桥。

129. 万历四十四年（1616年）总兵王威重修善化寺完工；
是年，明右副都御史王士琦编撰《三云筹俎考》①，共四卷。

130. 天启三年（1623年）重修清真大寺。

131. 天启四年（1624年）于东南城垣上建八角七级空心砖塔——文峰塔②（俗称雁塔）。

132. 天启六年（1626年）闰六月初五深夜，大同府发生强烈地震，城

① 王士琦与其父王宗沐两代人亲历北边防务，对明代宣府、大同、山西三镇边防部署了解尤甚。其父著有《三镇图说》，已失传。本书是研究明代大同镇防御体系极为珍贵的资料。

② 由塔座、塔身、塔刹三部分组成，是古代“登科及第”的士子们祭拜、夺官的场所。首层辟两门，另嵌六碑碣于各面，上刻明清部分举子的姓名、住所及功名。2010年整体拆解，并于翌年在府文庙内使用原构件、原材料重新复原异地保护。现南城垣上乃仿品耳。

楼、城墙塌毁28处之多。

133. 崇祯十七年（1644年）三月，李自成入大同城，将代王府付之一炬，唯九龙壁幸存。

134. 清顺治五年（1648年）大同总兵姜瓖兵变叛清[①]。次年（顺治六年）清遣摄政王多尔衮及多位亲王围剿，9个月不克。后姜瓖被部将杀害，引清军入城。英亲王阿济格下令"屠城"、"斩城"，史称"大同之屠"。并废除大同府，府移治阳和卫[②]，名阳和府。大同县移治怀仁县西安堡。大同废，不立官，成为一座荒城。可见兵变前后摧毁前朝遗迹不少也，其中善化寺"复遭摧折。台基尽废，廊庑俱颓"。

135. 顺治八年（1651年）补修。

136. 顺治九年（1652年）大同府治复还故址，并从周边移民，大同才逐渐复兴；

四月大同知府胡文烨纂修《云中郡志》木刻本刊刻印行，全志凡14卷、9志、60目。

137. 顺治十年（1653年）在城东建功忠祠；在府治东建开化寺。

138. 顺治十二年（1655年）重修大同总镇署。

139. 顺治十三年（1656年）全面修辑大同镇城，并勒石为碑——《重修大同镇城碑记》。

140. 康熙十二年（1673年）总兵何傅、知府孙曾重修华严寺。

141. 康熙四十七年至五十五年（1708～1716年）重修善化寺，"廊庑尽为砖墙，初无一间之弗固，台基悉为齐备，又无几微之或亏。画六十余间之壁……整三座圣像之仪……立钟楼於庙中……移僧房於廊外。"

142. 乾隆五年（1740年）修葺善化寺，"灰灌阶级，砖包殿墙，栋宇愈见辉煌"。

143. 乾隆七年（1742年）大规模重修清真大寺。

144. 乾隆八年（1743年）重修大同总镇署。

145. 乾隆十二年（1747年）大同知县谢廷俞奏请重修大城（主城、府城）、南小城、北小城。

① 史称"姜瓖之变"。

② 现大同市阳高县。

146. 乾隆二十六年（1761年）在大同府衙西重建云中书院；重修钟楼。

147. 乾隆二十七年（1762年）重修鼓楼。

148. 乾隆二十八年（1763年）大同知县宋乾金奏请重修南关城门吊桥基址，大城女墙，西门及马道、吊桥，南门。

149. 乾隆二十九年（1764年）重修北门城楼。

150. 乾隆三十九年（1774年）知县吴麟重修八角楼（乾楼）、洪字楼①、南门城楼、东门瓮城、南门瓮城、北门瓮城。

151. 乾隆四十六年（1781年）重修鼓楼；
乾隆四十一年（1776年）大同知府吴辅宏纂修《大同府志》，四十六年刊刻印行木刻本，全志凡32卷、9志、59目。

152. 乾隆五十一年（1786年）知县程氏重修小东门门洞、大城内侧、女墙、东南门瓮城。

153. 乾隆五十七年（1792年）知县孙氏继续重修小东门门洞、大城内侧、女墙、东南门瓮城。

154. 道光三年（1823年）重修南门吊桥。

155. 道光七年（1827年）重修北门吊桥。

156. 道光九年（1829年）修缮多处城墙。

157. 道光十年（1830年）九月，全面整修大同城垣。其时，大同城垣尚存城楼10座、角楼4座、望楼21座、窝铺8座，主城墙剩11、12m高。大同有寺庙庵观103座；
大同知县黎中辅纂修《大同县志》木刻本刊刻印行，全志凡20卷、61目。

158. 咸丰二年（1852年）修葺鼓楼。

159. 光绪十年（1884年）借用云中书院部分屋宇创办平城书院。

160. 光绪十二年（1886年）批准平城书院为大同县办书院，并在大同县公署（今平城区二中）东兴建院址。

161. 光绪十五年（1889年）始建天主教都司街教堂②，光绪十七年（1891年）建成。

162. 光绪三十年（1904年）原云中书院改为府中学堂，为大同最早中

① 位于乾楼东的望楼，造型精美，为望楼之最。
② 光绪二十六年（1900）年义和团运动中教堂被毁，光绪三十二年（1906）年重建，1980年4月亦重修。

学；同年在府文庙、赐福庵、帝君庙、北寺分设四所四年制蒙学堂。

163. 光绪三十一年（1905年）城内棋盘街建基督教西堂。

164. 民国三年（1914年）在玄冬门外建大同火车站。

165. 民国六年（1917年）晋北镇守使张树帜拆毁残存的府城北门楼和零散望楼残屋用于修建自己的官邸，即兰池，内有假山、鱼池、花园，并广种芝兰。后来在北门楼原址之上修建了不伦不类的欧式城楼；同年张树帜以缓解交通压力为由拆毁位于武定街中段之魁星楼。

166. 民国十年（1921年2月）大同著名糕点店德明斋在大东街开业。

167. 民国十四年（1925年）晋北镇守使张树帜在私人官邸——兰池内建大同首家电影院——新民戏院[①]。

168. 民国十五年（1926年4月）"阎冯之战"开始后，晋北镇守使张树帜以妨碍交通、妨碍出兵为借口拆毁位于和阳街中段之太平楼；
民国十五年（1926年6月）"阎冯之战"中国民军攻打大同城达74天之久，派飞机对城内投弹、轰炸，重炮猛轰城墙，挖掘坑道炸城，其中操场城墙被毁数丈，主城城墙也遭到损毁；
是年，大同第一家照相馆——由北京人创办的广川照相馆[②]开业。

169. 民国十七年（1928年9月）大同著名糕点店德盛魁在南门街开业。

170. 民国二十二年（1933年9月4～26日）中国著名建筑史学家、建筑师、城市规划师和教育家梁思成与刘敦帧、林徽因、绘图生莫宗江赴大同调查古建筑及云冈石窟。著有文章《大同古建筑调查报告》、《云冈石窟中所表现的北魏建筑》。

171. 民国二十四年（1935年）王谦督修、李玉华等纂修《大同县志》（民国稿），共计14志54目，由于战争等原因未印行。

172. 民国二十六年（1937年11月）日军在南关新泉村修建南关飞机场，跑道呈南北向，距市区仅1km，1938年秋建成使用，可起降战斗机与运输机。1980年航班停运，1983年机场报废。

173. 民国二十七年（1938年10月）日伪时期"大同都市计画案"制定；

① 人称兰池戏院、北戏院。在建筑设计上有机房、放映孔和悬挂幕布的装置。该戏院于1939年被大火焚毁。
② 开设于大北街。

是年11月至次年9月日伪政府在御河上建百孔木桥，称"大同桥"，20世纪90年代拆除。

174. 民国二十八年（1939年5月）日伪时期"大同都市计画案"正式公布；

是年，大同火车站站场改建，将原建筑拆除，新建办公室、候车室、售票室。

175. 民国二十九年（1940年）日本人在复兴市场[①]先后兴建中国剧场（又称日本电影院）和新民电影院（又称中国电影院）。

176. 民国三十一年（1942年）春，日本军方接收首善医院，更名晋北医院[②]，迁院址于府城内县文庙。

177. 民国三十二年（1943年8月）日军征铜、征铁，许多文物因此被毁。

178. 民国三十五年（1946年）7月31日～9月16日持续一个半月的"大同集宁战役"中中共军队只攻占北关、西关、南关、东关，最终也没有攻下城防坚固的大同主城。因为中共攻城部队中没有重型武器，所以在战役中很少有炮弹落入大同城，所以只有城墙、城门、城楼、望楼、角楼遭到不同程度损毁，城内古建基本无损；

民国三十五年（1946年8月）御河"大同桥"在"大同集宁战役"中被焚毁37孔，同年11月至次年1月，国民党大同政府进行修复。

179. 民国三十八年（1949年5月1日）在解放军军事压力，政治攻势和"围而不打"的决策之下大同和平解放；

1949年5月大同市建设局[③]成立。

180. 1950年初下华严寺薄伽教藏殿东侧辽代建筑海会殿为借用之下寺坡小学拆毁，并将木材另建一屋扩增校舍。原殿色彩鲜明的藻井被一块块拆下作了畚箕。1950年7月中央人民政府政务院《关于保护古文物建筑的指示》中提及此事。现海会殿仅存基址；

1950年2月梁思成、陈占祥提出新北京城规划方案——"梁陈方案"；

① 位于西街乱衙门内。

② 大同第一人民医院的前身。

③ 1955年10月与工程局合并为基本建设局，1957年5月又与城市规划委员会合并为城市建设局。1960年10月改为工程局，1962年6月恢复城市建设局。

1950年2月国务院秘书长习仲勋来大同，并到井下看望矿工；

1950年6月大同市政府公布《土木建筑管理暂行条例》。

181. 1951年大同市政府在“破旧立新”之风气下擅拆明朝钟楼，将铸于明景泰四年（1453年）重9999斤铸铁大钟移至华严寺海会殿旧址保存。次年因此事受到中央文化部批评。

182. 1952年因城市建设的需要，将西门外回民坟[①]整体迁葬于田村公墓；

1952年大同市政府拆除北城门、东城门、西城门；

1952年始建大同公园，占地面积370亩。1958年公园初具规模，并正式开放；

1952年11月大同市城市规划委员会[②]成立；

1952年12月1日，原察哈尔省撤销，大同市改归山西省直辖；

1952年12月大同市立人民医院[③]补建病房时拆除明代县文庙主体建筑大成殿，事后市政府为此作了检讨。

183. 1953年1月大同市城市建设委员会[④]成立；

1953年落架大修善化寺普贤阁。

184. 1954年政府以妨碍交通为由拆毁四牌楼；

1954年7月大同市城市规划方案初步拟定，规划机车厂等工厂的位置，并按32万人口规划居民区。

185. 1955年大同市正式制定了第一个版本的《大同市城市总体规划》；

1955年7月23日大同市人民委员会制定出台《关于拆除城墙的实施方案》[⑤]。

186. 1956年3月大同市人民委员会颁发《大同市城市建设管理暂行办法（草案）》；

1956年建新公园苗圃（儿童公园前身）；

1956年8月扩建大同火车站。

187. 1957年11月石家寨水库（现文瀛湖）动土兴建，水库设计规划面积7000市亩。1960年4月1日竣工，用于灌溉与水产养殖；

---

① 又称“大人坟”。

② 负责城市规划管理工作，1957年5月与大同市基本建设局合并为大同市城市建设局。

③ 1954年更名大同市第一人民医院。

④ 1955年9月撤销。

⑤ 本方案出台后，大同府城城墙遭了严重的人为破坏，城门被拆毁，城墙被豁口，城砖被刨剥。

1957年位于操场城内东南角的人民体育场①在增建看台时，将操场城东南隅东南两侧城墙摊平建成阶梯看台共13层。

188. 1958年对《大同市城市总体规划》（1955年）进行修改；
1958年12月大同火车站扩建工程完工。

189. 1959年大庙角关帝庙（俗称大庙）山门对面元代戏台被无端拆毁；
1959年8月大同市城建档案室成立。

190. 1960年大同市工人体育场②建成；
1960年“轴承厂北魏建筑遗址”③挖掘出排列有序的大型石柱础，筒瓦和石臼。

191. 1961年3月云冈石窟、华严寺被国务院列为首批全国重点文物保护单位。

192. 1962年8月大同市防空指挥部办公室对城区旧有防空设施进行摸底登记显示在城墙内有防空洞11个。

193. 1964年对《大同市城市总体规划》（1955年）再次进行修改。控制、缩小城市发展规模；
1964年5月《大同市城市建设管理暂行办法》实施；
1964年7月南城门楼被“落架保护”，然后就杳无音信了。同时市政府拆除了南城门瓮城及南小城北门楼——文昌阁。

194. 1965年2月市人民委员会发出《关于云冈保护范围的通知》，内容包括：重点保护区、安全保护区与地下保护区。
1965年10月～1969年9月，在原御河百孔木桥“大同桥”北75m处兴建钢筋混凝土大桥，桥长468m，共22孔，名为工农桥。原木桥继续使用，仅通行人力车与马车；
1965年11月在石家寨村西南发掘北魏司马金龙墓葬。

195. 1966年6月～1966年底，因防空战备需要在南城墙内挖防空洞184m^2。新挖地道式防空洞（包括城墙洞）726个。

196. 1967年初～1969年底，防空战备进入全民参与的高潮期。全市共挖地道250km，地上交通壕总长153km。

---

① 人称北门外体育场，即现大同市体育运动学校旧校区运动场。

② 旧场馆，位于新建南路（现魏都大道）儿童公园内。

③ 位于市轴承厂院内，厂址在迎宾街与御河西路十字路口西北，现为国税局家属楼。1970年8月遗址东部出土石雕方砚1件，遗址西部出土西亚风格金属器皿5件；1979年出土石雕柱础；1980年出土精美石造像；1983年9月下旬在轴承厂北围墙外发现一处北魏窖藏遗址，出土鎏金铜辅首衔环等装饰品70件、石磨盘2件。据此推断，北魏时此处为一座具有一定级别、一定规模的建筑。

197. 1968年大同站货场发掘出一处元代古墓，出土精美元代钧瓷、骨器、铜器等。

198. 1969年红旗广场开始筹建；

1969年4月大同展览馆[①]开工兴建，于次年建成使用。

199. 1970年初~1971年底，因防空战备兴建防空洞主坑道工程。三期工程共计在人口密集的城区、矿区及近郊挖地道53km。内部为砖结构。主要分布在古城内四条主大街两侧、东城墙护城河下、北城墙护城河下。主坑道内有指挥所、休息间、人员出入口、汽车出入口、会车道、通风口、厨房、食堂、厕所、商店、消毒室、防毒间、急救站、药品库、储备库、瞭望台、射击工事等。参加施工的大小单位、企业达582家之多，其中部分工程由大同煤矿施工完成。在大同城的地下构筑起了一座功能齐备的地下城市。

200. 1972年4月红旗商场开业。

201. 1973年10月在大同齿轮厂区外东南部[②]发现金代道士阎德源墓。

202. 1974年起继续修建地下防空工程。有疏散机动干道（总长61km）、通信指挥工程、医疗救护工程、专业人员掩蔽工程。其中在城墙和护城河下建有总长11km砖石结构的地下环城干道防空工程；

1974年8月市邮电综合大楼建设方案确定，拟在市西门外红旗广场南兴建一座综合楼，地下建战备通讯枢纽工程，并在楼上设钟楼一座。

203. 1976年10月大同公园经过5个月增修补建，正式开放；

1976年12月《大同市城市建设管理办法》实施。

204. 1978年秋，历时3月对鼓楼进行大规模维修。

205. 1979年大同市制定了第二个版本的《大同市城市总体规划》。

206. 1981年大同府城最后一个主城门洞——南城门洞在市政拓宽南街及南关道路时拆除；

1981年8月大同市城市基建技术档案馆（简称大同市城建档案

---

① 时名“毛泽东思想胜利万岁展览馆”。

② 位于明府城清远门正西直线距离约1km处，葬于明昌元年（1190年）。墓志云“西京玉虚观宗主大师阎公……”。在此附近曾发现元至元二年（1265年）龙翔观道士冯道真墓，至元五年（1268年）道姑李妙宜墓。又《明统志·大同府》记载：“辽金宫垣，在府城西门，有二土台，盖宫阙门也，路寝之基犹存。”据此可判断金西京城的西垣应在墓东侧至明府城西垣之间1km的范围内。

馆）正式成立。次年，颁布《大同市城市基本建设档案管理暂行办法》；

1981年10月16日大同市与日本国福冈县大牟田市缔结友好城市；

1981年12月市邮电综合大楼土建工程竣工，1983年12月开始营业。

207. 1982年2月8日大同成为国务院首批公布的24座历史文化名城之一。

208. 1982年5月1日大同市体育馆[①]开始兴建。

209. 1984年6月"新公园苗圃"更名为"儿童公园"，占地面积356.4亩，7月建园工程开工。1985年公园初具规模。1986年8月1日正式开放。

210. 1984年7月在御河东选新址并建设"山西省雁北师范专科学校"；

1984年国务院批准大同等13个市为"较大城市"，其中包括唐山、包头、大连、无锡、青岛、洛阳、重庆等。

211. 1985年6月中旬，雁北师范学院新校址在御河东破土动工，校园占地250亩，建筑面积82000m^2，学生规模2500人；

1985年10月大同市制定了第三个版本的《大同市城市总体规划》。

212. 1986年暑期"雁北师范专科学校"从朔县神头镇迁入大同市水泊寺乡新校址。

213. 1988年市政府开始建设永泰公园。

214. 1995年6月29日颁布实施大同市首部规范城市园林绿化的地方性法规《大同市城市绿化管理办法》。

215. 1998年8月大同市第十一届人大常委会第一次会议通过《大同市人大常委会关于保护大同古城的决议》。

216. 2000年3月大同市第十一届人大常委会第十一次会议通过《大同古城保护管理条例》。

217. 2001年6～9月北魏杨众度墓发掘并出土墓铭砖[②]4件；

2001年12月云冈石窟被联合国教科文组织批准列入"世界文化遗产"名录。

---

① 旧馆，已废弃。位于新建南路（现魏都大道）儿童公园内。

② 铭文如下："大代太和八年，岁在甲子，十一月庚午朔，仇池投化客杨众度，代建威将军、灵关子、建兴太守，春秋六十七，卒。追赠冠军将军、秦州刺史、清水靖侯，葬于平城南十里。略阳清水杨君之铭。"如果依北魏后北周一里合今442.41m来推算，"十里"合今4424m（8.8里）。而著者实测杨众度墓距明府城南门实际直线距离为4350m（8.7里），与铭文中"十里"吻合。故由此推测平城郭城南垣当在明府城一线，况且明府城南垣夯土夹层中已发现有北魏夯土存在，是为佐证。

218. 2003年4月大同操场城“北魏一号宫殿建筑遗址”①挖掘。

219. 2005年7月29日起执行《大同市城市规划管理办法》；

2005年7月12日在沙岭村东北约1km高地上发掘北魏盖天保墓②；

2005年8月1日大同总镇署遗址因雷电引发火灾，殿体木架结构坍塌，损毁严重。

220. 2006年10月正式批复实施《大同市城市总体规划（2006～2020）》、其中包括《大同历史文化名城专项保护规划》；

2006年编制完成《大同市城市空间发展战略规划（2008～2030）》。

221. 2007年5月云冈石窟被国家旅游局评为国家首批5A级旅游景区；

2007年6月大同操场城“北魏二号太仓及宫殿建筑遗址③”挖掘。

222. 2008年2月耿彦波任大同市代市长；

2008年5月大同市开始实施历史文化名城保护与复兴工程；

2008年夏季大同操场城“北魏三号宫殿建筑遗址”发掘；

2008年6月大同市第十二届人大常委会第四十次会议通过了《大同市人大常委会关于大同古城保护和修复的决定》；

2008年6月南城墙善化寺段内侧165m墙面作为试点开始修复；

2008年7月耿彦波任大同市市长；

2008年全面启动“云冈石窟周边环境综合治理工程”；

2008年将清建皇城街古戏台④迁至关帝庙前广场。

223. 2009年5月大同府城东城墙开始修复，同年10月完工；

2009年6月“新云冈计划”正式启动。

224. 2010年5月启动文瀛湖景观绿化工程；

2010年5月开始大规模修复南城墙；

2010年9月获得“中国雕塑之都”称号；

① 该遗址夯筑方法、技术、夯层厚度及出土瓦当特征跟明堂遗址基本相似，故推测其为北魏平城较晚（即孝文帝太和朝）时期的大型礼制类建筑遗址。著者推测极可能是建于孝文帝太和十五年位于宫城南部乾元门内东侧之新庙（即太庙）之所在。据史籍载新太庙有七座，其存世时间较长，且有维修过的痕迹。考古发现在台基中存在大面积连续红色烧土层堆积，故推测其在孝昌二年“六镇之乱”中被人为焚毁。

② 此墓铭砖被私人收藏。铭文记：“太和十六年二月廿九日积弩将军盖天保丧，三月十七日葬在台东南八里坂上，向定州大道东一百六十步。墓中无棺木，西葙（厢）壁下作砖牀。”还依北周一里合今442.41m来推算，“八里”合今3539m（7.1里）。而著者实测杨众度墓距明府城东南角实际直线距离为3500m（7里），与铭文中“八里”吻合。故由此推测铭文中“台”当指朝廷机构所在地——平城之南城，即葬于平城南城东南八里的山坡上。

③ 其位于一号遗址东北约150m处。著者推测其为北魏建都平城前期兴建的“太宫粮窖遗址”。《南齐书·魏虏传》载：“太宫八十馀窖，窖四千斛，半谷半米。”整座台基表面都存在红色烧土层，表明该建筑使用时间下限与一号遗址同。

④ 属三面敞开式戏台。清代明后，于顺治年间在代王府主殿承运殿西侧台阶处兴建戏台，高悬“演真楼”牌匾，意取要在前朝府邸之上歌舞升平，唱尽荣华。

2010年9月“中国古都学会年会”暨“古都大同城市文化建设学术研讨会”在大同召开，本次会议正式将大同确定为中国第九大古都；

2010年9月举办第八届中国民间艺术节；

2010年9月举办第九届大同云冈文化艺术节；

2010年10月7日余秋雨先生为大同市领导、专家、学者作了《大文化·大古都》主题讲座；余秋雨与大同古城保护和修复研究会专家进行了座谈。

225. 2011年3月1日起施行《大同市城乡规划条例》；

2011年5月北城墙修复开工；

2011年6月大同市长耿彦波获第四届“薪火相传中国文化遗产保护年度杰出人物”；

2011年9月在大同市和阳美术馆（位于和阳门）举办“大同·国际雕塑双年展”和“曾竹韵雕塑艺术奖学金”2011年度获奖与入围作品展，展览主题为“开悟”；

2011年9月南城墙竣工；

2011年12月大同市长耿彦波荣获“2011年度中华文化人物”称号。

226. 2012年7月西城墙修复启动；

2012年9月在大同市和阳美术馆举办“大同国际壁画双年展”和“曾竹韵雕塑艺术奖学金”2012年度获奖与入围作品展，本次壁画展的主题为“天工”；

2012年9月北城墙竣工；

2012年10月在大同市和阳美术馆举办“和谐大同·2012全国中国画名家作品展”。

227. 2013年2月耿彦波离任；

2013年2月李俊明任大同市代市长；

2013年5月李俊明任大同市市长；

2013年8月中国国际太阳能十项全能竞赛在大同开赛。

228. 2014年对已实施《大同市城市总体规划（2006～2020）》进行修改；

2014年1月大同被住房和城乡建设部授予“国家园林城市”称号。

229. 2015年8月李俊明离任；

2015年8月张吉福任大同市委书记；

2015年9月“2015全国热气球锦标赛”暨“中国热气球俱乐部联赛（大同站）”在大同开幕；

2015年11月大同古城修复项目钟楼、太平楼奠基开工；

2015年11月以原大同市市长耿彦波为主要拍摄对象的纪录片《大同》①获第52届台湾电影金马奖最佳纪录片奖；

2015年12月大同入围“2015中国最具特色旅游城市排行榜”和“2015中国文化遗产保护传承十佳城市排行榜”两个榜单，分别排名第29和第10。

230. 2016年2月“2016古都灯会”在大同古城墙上举办；

2016年8月位于大同府城与操场城之间距府城墙95m、距操场城墙21m的“特大违法建筑”——宇鑫大厦被成功爆破拆除；

2016年8月主办“2016全国热气球锦标赛”暨“中国热气球俱乐部联赛”；

2016年8月主办“第二届山西省旅游发展大会”；

2016年9月大同古城墙免费开放；

2016年9月在大同市中国雕塑博物馆（位于武定门）举办“曾竹韵雕塑艺术奖学金”2016年度获奖与入围作品展；

2016年10月大同市委、市政府正式搬迁至御东新区太阳宫；

2016年11月18日大同府城合龙、护城河全线贯通。

① 原名《中国市长》。

附录2　大同历史建置城址沿革及重要历史事件时间轴

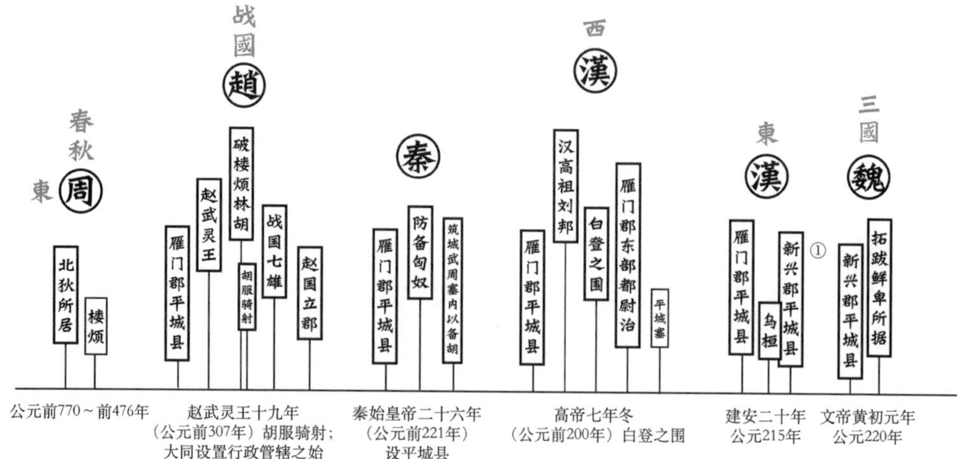

附图1 大同历史建置城址沿革及重要历史事件时间轴之一

图片来源：作者绘制。

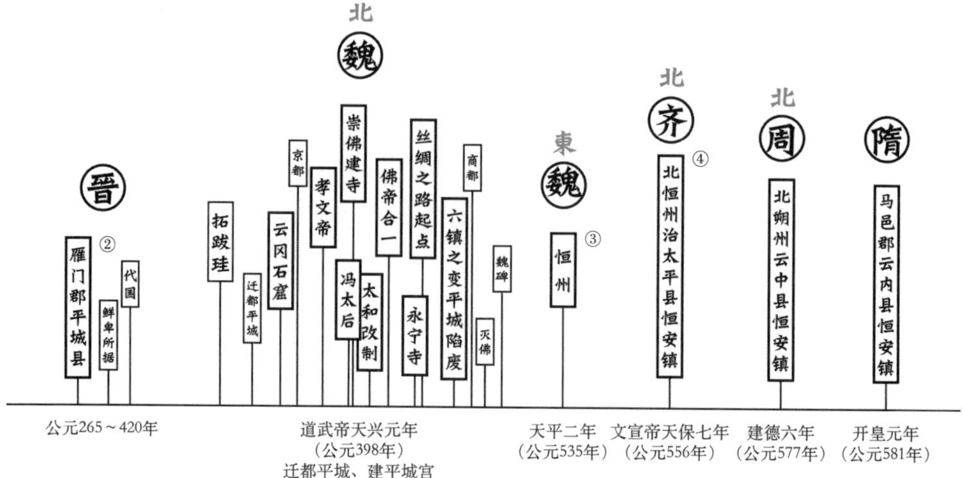

附图2 大同历史建置城址沿革及重要历史事件时间轴之二

图片来源：作者绘制。

---

① 东汉“建安中另置平城县于句注陉南，往属焉。”建安二十年（215年）曹操讨伐乌桓，平定代地。安集北边郡县之民，在今代县东五里置平城县，属新兴郡（今忻州市），后属并州雁门郡。此平城为同名异地，非东汉初之平城（今大同）。其后三国魏因之。

② 晋初复还故治，改属雁门郡。

③《魏书·地形志》：“恒州，天平二年置，寄治肆州秀容城郡城。”东魏天平二年（535年）侨置恒州于肆州秀容城郡城（今忻州市），故此恒州非北魏迁都洛阳之后的恒州——平城也。

④ 北齐为区别于东魏侨置于肆州秀容城郡城（今忻州市）之恒州，于原恒州所在地（今大同市）附近置北恒州。《辽史·地理志》：“高齐文宣帝废州为恒安镇，今谓之东城，寻复恒州。”又“克用取云州。既而所向失利，乃卑词厚礼，与太祖会于云州之东城。”《元和志·云州》记载：“高齐文宣天保七年置恒安镇，徙豪杰三千家以实之，今名东州城。”《资治通鉴·唐纪》：“大顺元年（890年）二月，李克用将兵攻云州防御使赫连铎，克其东城。”由以上文献可知北齐时恒安镇应在平城东（今古城村北残存古城），故谓之东城。高齐、北周、隋之恒安镇均在此东城，而非平城址。

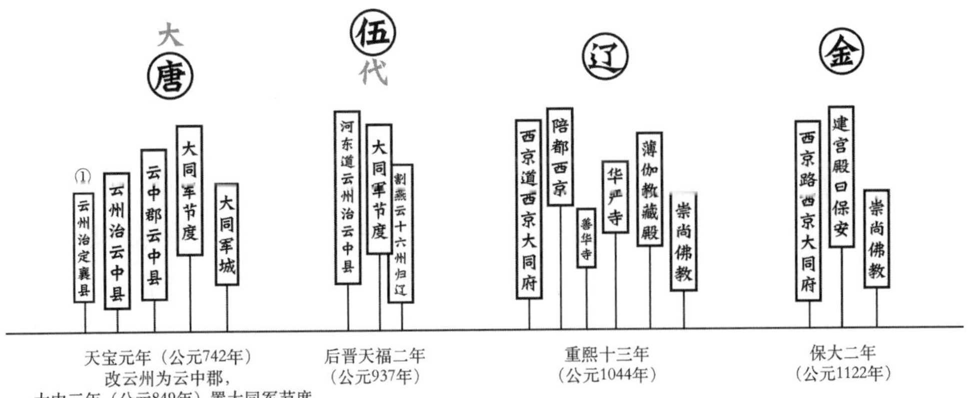

附图3　大同历史建置城址沿革及重要历史事件时间轴之三

图片来源：作者绘制。

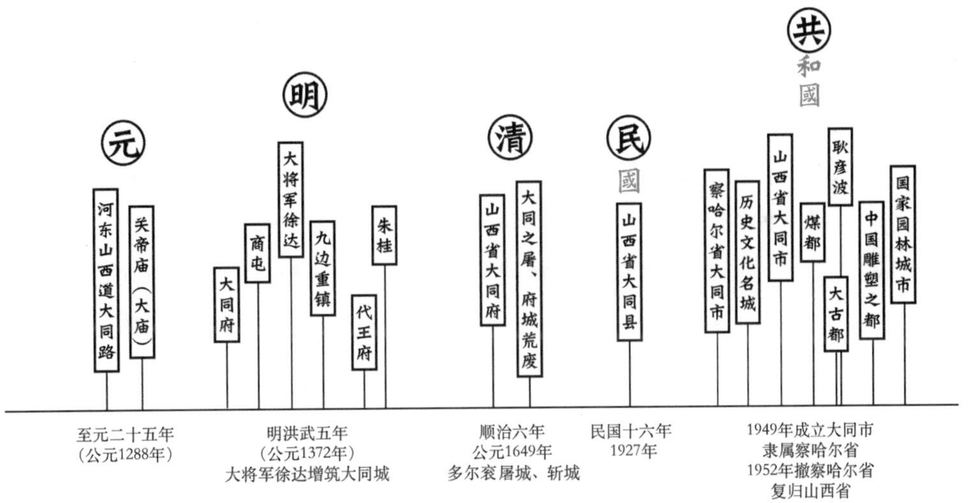

附图4　大同历史建置城址沿革及重要历史事件时间轴之四

图片来源：作者绘制。

① 《明统志·大同府》："定襄城在府西北二十八里，汉定襄郡、唐定襄县皆治此。"《新唐书·地理志》："贞观十四年（640年）自朔州北定襄城徙治定襄县。永淳元年（682年）为默啜所破，徙其民于朔州。开元十八年（730年）复置。"《元和志·云州》记载："开元十八年改置云中县，属云州。白登山在县东北三十里。"《括地志》云："（定襄）县东北三十里有白登山。"故唐贞观十四年置定襄县与开元十八年改置之云中县并非沿用故平城址。东塘坡上曹夫楼村出土的唐天宝七年（748年）梁秀墓志记载其葬于"新城之东原"，可证实唐朝在开元十八年至天宝七年期间曾沿用北魏南城（即明大同府城）址增筑"新城"，即唐云州城，因唐后期驻"大同军"亦称之为"大同军城"。规模与明府城相当、城开四门，门上建楼，城内西北建有牙城（即子城）。

附录3　国家历史文化名城

改革开放后，随着经济的高速发展和城市的大规模扩张，对城市中历史文化遗产的保护进入一个异常严峻的历史时期。“国家历史文化名城”的概念是1982年北京大学侯仁之、建设部郑孝燮和故宫博物院单士元三位学者为了在现代城市建设中重点或整体保护位于城市中的文物古迹、历史建筑、历史街区，而提议建立的一种全国性的文物保护机制。

根据《中华人民共和国文物保护法》，“国家历史文化名城”是指留存文物非常丰富、具有重大历史文化价值和纪念意义，且还在继续传承、延续的城市。“国家历史文化名城”按照其特色主要分为七大类：历史古都型（大同当属此类）、传统风貌型（平遥、祁县等）、一般古迹型（新绛、代县、太原等）、风景名胜型（桂林、敦煌等）、地域特色型（拉萨、大理等）、近代史迹型（延安、遵义等）、特殊职能型（宁波、景德镇等）。从行政区划看，“国家历史文化名城”可以是“市”，也可能是“县”或“区”。截至2016年5月4日，国务院通过第1批、第2批、第3批及后期增补已将129座[①]市、县或区列为“国家历史文化名城”，并对这些名城的文物遗迹进行了重点或整体保护。2005年《历史文化名城保护规划规范》正式施行，确定了保护原则、措施、内容和重点。

2008年《历史文化名城名镇名村保护条例》正式施行，规范了历史文化名城、名镇、名村的申报条件、审批程序、审核标准。本条例中提出了申报“国家历史文化名城”的五项条件：第一、保存文物特别丰富；第二、历史建筑集中成片；第三、保留着传统格局和历史风貌；第四、历史上曾经作为政治、经济、文化、交通中心或军事要地，或发生过重要历史事件，或其传统产业、历史上建设的重大工程对本地区的发展产生过重要影响，或能够集中反映本地区建筑的文化特色、民族特色；第五、在所申报的历史文化名城保护范围内还应当有2个以上的历史文化

① 本数据截至2016年5月，因2002年琼山市并入海口市，故只计一座。

街区。如果国家历史文化名城的布局、环境、历史风貌等遭到严重破坏的，由国务院撤销其历史文化名城称号。随着保护工作的深入和保护条例与规范的完善“国家历史文化名城”经历了以下三个认知阶段：单体局部性保护、系统区域性保护和整体全面性保护。与三个认知阶段相对应的是三种保护模式：文物建筑保护模式、历史街区保护模式和名城完整保护模式（附图5）。

城市是人类文明的承载体与传承地，同时也承受着人类文明的反面——暴力与破坏。狄更斯在《双城记》开篇中写道：“这是最好的时代，这是最坏的时代”。同理这是一个发展的时代，这是一个破坏的时代。许多人类共同的文化遗产毁于战火、纷争、自私、欲望、暴力与仇恨。据统计，全国129座国家历史文化名城中将近20座没有历史文化街区，18座仅有一条历史街区，近一半历史文化街区不合格。从中足以看出现代大规模的城市建设对城市中原有古街区、古建筑等历史遗存与文物古迹的破坏程度。历史文化名城尚且如此，其他尚未录入历史文化名城的古城、古镇、古村落的保护形势更为严峻、迫切。

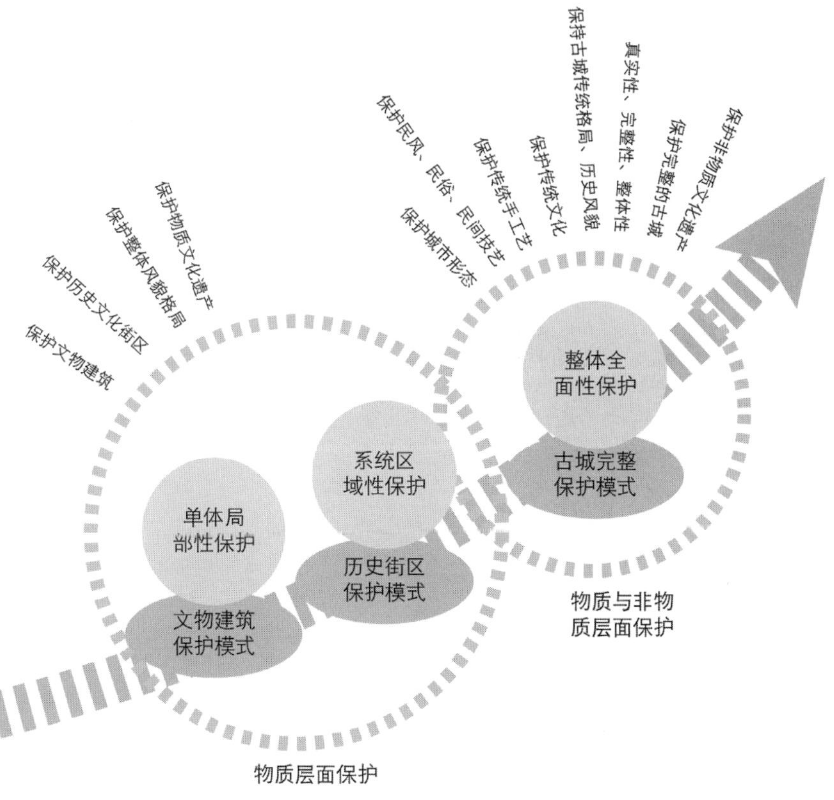

附图5 中国“国家历史文化名城”保护的三个认知阶段

图片来源：作者绘制。

第1批国家历史文化名城（1982年）（24座）

北京 承德 大同 南京 泉州 景德镇 曲阜 洛阳
开封 苏州 扬州 杭州 绍兴 江陵 长沙 广州
桂林 成都 遵义 昆明 大理 拉萨 西安 延安

第2批国家历史文化名城（1986年）（38座）

天津 保定 丽江 日喀则 韩城 榆林 张掖 敦煌
银川 喀什 武威 呼和浩特 上海 徐州 平遥 沈阳
镇江 常熟 淮安 宁波 歙县 寿县 亳州 福州
漳州 南昌 济南 安阳 南阳 商丘 武汉 襄樊
潮州 重庆 阆中 宜宾 自贡 镇远

第3批国家历史文化名城（1994年）（37座）

正定 邯郸 琼山 乐山 都江堰 泸州 建水 巍山
江孜 咸阳 汉中 天水 同仁 新绛 代县 祁县
吉林 哈尔滨 集安 衢州 临海 长汀 赣州 青岛
聊城 邹城 淄博 郑州 浚县 随州 钟祥 岳阳
肇庆 佛山 梅州 雷州 柳州

后期增补国家历史文化名城（2001～2016年）（31座）

山海关 凤凰 濮阳 安庆 泰安 海口 金华 绩溪
吐鲁番 特克斯县 无锡 南通 北海 嘉兴 宜兴 中山
太原 蓬莱 会理 库车县 伊宁 泰州 会泽 烟台
青州 湖州 齐齐哈尔 常州 瑞金 惠州 温州

附录4　中国历史文化名街

我国历史文化名城中绝大多数整体历史风貌已不存，仅保留有若干能体现传统历史风貌的街区。这些街区也成了名城历史的见证与古城保护的核心区域。“中国历史文化名街”是经中华人民共和国文化部、国家文物局批准后由《中国文化报》报社、《中国文物报》报社联合举办的一项评选推介活动。评选参照历史要素、文化要素、保存状况、经济文化活力、社会知名度与保护与管理等六大标准。该评选活动于2008年启动，已举办五届。五届共评选出的50条“中国历史文化名街”中来自非“国家历史文化名城”的街道共14条，在名单中用着重号标示。50条“中国历史文化名街”中山西入选两条，兼与明清晋商有关，一条为平遥南大街，另一条为祁县晋商老街，在名单中用波浪线标注。

平遥古城是中国现在保存最为完整的一座古代县城。也是中国仅有的以整座古城申报世界文化遗产获得成功的两座古城之一。平遥古城以南大街为古城中轴线，按左文右武、东观西寺的规律形成“土”字形对称式的街道布局。平遥南大街始建于咸丰六年（1856年），又称明清街，呈南北走向，全长约700m，是明清直至现代古城内最繁华的商业街。南大街保留着较完整的传统格局和独特的历史风貌，街道两侧现存有大量百年以上、独具明清风格的传统老字号和古代民居宅院。平遥南大街对原有的历史文化和社会生活有一定的延续性，至今仍维持着其部分原有的社会功能和经济活力。南大街由南至北依次分布着：晋商家私博物馆、同兴公镖局博物馆、中国镖局博物馆、中国钱庄博物馆、永隆号、金库、金进、市楼、天吉祥博物馆、蔚盛长博物馆等古迹与场馆，它们共同讲述着一段曾经的商业传奇与昔日的白银帝国（附图6）。

祁县古城（别称昭馀古城）中央以复盛楼为中心呈十字形分布的4条明清街道（即东大街、南大街、西大街、北大街）统称为“晋商老街”。晋商老街仍然延续着明清时期传统风貌的商业老街。街道两侧遍

附图6 平遥古城以五行说规划的"土"字形街道格局

图片来源：李晨晨，王晓. 历史街道立面空间保护与规划——以平遥古城"土字形"街为例［J］. 桂林理工大学学报，2015，35（2）：304-311。

其中"土"字形格局由主要商业街东大街、西大街、南大街、城隍庙街、衙门街组成，图中黑色区域为沿街商业。明清平遥是晋商的金融中心，以"土"字形来规划整座城市的布局正契合了五行相生说之土生金。

布明清茶庄、票号、钱庄、当铺等商号旧址与渠家大院晋商文化博物馆、长裕川晋商茶庄博物馆、珠算博物馆、明清家具博物馆、晋商镖局、度量衡博物馆等晋商府宅大院，是明清晋商辉煌的历史见证。

第一届十大"中国历史文化名街"名单：

◎ 北京国子监街 ◎ 平遥南大街 ◎ 哈尔滨中央大街 ◎ 苏州平江路 ◎ 黄山市屯溪老街 ◎ 福州三坊七巷 ◎ 青岛八大关 ◎ 青州昭德古街 ◎ 海口骑楼老街 ◎ 拉萨八廓街 ◎

第二届十大"中国历史文化名街"名单：

◎ 天津五大道 ◎ 无锡清名桥 ◎ 重庆磁器口 ◎ 上海多伦路 ◎ 扬州东关街 ◎ 苏州山塘街 ◎ 齐齐哈尔昂昂溪罗西亚大街 ◎ 北京烟袋斜街 ◎ 漳州古街 ◎ 泉州中山路 ◎

第三届十大“中国历史文化名街”名单：

◎ 祁县晋商老街 ◎ 无锡惠山老街 ◎ 上海徐汇区武康路
◎ 龙岩市长汀县店头街 ◎ 潮州太平街义兴甲巷
◎ 黄山市歙县渔梁街 ◎ 黔东南州黎平翘街 ◎ 杭州清河坊
◎ 洛阳涧西工业遗产街 ◎ 大理巍山彝族回族自治县南诏古街 ◎

第四届十大“中国历史文化名街”名单：

◎厦门中山路 ◎ 泸州尧坝古街 ◎ 西藏江孜县加日郊老街
◎ 榆林米脂古城老街 ◎ 南京高淳老街 ◎ 青岛小鱼山文化名人街
◎ 临海紫阳街◎ 长春新民大街 ◎ 深圳中英街
◎ 黄山市休宁县万安老街 ◎

第五届十大“中国历史文化名街”名单：

◎ 广州沙面街 ◎ 上海静安区陕西北路 ◎ 濮阳县古十字街
◎ 上饶市铅山县河口明清古街 ◎ 宣城市绩溪县龙川水街
◎ 珠海市斗门镇斗门旧街 ◎ 石狮市永宁镇永宁老街
◎ 梅州市梅县区松口镇松口古街 ◎ 泰兴市黄桥老街
◎ 大邑县新场古镇上下正街 ◎

附录5　图表索引

图表编号说明：图（章序号）-（图序号）或表（章序号）-（表序号）

图0-1　《大同赋》草书条幅　XVIII

图1-1　汉代“平城”文字云纹瓦当　002页

图1-2　南北朝魏宋时期形势图（449年）　004页

图1-3　汉平城县城址推测平面图　005页

图1-4　操场城西墙体剖面图　006页

图1-5　汉平城地层剖面示意图　006页

图1-6　北魏著名皇家园林——洛阳华林园推测复原平面图　009页

图1-7　北魏石刻中的宅邸　011页

图1-8　国画长卷《魏都》　013页

图1-9　十六国后赵时期邺城平面复原示意图（约334～349年）　014页

图1-10　唐长安坊内布局示意图　015页

图1-11　北魏洛阳城推测复原示意图（约494～538年）　015页

图1-12　《水经注图》之《平城图》　017页

图1-13　北魏平城推测复原示意图　018页

图1-14　北魏平城宫城与郭城地层剖面示意图　019页

图1-15　北魏平城建都前期东宫推测复原平面图　020页

图1-16　北魏平城西宫推测复原平面图　021页

图1-17　北魏平城宫城想象图　022页

图1-18　北魏平城宫城双阙残存想象图　022页

图1-19　重建后的北魏平城明堂　023页

图1-20　北魏平城明堂遗址航拍图　024页

图1-21　北魏平城明堂遗址卫星影像　025页

图1-22　北魏平城明堂基址局部　025页

图1-23　北魏平城明堂遗址平面图　025页

图1-24　北魏平城水系复原示意图　027页

图1-25　北魏都城洛阳想象图　029页

图1-26　1965年大道坛庙遗址卫星影像　031页
图1-27　2005年大道坛庙遗址卫星影像　031页
图1-28　2017年大道坛庙遗址卫星影像　032页
图1-29　古城村西南北魏建筑台基遗址　032页
图1-30　北魏平城大道坛庙与静轮宫推测复原平面示意图　032页
图1-31　北魏平城及周边地域概要图　034页
图1-32　白登台汉阙碑日暮　034页
图1-33　北魏平城地名位置考　035页
图1-34　北魏曹天度九层千佛石塔全图　037页
图1-35　北魏曹天度九层千佛石塔塔刹　037页
图1-36　北魏曹天度九层千佛石塔基座及塔身　037页
图1-37　北魏曹天度九层千佛石塔基座背面造像题记拓片　037页
图1-38　北魏南平城与灅南宫位置示意图　039页
图1-39　辽西京大同府推测复原平面图　043页
图1-40　金西京大同府推测复原平面图　044页
图1-41　《明统志》中关于后魏宫垣、辽金宫垣及平城外郭的记载　045页
图1-42　大同华严寺全景照片　046页
图1-43　华严寺全景图　046页
图1-44　大同上华严寺大雄宝殿木制模型（制作比例1：30）　047页
图1-45　上华严寺大雄宝殿横剖面图及纵剖面图　047页
图1-46　大同下华严寺薄伽教藏殿壁藏及天宫楼阁西面立面　048页
图1-47　善化寺山门前五龙壁　050页
图1-48　善化寺山门——天王殿　050页
图1-49　善化寺三圣殿　050页
图1-50　善化寺廊道及绿化之一　051页
图1-51　善化寺辽构普贤阁　051页
图1-52　辽构大雄宝殿及明万历牌坊　051页
图1-53　善化寺普贤阁纵断面图　051页
图1-54　善化寺廊道及绿化之二　051页
图1-55　大同善化寺山门——天王殿平面图与断面图　052页
图1-56　1933年善化寺平面现状总图　052页

图1-57　清大同府邑境图　056页
图1-58　古城村古堡残存之北立面　057页
图1-59　古城村古堡残存之南立面　057页
图1-60　古城村古堡卫星影像　058页
图1-61　马家堡卫星影像　058页
图1-62　疑似马家堡残存堡墙　058页
图1-63　20世纪30年代后期东塘坡真武庙　059页
图1-64　东塘坡真武庙遗址现状　059页
图1-65　清末东塘坡真武庙复原示意图之平面图　061页
图1-66　清末东塘坡真武庙复原示意图之侧视图　062页
图1-67　明大同府城池图　065页
图1-68　清大同府城池图　066页
图1-69　明代王府图　067页
图1-70　大同府治（即大同府署衙）图　067页
图1-71　大同总镇署图　068页
图1-72　五行学说与古代城市建筑　070页
图2-1　大同城市规划与建设的灵魂人物——耿彦波　081页
图2-2　1914年建大同欧式风格火车站　083页
图2-3　20世纪30年代大同大北街（武定街）街景　083页
图2-4　民国大同府城武定门西式城楼　083页
图2-5　1933年明府城清远门城楼背面图　084页
图2-6　1937年大同清远街　084页
图2-7　日据时期大同府城武定街及府城西北隅　085页
图2-8　20世纪30年代后期、40年代前期和阳街东段及和阳门内侧　086页
图2-9　1946年大同城航拍图　086页
图2-10　1943年大同街全图　087页
图2-11　日据时期《大同都市计画案》（1938～1945年）规划示意图　088页
图2-12　《大同都市计画案》设计图　089页
图2-13　《大同都市计画案》之新都市设计图　089页
图2-14　20世纪50年代初小南街鸟瞰　092页

图2-15　20世纪50年代初大同城墙西南角　092页
图2-16　20世纪50年代后期大同城航拍图　093页
图2-17　20世纪60年代善化寺及大同府城东南隅　094页
图2-18　20世纪70、80年代大西街　095页
图2-19　20世纪80年代初大同鸟瞰图　096页
图2-20　晋北镇守使——张树帜　097页
图2-21　大同一轴双城规划示意图　099页
图2-22　“梁陈方案”中北京市新行政中心与旧城的位置关系示意图　100页
图2-23　梁思成绘制的北京城墙公园设想图　101页
图2-24　梁思成纪念馆全景　102页
图2-25　梁思成雕塑　103页
图2-26　梁思成纪念馆展示设计　103页
图2-27　大同展览馆平移工程示意图　104页
图2-28　大同煤炭博物馆景观规划　105页
图2-29　大同煤炭博物馆建筑设计　105页
图2-30　修复后的大同明清府城平面图　110页
图2-31　大同明清府城功能分析图　111页
图2-32　大同古城整体保护范围和核心保护范围示意图　112页
图2-33　大同府城广府角13号院俯视图　113页
图2-34　大同府城回春巷四合院民居鸟瞰　114页
图2-35　经RBD民俗旅游开发改造后的鼓楼东街历史文化街区　115页
图2-36　经RBD民俗旅游开发改造后的鼓楼西街历史文化街区　116页
图2-37　改造前的鼓楼西街　116页
图2-38　柴市角历史风貌区西洋风格民居街门　118页
图2-39　柴市角历史风貌区砖雕影壁　118页
图2-40　大同府城老街道名　120页
图3-1　云路街府文庙　124页
图3-2　大同府城鼓楼之一　126页
图3-3　法华寺　128页
图3-4　大同府城四牌楼　128页
图3-5　大同府文庙尊经阁　129页

图3-6　大同云路街“大成坊”牌坊　129页
图3-7　大同府城鼓楼之二　130页
图3-8　华严宝塔　130页
图3-9　2013年复建中的魁星楼　130页
图3-10　1907年太平楼　134页
图3-11　2016年重建后的太平楼　134页
图4-1　修复前大同明清府城城墙平面图　137页
图4-2　雄浑精致的大同府城望楼　138页
图4-3　现代与传统的对话　138页
图4-4　和阳门月城　139页
图4-5　大同明清府城出入口分布图　140页
图4-6　大同明清府城停车场分布图　141页
图4-7　大同明清府城一级路网分布图　141页
图4-8　大同明清府城二级路网分布图　142页
图4-9　大同明清府城游客密度分布图　142页
图4-10　大同体育场外观设计效果图　144页
图4-11　大同游泳馆、训练馆、体育馆外观设计效果图　144页
图4-12　大同美术馆外观设计效果图　146页
图4-13　大同美术馆实景照片　146页
图4-14　主体完工的大同大剧院　147页
图4-15　大同大剧院正面　148页
图4-16　大同大剧院主出入口大厅内部结构　148页
图4-17　大同图书馆御东新馆外观设计效果图　150页
图4-18　大同图书馆御东新馆阅读空间设计效果图　150页
图4-19　大同图书馆御东新馆主阅览室各层流线图　151页
图4-20　大同图书馆御东新馆主阅览室空间设计效果图　151页
图4-21　大同博物馆正面　152页
图4-22　御东新区实景照片　153页
图4-23　文瀛湖景观设计平面效果图　156页
图4-24　文瀛湖“双层结构通道”剖面效果图　157页
图4-25　文瀛湖景观设计项目实景照片之一　157页
图4-26　文瀛湖景观设计项目实景照片之二　157页

附图5-1、附图5-2　北京菊儿胡同新四合院住宅工程　164页
附图5-3　诺曼底登陆地旧貌与新颜　169页
附图5-4　1849年上海外滩　170页
附图5-5　20世纪20年代上海外滩老照片　170页
附图5-6　上海外滩中山东一路二十二座折衷主义风格建筑物正立面图　170页
附图5-7　21世纪上海外滩照片　170页
附图1　大同历史建置城址沿革及重要历史事件时间轴之一　196页
附图2　大同历史建置城址沿革及重要历史事件时间轴之二　196页
附图3　大同历史建置城址沿革及重要历史事件时间轴之三　197页
附图4　大同历史建置城址沿革及重要历史事件时间轴之四　197页
附图5　中国"国家历史文化名城"保护的三个认知阶段　199页
附图6　平遥古城以五行说规划的"土"字形街道格局　202页
表1-1　北魏平城都城城门命名推测表　007页
表1-2　邺城、建康、平城、洛阳主要宫殿命名对照表　007页
表1-3　北魏平城宫城城门命名推测表　008页
表1-4　平城、建康、洛阳主要皇家苑囿命名对照表　009页
表1-5　明清大同府城及关城筑城数据对照表　064页
表2-1　大同实施城市规划概要（1938年）　090页
表2-2　新大同市城市规划用地类别一览表（1938年）　090页

附录6　专题索引

专题一　北魏平城明堂的前世今生　023页

专题二　北魏建筑大师——蒋少游　028页

专题三　大道坛庙与静轮宫　030页

专题四　北魏曹天度九层千佛石塔　036页

专题五　南平城与灅南宫考　039页

专题六　明大同镇城堡考　055页

专题七　东塘坡真武庙的前世今生　059页

专题八　五行学说与古代城市建筑　069页

专题九　晋北镇守使——张树帜　097页

专题十　梁陈方案　100页

专题十一　鼓楼功臣——王民选　126页

专题十二　百年的轮回　134页

专题十三　大同体育中心　143页

专题十四　大同美术馆　145页

专题十五　大同大剧院　147页

专题十六　大同图书馆　149页

专题十七　大同博物馆　152页

参考文献

[1] 曲英杰. 水经注城邑考［M］. 北京：中国社会科学出版社，2013. 7.

[2] 杨守敬，熊会贞 疏；杨甦宏，杨世灿，杨未冬 補. 水经注疏补［M］. 北京：中华书局，2016. 3.

[3] ［北齐］魏收. 魏书［M］. 北京：中华书局，1999. 6.

[4] ［梁］萧子显. 南齐书［M］. 北京：中华书局，1972. 1.

[5] 朱季海. 南齐书校议·庄子故言［M］. 北京：中华书局，2013. 6.

[6] 要子谨，姚斌. 大同市志［M］. 北京：中华书局，2000. 11.

[7] 力高才，高平. 大同春秋［M］. 太原：山西人民出版社，1989. 11.

[8] 姚斌，刘艾珍. 大同史话［M］. 北京：社会科学文献出版社，2015. 9.

[9] 姚宾. 大同史论精选［M］. 北京：新华出版社，1994. 3.

[10] 徐世信. 大同风采［M］. 北京：中国旅游出版社，1997. 5.

[11] 安大钧. 大同：中华民族团结融合之都［M］. 太原：山西人民出版社，2015. 8.

[12] 安大钧. 古都大同［M］. 杭州：杭州出版社，2011. 8.

[13] 贾鸿雁. 中国历史文化名城通论［M］. 南京：东南大学出版社，2007. 9.

[14] 大同市地方志办公室. 大同老照片［M］. 北京：方志出版社，2006. 8.

[15] 谭纵波. 城市规划［M］. 北京：清华大学出版社，2005. 11.

[16] 赵万民. 解读旧城：重庆大学城市规划专业“旧城有机更新”课程教学实践［M］. 南京：东南大学出版社，2008. 1.

[17] 吴良镛. 北京旧城与菊儿胡同［M］. 北京：中国建筑工业出版社，1994. 11.

[18] 梁思成. 中国古建筑调查报告［M］. 北京：生活·读书·新知三联书店，2012. 8.

[19] 刘建勋. 大同福地宝城［M］. 北京：中国旅游出版社，2010. 6.

[20] 段智钧，赵娜冬. 天下大同 北魏平城辽金西京城市建筑史纲［M］. 北京：中国建筑工业出版社，2011. 2.

[21] 大同市地方志办公室，云冈石窟研究院. 老大同［M］. 太原：北岳文

艺出版社，2013. 7.

[22] 姚斌. 大同史略[M]. 太原：北岳文艺出版社，2013. 7.

[23] (日)前田正名. 平城历史地理学研究[M]. 上海：上海古籍出版社，2012. 10.

[24] (加)杰布·布鲁格曼. 城变——城市如何改变世界[M]. 北京：中国人民大学出版社，2011. 10.

[25] 王军. 城记[M]. 北京：生活·读书·新知三联书店，2003. 10.

[26] 王建斌. 读在三十年[J]. 装饰，2009. 9：90.

[27] 潘谷西. 中国建筑史[M]. 北京：中国建筑工业出版社，2009. 8.

[28] 傅熹年. 中国古代建筑史(第2卷)：三国、两晋、南北朝、隋唐、五代建筑[M]. 北京：中国建筑工业出版社，2009. 10.

[29] 郭黛姮. 中国古代建筑史(第3卷)：宋、辽、金、西夏建筑[M]. 北京：中国建筑工业出版社，2009. 10.

[30] 罗哲文. 罗哲文历史文化名城与古建筑保护文集[M]. 北京：中国建筑工业出版社，2002.

[31] 张志忠. 大同古城的历史变迁[J]. 晋阳学刊，2008. 2：28-35.

[32] (瑞典)喜仁龙(Osvald Sirén). 北京的城墙与城门[M]. 北京：北京联合出版公司，2017. 1.

后　记

2011年初开始项目构思，2013年成功申报山西大同大学科研项目，2014年成功申报大同市科研项目，在正式研究之前一直在做前期资料收集、整理等准备工作，而本书的实际写作时间是2016年4月至2017年底，几经易稿、修改最终定稿。回首已是七年，如此漫长的研究过程能一路走来，得益于一句富含禅意的网络流行语：不忘初心，方得始终！

从1998年上大学时就与这座城市结缘，一直学习、工作、生活至今。我已完全融入这片塞北沃土，我早已习惯它的苍凉与干涩，喜欢上它的闲适与恬淡，更喜欢它的粗犷与豪放，以至于开始理解它的落寞与痛楚、挣扎与坚韧。

在课题研究中为了精准鉴定一张照片的拍摄时间与地点或理清一件历史事件具体的发生过程要查阅许多文献、翻阅好多古籍。经过努力著者更正了多处大同史志中一直存在的历史谬误。所以说要想写一本“令人满意”或“负责任”的书是需要付出大量的时间。但我却发现人到了上有老下有小的年纪，时间就不属于自己了，更多的时候在忙一些与专业无关的事，而纯粹用于研究的那一丁点可怜的时间也被日常生活琐事分割成一小段、一小段而浪费掉了，身不由己而又无可奈何。所以课题研究需要大量的时间付出与我碎片化的时间形成了尖锐的矛盾。好在我还继续保持着求知路上所养成的坚持做一件事，把一件事做好的良好习惯。书中的每行字、每幅图都凝聚了我的时间与汗水。希望我的研究能够给大同未来的城市建设与规划带来些许帮助，能给大同城市建设的研究开启一个全新的里程。大同是佛教之都，我借用大乘佛教经典之一《华严经》中的一句话送给你们：“三世一切诸如来，靡不护念初发心。”

在中华文化的形成中北魏平城非常重要。北魏平城把多民族、多文化融合在一起变成艺术，将中华文化的节点凸显了出来。这些带给大同的不仅仅是骄傲，同时还有责任，即让世界上更多人知道这个历史节点，让中华文化变得更厚实、更真实①。

书中“北魏京都平城城市建设”一节耗费了我大量精力，因本人古文功底浅薄，读文言版的《水经注》、《魏书》煞是吃力，但仍对书中引用的史籍资料一一考之，确保书中引文准确无误，维护了学术研究的严谨性、权威性与责任性。如书中《北魏建筑大师——蒋少游》一节中配有一图，名为《北魏都城洛阳想象图》，我在图题中写道：“洛京郭城内外寺庙林立、佛塔高耸。”但当我读到《魏书》的最后一篇《释老志》时有这么一段话：“故都城制云，城内唯拟一永宁寺地，郭内唯拟尼寺一所，馀悉城郭之外。欲令永遵此制，无敢逾矩。”意思是在孝文帝始经洛京时就规定，皇城内惟留建造一所永宁寺的地方，郭城内惟留建造一所尼寺的地方，其余悉数建在郭城之外。所以我将“郭城内外”中的“内”字删去。继续往下当读到“逮景明之初，微有犯禁”、至正统朝“犹自冒营”、直至永平、延昌、熙平三朝“私营转盛”、“比日私造，动盈百数”、“数乘五百”，才知尽管此禁令曾先后颁布四次之多，但屡有破坏，已然形同虚设。故我又默默地将“内”字再次添加上去，但此时的“郭城内外”已不同于最初的“郭城内外”。因为我在读史的过程中考证了，有史料支撑的观点是最真实、最有力、最负责的观点！

史料读多了，好多被时间磨灭了的印记也慢慢地清晰起来，也就越接近历史的真实。在艰涩的阅读了魏晋、南北朝、隋唐一些与城市营造相关的文献后，我从中慢慢理出了些许古人在营造都城时的设计理念与建造规律，1600多年前的北魏平城也渐渐地浮现出来。在书中著者从历代文献资料、前人研究成果和今人考古发掘这三方面入手来深入探讨北魏平城的形制布局，并取得一些新成果。这也就是北魏平城“南北两城论”创新点诞生的始末。

我认为所有城市都应该记得这座城市的建造者、重建者。所以大同这座城应该记住他们：古人赵武灵王、道武帝、冯太后、孝文帝、徐达，今人耿彦波。是耿彦波开创了大同未来五十年抑或百年的一座现代大都市的宏伟格局。如果没有耿彦波的宏图大略，大同还只是一座在历史中曾经辉煌过的塞北小城。我想对大同人民说：棋盘已展开、谱线已划好，只需一步一个棋子地把未来的棋走好。

① 引自2010年10月7日余秋雨在大同与大同市古城保护学者座谈会发言。

在大同古城保护与修复中我们必须铭记一位长者——大同古城保护与修复研究会会长安大钧。他是推动古城保护、修复的最初创导者之一。他是大同古城得以保护与修复的幕后英雄。他努力让古城修复与保护的设想付诸实践。

我非常感谢这次研究任务，让我在研究的过程中获取了许多城建、古建方面的专业术语与知识；并弥补了我在历史上的诸多知识短板，尤其是让我理清了王权对峙与民族融合的南北朝。当然我的研究还很肤浅、还不够深入，仅仅是以一位艺术设计工作者的眼光从城市设计、规划的角度来看问题，分析问题。其中未免有局限性，但我的心是诚恳的、研究态度是认真的。能以我个人视角来记录一座从滚滚历史洪流中走来的文化名城是我一生的荣耀。我以大同自豪，我为创造了诸多奇迹的大同人自豪。

偶尔我也这样想，如果这本书"胎死腹中"，未能与诸君谋面，那我也值了，因为在这个过程中我已收获颇丰。此刻，我又想起资深平面设计师王序的一句话：你要学会在编辑中逼使自己学习，因为在编辑的过程中为了知识的正确与全面你会查阅好多资料，知识就在这种查找与阅读中慢慢积累。这句话一直伴随了我七年，现在把这句话送给所有爱知识、好读书的朋友们。

本书是大同市软科学研究项目"大同城市建设模式构建的研究"（项目编号：2014112-3）和山西大同大学科研项目"大同城市建设模式的构建"（项目编号：2013K11）两个科研项目的研究成果。本书的出版同时亦得到以上两个科研项目的资助和"山西大同大学基金资助"。

研究其实并未结束，一个科研项目的结题其实是另一个项目的开始。但我还是要按惯例在研究结束之际来感谢一些对我的研究、写作有帮助的机构及个人，它们是：大同市规划局、大同市博物馆、大同市西京文化博物馆、山西大同大学图书馆、大同市日报社及给予研究经费支持的大同市科技局、我的工作单位山西大同大学。

感谢书中部分插图及照片的提供者与拍摄者。

感谢对大同古城保护与修复做出巨大贡献的安大钧先生对本科研项目的指导，其博学多才的学者风度和诲人不倦的长者风范使我受益匪浅。

感谢史学奇才——陈寅恪（音kè）先生，他的南北朝史学研究给了我一个提纲式的、高屋建瓴的史学观，他用种族与文化来研究中华民族融合史的观点让我也从民族与文化层面上重新认识了北魏与平城。

感谢美国谷歌公司产品——Google Earth Pro（虚拟地球应用）提供的专业级历史遥感卫星影像数据对研究大同近现代城市发展与变迁的支持。

最后感谢所有为大同城市建设做出贡献的农民工朋友，从某种意义上来讲，没有你们，就没有建筑。

大同未来更美好！

王建斌

Heyang Street
Wuding Street
和阳街
武定街
清湊街
永泰街